《低碳发展论丛》编委会

低碳发展论丛

沈满洪 / 主编

低碳能源论

———— 李植斌 等 / 著 ————

THE STUDIES OF
LOW CARBON ENERGY

中国环境出版社·北京

图书在版编目（CIP）数据

低碳能源论/李植斌等著. —北京：中国环境出版社，2014.5

（低碳发展论丛）

ISBN 978-7-5111-2271-1

Ⅰ．①低…　Ⅱ．①李…　Ⅲ．①低碳—新能源—研究—中国　Ⅳ．①TK01

中国版本图书馆 CIP 数据核字（2015）第 041445 号

出 版 人	王新程
责任编辑	陈金华
助理编辑	宾银平
责任校对	尹　芳
封面设计	陈　莹

出版发行　中国环境出版社

　　　　　（100062　北京市东城区广渠门内大街 16 号）

　　　　　网　　址：http://www.cesp.com.cn

　　　　　电子邮箱：bjgl@cesp.com.cn

　　　　　联系电话：010-67112765（编辑管理部）

　　　　　　　　　　010-67113412（教材图书出版中心）

　　　　　发行热线：010-67125803，010-67113405（传真）

印　　刷	北京中科印刷有限公司
经　　销	各地新华书店
版　　次	2015 年 5 月第 1 版
印　　次	2015 年 5 月第 1 次印刷
开　　本	787×960　1/16
印　　张	14
字　　数	258 千字
定　　价	45.00 元

前　言

　　全球气候变化问题是人类迄今为止面临的规模最大、范围最广、影响最为深远的挑战之一。应对气候变化从根本上说来是如何发展的问题，而因发展造成的气候变暖实质上是能源选择问题。能源的低碳化对于解决环境问题、应对气候变化、优化能源结构、推进节能减排以及加快经济发展方式转变，都具有重要意义。

　　能源的低碳化主要包含洁净化利用化石能源、积极开发低碳能源、创新低碳能源技术、高效利用和节约利用能源等。本书在回顾我国能源发展、分析低碳能源与环境、经济关系的基础上，重点研究了高碳能源向低碳能源转型的机制、低碳能源发展战略、低碳能源发展路径选择、低碳能源开发、低碳能源利用及低碳能源发展体制、机制与政策等问题。全书共分为9章。

　　第1章　绪论。重点阐述了低碳能源研究背景、意义及国内外研究概况。

　　第2章　中国低碳能源的发展。回顾了我国能源发展历程，重点分析了低碳能源发展现状，探讨了低碳能源发展的必要性、低碳能源发展方向等问题。

　　第3章　低碳能源与环境、经济的关系。重点分析了低碳能源与环境的关系、低碳能源与经济增长的关系。

　　第4章　高碳能源向低碳能源转型机制。重点分析了我国能源低碳转型的机制，探讨了改革财税政策的作用机理、价格体系改革的作用机理、调整产业结构的作用机理、调整能源结构的作用机理及技术进步的作用机理等。

　　第5章　低碳能源发展战略。重点探讨了低碳能源战略思路与目标、低碳能源生产战略、低碳消费战略、低碳城市战略。

　　第6章　低碳能源发展的路径选择。重点探讨了能源生产低碳转型、能源消费低碳转型、低碳能源技术开发路径。

第7章　低碳能源开发。重点探讨了水能开发、风能开发、太阳能开发、生物质能开发、海洋能开发、地热能开发与氢能开发等问题。

第8章　低碳能源应用。主要从低碳建筑、低碳交通、低碳生活等方面探讨了低碳技术应用与低碳生活的倡导。

第9章　低碳能源发展的体制、机制与政策。主要探讨了低碳能源法律体系、低碳能源管理和监管体制构建，研究了低碳能源运行的市场机制，提出了低碳能源发展的政策建议。

本书执笔分工：第1章：李植斌、程众爱；第2章：张超；第3章：李植斌、张超；第4章：李植斌、苏庆凯；第5章：李植斌、田红彦；第6章：李植斌、林凯雯；第7章：曹丽君；第8章：李植斌、程众爱；第9章：李植斌、李鸣。

目 录

第 *1* 章

绪　论

1.1　研究背景与意义

随着工业化、城市化进程加快，能源短缺及供需矛盾所导致的能源危机，以及能源开发和利用所造成的环境污染问题日趋严重，能源安全正引起全球各国政府、民众以及各领域工作者等的广泛关注。对于能源短缺问题，各界一直以来推崇开源节流，即开发利用新能源与节约、高效利用能源并重；对于环境污染问题，同样需要提高能源利用效率，通过减少能源消耗达到减少污染物排放的目的，同时必须优化现有能源结构，提高清洁能源的使用比重，并对传统能源进行清洁化处理。因此，低碳能源不单指新能源，也包括传统能源的清洁化、节能新技术的利用，更涉及传统生产方式、生活方式和消费方式的变革，是现代社会发展面临的一个重大课题。

1.1.1　能源环境问题

能源环境问题主要表现在全球气候变暖，其根本原因在于温室气体的过度排放。大气中，温室气体主要有二氧化碳（CO_2）、甲烷（CH_4）、氧化亚氮（N_2O）、氢氟碳化物（HFCs）、全氟化碳（PFCs）、六氟化硫（SF_6）等。其中二氧化碳对气候变化的影响最大，对温室效应的贡献率达 63%，它的寿命很长，一旦排放到大气中，其寿命可达 50～200 年，因此最受关注。而温室气体的来源主要是化石能源，其燃烧所释放的 CO_2 约占 CO_2 总排放量的 70%。所谓化石能源，是一部分辐射到地球上的太阳能储存到了古生物中，这些古生物的遗骸在地层下经过漫长的地质年代演变而成的能源，如煤是由植物化石转化而来的，石油是由动物体转化而来的。作为碳氢化合物或其衍生物，对化石能源的利用是造成环境变化和污染的关键因素。

1.1.1.1 温室效应的后果

从过去的情形来看，大气好像一个公共下水道，人类活动向其排放各种废气是自由的。但随着温室效应的不断加剧，人们开始意识到自身行为对环境造成的严重后果。未来百年之中，温度上升的幅度和速度可能是十万年来最明显的。

研究表明，大气中 CO_2 浓度增加 2 倍，会造成全球地面气温增加 2~4℃，尤其在高纬度与两极地区表现得更为明显：① 全球气温上升 3℃ 意味着气候体系中其他因子的剧烈变化，极端气候频繁，气象灾害加剧，一些地方雨量大增，而一些地方则转为干旱，使作物的生长环境恶化，生物多样性面临丧失；② 气温上升将会导致两极冰川融化，从而使海平面上升，海平面可能上升 0.2~1.4 m，部分沿海陆地有可能被海水吞没，许多城市将不复存在，居住在海岸线 60 km 以内的、约占世界总人口 1/3 的居民将失去他们的家园，从而导致社会、经济及政治的动荡不安；③ 气温上升还会降低人体的抗病能力，若加上人口迁移、物种大迁徙，可能还会引发各种疫症的传播与蔓延，结果相当可怕。

1.1.1.2 国际社会应对温室效应的行动

各国对愈演愈烈的气候问题的关注并不是最近才开始的，1992 年 5 月在纽约联合国总部就通过了《联合国气候变化框架公约》（United Nations Framework Convention on Climate Change，UNFCC 或 FCCC），6 月在巴西里约热内卢召开的世界各国政府首脑参加的联合国环境与发展会议期间开放签署，1994 年 3 月 21 日公开生效。该公约意在将大气中温室气体的浓度稳定在防止气候系统受到认为危险的或干扰的水平上。这一水平应当在足以使生态系统能够自然地适应气候变化、确保粮食生产免受威胁并使经济发展能够可持续进行的时间范围内实现。

然而上述公约并未规定缔约方具体的义务，缺乏法律约束力。1997 年 12 月，在日本京都府京都市的国立京都国际会馆所召开的联合国气候变化框架公约三次会议上所制定的《京都议定书》（Kyoto Protocol，全称《联合国气候变化框架公约的京都议定书》），是《联合国气候变化框架公约》的补充条款，其意义在于为各国的 CO_2 排放量规定标准，即在 2008—2012 年，全球主要工业国家的工业 CO_2 排放量比 1990 年的排放量平均要低 5.2%，使温室气体减排成为发达国家的法律义务。另外，它构架了 CO_2 减排的国际合作机制，即温室气体减排的"三机制"：联合履行（Joint Implemented，JI）、清洁发展（Clean Development Mechanism，CDM）和"碳减排"贸易（Emission Trade，ET），使碳交易成为可能。

2007 年 12 月，在印度尼西亚巴厘岛召开的 2007 年联合国气候变化大会上，与会各国接受了"巴厘路线图"（Bali Road Map），为进一步落实《联合国气候变化框架公约》指明了方向，其亮点包括"共同但有区别的责任"原则；将美国纳入《联合国气候变化框架公约》；强调了适应气候变化问题，技术开发、转让问题以及资金问题。

2009 年，哥本哈根世界气候大会，即《联合国气候变化框架公约》第 15 次缔约方会议暨《京都议定书》第 5 次缔约方会议，商讨了《京都议定书》一期承诺到期后的后续方案，就 2012—2020 年的全球减排行为签署了新的协议，其焦点在于"责任共担"。

人类已经意识到传统能源的大量消耗会对环境造成恶劣影响，而最终影响到的则是人类的生存环境。因此，我们必须改变现有的能源消费结构，提高能源效率，减少高碳能源的使用，加快低碳、清洁、可再生能源的开发与利用，阻止能源环境污染问题的加剧。

1.1.2　能源短缺问题

随着能源的逐渐枯竭，我们会沦为"石油囚徒"，由此便会引发一系列的能源争夺战。因此，在情况还不算太糟的时候，我们必须行动起来，节约并高效利用现有能源，同时积极开发新能源，以满足人类发展的需要。

1.1.2.1　世界、各国能源消耗情况

2011 年，全球能源消费量增长 2.5%，低于 2010 年的 5.1%，且净增长全部来自新兴经济体，仅中国一国就贡献了 71%的全球增长率，能源消费所导致的全球 CO_2 排放量在 2011 年继续增长，但增速低于 2010 年。

2011 年，全球煤炭消费达 3 724.3 Mt 油当量，中国是第一大消费国，其煤炭消费量占全球总消费量的比例高达 49.4%，其次为美国（13.5%）；全年世界石油消费达 4 059.1 Mt，其中美国消费 833.6 Mt，约占总消费量的 20.5%，中国消费 461.8 Mt，约占消费总量的 11.4%；全球天然气消费达 32 229 亿 m^3，其中美国消费 21.5%，其次为俄罗斯（13.2%）。

表 1-1　2011 年世界各主要国家一次能源消耗量及占世界能源消耗总量的比重

国家	美国	英国	德国	日本	俄罗斯	中国	印度
消耗量（油当量）/Mt	2 269.3	198.2	306.4	477.6	685.6	2 613.2	559.1
比重/%	18.5	1.6	2.5	3.9	5.6	21.3	4.6

数据来源：BP 公司 *Statistical Review of World Energy 2012*。

化石燃料依然是能源消费的主角，约占能源消费总量的 87%，可再生能源的份额有所提高，但只占全球能源消费量的 2%。而化石能源的消费结构也在发生变

化，全球石油消费增长 0.7%，达到 8 800 万桶[①]/d，涨幅为 60 万桶/d，其所占份额连续 12 年出现下降。天然气消费增长了 2.2%，中国增幅最大，达到 21.5%。煤炭则再次成为增长最快的化石燃料，消费增长 5.4%，约占全球能源消费总量的 30.3%，是 1969 年以来的最高份额，这对减碳目标的达成必定产生不利影响。

其他能源方面，由于干旱导致的欧洲和中国水力发电量下滑，全球水电增长仅 1.6%；全球核能发电量也因为日本海啸引发核泄漏事件的影响，日本核能发电下降了 44.3%，德国降低了 23.2%，使全球核能发电量下降了 4.3%；生物燃料生产出现停滞，增幅为 0.7%，相当于 1 万桶油当量/d；风力发电表现突出，增长了 25.8%，美国和中国是增长的主要贡献者；太阳能发电由于基数较小，其增速高达 86.3%。

表 1-2　2011 年世界各主要国家能源消费结构　　　单位：%

	原煤	原油	天然气	核能	水力发电	再生能源
美国	22.12	36.73	27.59	8.29	3.27	2.00
英国	15.54	36.13	36.43	7.87	0.66	3.37
德国	25.33	36.39	21.31	7.96	1.44	7.57
日本	24.64	42.17	19.89	7.73	4.02	1.55
俄罗斯	13.26	19.84	55.73	5.72	5.44	0.01
中国	70.39	17.67	4.50	0.75	6.01	0.68
印度	52.87	29.03	9.84	1.31	5.33	1.62

数据来源：BP 公司 *Statistical Review of World Energy 2012*。

1.1.2.2　各种化石能源的存量及可使用年限

2011 年，世界石油的日产量为 8 357.6 万桶，同比增长 1.3%，OPEC 组织的原油产量占了世界原油总产量的将近 42.4%，单个国家中以沙特阿拉伯最高，原油产量占世界原油产量的 13.2%左右，其次是俄罗斯，美国占第三位。而石油的日消费量约 8 800 万桶，同比增长 0.7%，美国约占 20.5%，其次是中国，约为 11.4%。天然气生产方面，北美洲和欧洲及欧亚大陆两地的天然气生产量占 2011 年世界生产总量 32 762 亿 m³ 的 58.1%，单个国家中天然气产量最高的是美国，俄罗斯位居第二。2012 年，世界煤炭的生产量为 3 955.5 Mt 油当量，中国约占 49.5%、美国约占 14.1%，加上印度、澳大利亚、俄罗斯，以上五国煤炭生产量约占世界的 80%。

[①] 1 石油桶≈159 L。

然而煤、石油等化石能源属于有限资源，终究会随着开发消费而枯竭。我们用储量来表示能源资源量，其又可分为"探明储量"和"可采储量"。前者是指油、气田里存在的原油、气的总量；后者则指原始储量中技术上合理、经济上可行的能够实现开采的储量。我们通常所说的"储量"或"探明储量"一般是指剩余可采储量，即可采储量与累计采出量之差。但剩余可采储量的多少不是固定的，而会随着新油田的发现、技术的进步、采收率的提升、原油价格的提高等因素而提高。

不少学者都对传统化石能源的剩余可使用年限即储采比（R/P）进行了预测。根据 BP 公司 2012 年的《世界能源统计年鉴》显示，截至 2011 年年底，全球石油的探明储量为 1.652 6 万亿桶，储采比约为 54.2 年，其中中东地区的石油探明储量约占世界总储量的 48.1%。天然气的剩余可采储量为 208.4 万亿 m^3，储采比为 63.6 年，其中中东地区拥有最大规模的天然气储量，约占世界天然气总储量的 38.4%。煤炭的剩余可采储量为 8 609.4 亿 t，可满足 112 年的全球生产需求，是化石燃料储存比最高的燃料。

考虑到储量会随着经济、技术等因素而变化，储采比也会随之变化，因此它只作为一个参考数据。即便如此，要维持现有的甚至更高的发展速度，仅仅依赖传统的能源是远远不够的，也是不可取的。我们必须加快低碳、清洁、可再生新能源的开发与利用，才能实现世界的可持续发展。

1.1.3 低碳能源

1.1.3.1 低碳能源的定义

学界对低碳能源的定义没有明确的界定，有学者从微观角度指出，低碳能源是指含碳分子量少或无碳分子结构的能源。煤炭分子式中碳为 135、石油为 5～8、天然气为 1、氢能为 0，可再生能源基本为低碳或无碳能源。以此为标准，煤炭、石油、天然气等化石能源属于高碳能源，而水能、核能等非化石能源属于低碳能源。然而该定义仅从能源自身的含碳量作为界定标准，具有明显的片面性。例如，电能在其使用过程中是不产生 CO_2 的，但其是以煤为燃料，通过燃烧的方式实现能量转化而形成的，其生产过程伴随着大量 CO_2 的排放，因此不能简单判断电能是低碳能源。类似地，有学者认为低碳能源相对于高碳能源，其单位热值所含碳的数量少。热值相同的不同能源形式的 CO_2 排放量是不同的，以煤炭、石油、天然气这三种化石能源为例，煤炭的碳密度最高，石油次之，天然气的碳密度最低，因此，相对于煤炭和石油，天然气就属于低碳能源。但同样地，这一定义忽视了这样一个事实，即通过技术进步和能源效率的提高，碳含量高的能源在其使用过程中也可以实现低碳排放。另外，也有学者从广义上指出，低碳能源是顺从人类发展方向、适应未来经济发展模式的一种可持续利用、既节能又减排的能源。作为清洁能源，低碳能源的突出特点是减少 CO_2 排放对全球的污染，同时也兼顾了对社会性污染的减少。

综上所述，对低碳能源的界定要注意以下几点：① 从能源的使用过程来看，高碳能源也能通过清洁技术等低碳技术和先进的生产工艺所带来的高能源效率来实现减少 CO_2 排放的目的；② 针对电能等二次能源，要将其从一次能源转化为二次能源的过程中产生的碳排放量计算到总的碳排放量中去；③ 低碳能源与高碳能源是一个相对的概念，其界定标准会随着社会的发展和技术的进步而变化，因此对某种能源属于高碳能源还是低碳能源，需要从多个方面进行衡量。

1.1.3.2 低碳能源的特征

低碳能源一般具有以下特征：

（1）可再生、可持续应用。一般来说，低碳能源具有储量大、再生快等特点，能有效缓解煤炭、石油等化石能源逐渐枯竭的问题。

（2）能源使用清洁化。所谓能源清洁利用，就是以更清洁、更环保的方式利用能源，具有明显的环境友好性，使用中几乎没有损害生态环境的污染物排放，有利于 CO_2 及其他多种污染物的协同减排。

（3）能源利用高效化。① 通过生产工艺的改进减少能源从开发到终端使用这一过程中不必要的浪费以及由此产生的 CO_2 排放量的减少，提高能源转化效率；② 降低单位产出的能源消耗率，即减少生产单位产品或提供同质服务所需的能源投入，提高能源使用的经济效率，同样也能减少 CO_2 的排放。

（4）节能减排效果显著。低碳能源的节能减排效果体现能源从开发到终端利用的全生命周期中，该类能源在生产中所产生的碳排放及其有关设备的生产、维护所需要的物质消耗，远低于其所能产生的能量，且这些碳排放和物质消耗能在科技上给予减低和消除。另外，低碳能源密度较低，而且高度分散，具有很强的地域性，非常适合就地开发利用。虽然开发利用的技术难度较大，初期投资较高，但由于运行中不消耗化石燃料，因此运行成本低。

1.1.3.3 低碳能源的种类

能源按被利用程度、生产技术水平和经济效果等可分为常规能源（开发利用时间长、技术成熟、能大量生产并广泛使用）和新能源（开发利用较少或正在研究开发中）；按获得的方法可分为一次能源（自然界现实存在，可供直接利用）和二次能源（由一次能源直接或间接加工、转换而来）；按能否再生可分为可再生能源和非可再生能源；按对环境的污染情况可分为清洁能源和非清洁能源。

一般来说，低碳能源属于可再生的、清洁的、开发利用较少或正在研究开发中的新能源，包括水能、风能、太阳能、核能、潮汐能、生物质能、地热能等。生物质能虽然不一定低碳，但作为地球循环的一部分，它不产生额外的碳，因此我们也将其归类为低碳能源的一种。

水能是一种取之不尽、用之不竭、可再生的清洁能源，主要用于水力发电，具有发电效率高、成本低、对环境冲击小等优点。水能发电在技术上成熟，是最具大规模开发条件的非化石可再生能源。具备水能资源条件的发达国家，其水电平均开发度都在 60%以上，其中日本已开发水电资源约 84%。

与水能一样，风能也是一种可再生、无污染且储能巨大的能源，其以机械能转化为原理发电，不消耗化石燃料以及用于冷却的珍贵水资源，且不排放温室气体或有害的空气污染物，清洁又安全。丹麦是欧洲乃至世界上风力发电和热电联产发展最好的国家，2007 年其风力发电量达到总发电量的 19.4%。

太阳能是人类拥有的最丰富、最清洁、安全的可再生能源，对太阳能的利用主要包括太阳能发电和太阳能热利用。太阳能发电又称太阳能光伏发电，随着光伏产业的发展，太阳能发电将体现越来越重要的战略地位。在太阳能热利用方面，我国已成为太阳能热水器的最大生产国和消费国。德国在太阳能供热和光伏发电方面已走在世界前列，据德国太阳能协会（BSW）的统计，2007 年德国利用太阳能供热 $658\,MW_{th}$，占整个欧洲市场的 34%；2008 年，德国光伏发电装置为 $1\,500\,MW_p$，其规模居世界第一位。

生物质能是太阳能以化学能形式贮存在生物质中的能量形式，即以生物质为载体的能量。它直接或间接地来源于绿色植物的光合作用，可转化为常规的固态、液态和气态燃料。作为能源的生物质主要有植物及其废弃物，如秸秆、谷壳、能产生淀粉或糖类的玉米、甘蔗、甜菜等，水生藻类、油料植物、城市及工业有机废弃物、动物粪便等，其主要作用形式包括生物质能发电（包括生物质直接燃烧、气化和沼气发电）、制成纤维素燃料等。

地热能是由地壳抽取的天然热能，来自地球内部的熔岩，以热力形式存在，透过地下水的流动和熔岩涌至离地面 1～5 km 的地壳，热力得以被转送到较接近地面的地方。地热能可用于地热发电、建筑供暖、温泉旅游、农业温室种植等方面，美国是世界上利用地热发电最多的国家，总装机容量 328.2 万 kW，是该国第三大可再生能源。菲律宾地热能发电在 20 世纪 90 年代末已占全国电力的 30%，其装机容量现位居世界第二。

1.1.3.4 低碳能源发展困境

如果这些低碳能源都能为我们充分利用，那么能源短缺和环境污染问题便能逐步得到解决，然而低碳能源发展所面临的技术、成本等难题，还亟待攻克。

科技进步是解决问题的关键，给予足够长的时间，各种技术都会发展成熟，然而时间正是我们所缺少的，我们必须追赶才能避免灾难的发生。低碳能源技术涵盖了可再生能源利用、新能源技术、化石能源高效利用、温室气体控制和处理及节能领域。例如洁净煤技术、光伏电池技术、电网安全稳定技术、深层地热工程化技术、温室气体捕集和埋存技术等。

另外，尽管太阳能具有资源量大和低碳的优点，但其成本比普通家庭用电费高出 1 倍多。理论和实践证明，环境价值与人均收入是高度相关的，公众对环境质量的评价与他们的收入高度相关。人均收入越高，公众才会越愿意为环境质量埋单。对比人均收入 2 000 美元的中国人和人均收入 40 000 美元的美国人，其支付意愿和支付能力相差甚远。因此，我们必须通过技术进步来降低低碳能源成本，实现规模化应用。

1.2　国内外研究综述

能源、环境、经济三大系统关系的研究主要集中在 3 个系统之间的综合平衡和协调、各系统之间交互作用关系和模型的研究，研究随着人们认识的提高逐步优化。最初，人们研究的内容主要集中在能源消费、经济增长和环境保护两两之间的因果关系。随着环境的恶化和主要资源（煤炭、石油等不可再生资源）的枯竭，能源、经济和环境协调发展的问题越来越受到重视，人们开始构建能源-环境-经济三元体系，并进行综合研究。

1.2.1　能源与经济的相关研究

19 世纪工业革命以来，依赖于能源的大量使用，世界工业化国家经济飞速增长。20 世纪 20 年代，前苏联最先开始研究能源经济问题，能源经济学由此诞生。而 1973 年世界能源危机的爆发，使能源与经济两元体系得到了发达国家的重视，并展开综合研究。

世界各国的经济增长证明，能源消耗量和能源消耗速度与国民经济生产总值及其增长率成正比，可用能源消费弹性系数来表示，即能源消费的年增长率与国民经济年增长率之间的比值。世界能源机构也表示，经济增长是能源需求最大的拉动力。但在分析经济增长和能源需求的关系时，有些学者认为应采用购买力平价（PPP）的方法把 GDP 转换成同一货币单位，因为这样更能全面地反映一国的生活成本。而有些学者则认为，应该采用 GDP 而不是 GNP，因为经济全球化加大了 GDP 与 GNP 之间的差距。

也有学者从经济活动、产业结构和能源强度的角度分析了能源消费的变化,如结构牵动论指出用能源供应结构及消费结构的双重优化配置,在不增加能源使用的前提下,实现国民经济的增长。这也符合能源经济学理论,即一个国家或地区的能源强度的变化会呈现库兹涅茨曲线,表现为在工业化初期,能源强度持续增加,达到峰值后开始下降。而此拐点一般是由于经济结构从能源密集型的重工业向以服务业为主转变,从而影响能源需求规模与能源结构。但每个国家出现拐点时对应的人均 GDP 有差异,这与各国的工业化进程和产业结构有关。

此外,有学者分析了 GDP 与能源消费总量以及与不同品种能源之间的相关关系。研究结果表明,GDP 与能源消费总量具有双向连锁关系,意味着在能源消费函数中包括上一期能源消费因素可以更好地解释下一期的能源,同样,在 GDP 函数中包括上一期的 GDP 也可以更好地解释 GDP。但是 GDP 与不同能源品种之间的关系则是有差别的,GDP 与煤炭、电力的关系是一致的,是双向连锁的,但是与石油和天然气消费则不是双向连锁的。

有些学者从低碳能源与经济增长的关系来研究,认为低碳能源促进经济增长,同时经济增长促进低碳能源的开发利用。郭四代(2012)从实证的角度对我国新能源利用和经济增长的关系进行研究,除验证了新能源与经济增长双向因果关系外,还得出了新能源和传统矿物能源的消费均能促进我国经济的增长,但新能源对国内生产总值增长的贡献率大约是传统矿物质能源的 24.7 倍,大力发展和探索新能源并逐渐用新能源代替传统能源,是保持我国经济高速增长的有效途径。王军(2013)以四川省为例,运用计量经济学方法,研究新能源、传统能源和经济增长的关系,得出新能源的消费量对经济增长存在较为显著的单向 Granger 因果关系,但是在短期内四川省 GDP 的增长对新能源的消费量并没有显著的因果关系,新能源对经济增长的贡献比传统能源要高。

1.2.2 能源与环境的相关研究

能源的开发和利用会对生态和环境产生不同程度的影响,尤其是化石燃料能源的消费所产生的污染物和温室气体的排放,会造成大气污染和全球气候变暖。工业革命后,煤炭取代柴薪成为能源消费的主体,能源环境问题由此产生。

20 世纪 60 年代,美国经济学家钱纳里(H. Chenery)和斯特劳特(A.Strout)提出"两缺口"分析(Two-gap Approach),就引进外部资源的必要性、外部资源与区域经济发展的关系等做了系统的理论说明。从 20 世纪 70 年代开始,国内外学者开始普遍关注防治全球气候变暖和控制温室气体排放的问题,包括如何降低能源从生产到消费过程中产生的大气污染、酸雨和温室效应等环境问题,也包括各国的能源政策及对全球气候变化的责任分担。1992 年在里约热内卢和 1997 年在纽约召开的联合国环境与发展会议，标志着国际环境运动时代的到来，环境问题引起各界人士的关注，各国开始从经济视角看待环境问题，逐渐形成了经济-环境两元体系的研究，并形成了环境经济学这样一门交叉学科。

化石能源利用对环境最直接的影响是 CO_2 的排放，因此有学者对中国 CO_2 排放和温室气体减排进行定量分析和评价。陈文颖等（2001）利用 MARKAL-MACRO 模型预测虽然全国 CO_2 排放量不断增加，但是单位 CO_2 排放强度将不断降低。2050 年将比 1990 年下降 89%，同时人均 CO_2 排放量依然较低，到 2050 年也只有 OECD 国家 1990 年水平的 54%。

从政策角度来看，由于能源环境问题的可转移、跨地区和无国界等特性（冯本超等，2004），各国将能源政策的重点放在了能源环境上，温室气体减排就是最主要的方面。环境问题在各国能源政策中已占据极其重要的地位。国家发展和改革委员会能源研究课题组，依据 IPAC 模型组，并以 IPCC 第四次评价报告为基础，分析了中国至 2050 年的能源需求暨碳排放情景，分析结果表明，在低碳情景下节能减排具有最显著的效果。

从技术层面来看，吴巧生等（2005）认为，技术进步跟能源-环境政策之间相互约束与激励。技术是解决大多数能源环境问题的重要方法，尤其是像气候变化这种长期和全球性的问题。另外，许多学者如 Christian B 等（2000）通过能源技术反映在能源环境领域的重要指数即能源效率来研究能源环境问题。

实证研究方面，高源（2010）运用灰色关联理论，对中国煤炭、石油、天然气消费量与工业"三废"排放量进行灰色关联分析，结果发现中国能源消费与环境污染之间的关联度是显著的。王姗姗（2010）以 1985—2007 年的年度数据为样本，建立了自回归分布滞后—误差修正模型，并运用边限检验对我国的能源消费与环境污染之间的关系进行了实证研究。研究结果表明：长期来看能源消费总量、煤炭占能源消费总量的比重和水电、核电、风电占能源消费总量的比重对 SO_2 的排放有重要影响，但是对工业烟尘排放量来说只有水电、核电、风电占能源消费总量的比重的影响是显著的；短期来看煤炭占能源消费总量的比重对 SO_2 排放的影响是显著的，能源消费总量和水电、核电、风电占能源消费总量的比重对工业烟尘的排放有显著影响。

1.2.3 经济与环境的相关研究

环境是经济发展的基础，良好的环境可以为经济发展提供优质的资源环境。同时，经济发展又能为环境的改善和治理提供必要的资金和技术支持。另外，经济增长会加快资源消耗，从而增加污染物排放，导致环境承载力下降，从而制约经济发展。因此，经济和环境既相互促进又相互抑制。

对经济环境问题的研究，最有名的是库兹涅茨曲线，它指出在经济发展过程中，环境质量会经历先恶化而后逐步改善的过程。也就是说，一个国家或地区的环境质量在经济发展的初期，会随着国民收入的增加而恶化，当经济发展到较高水平后，整体环境质量又会逐步好转。1991 年，Grossman 和 Kroeger 利用 42 个国家面板数据，研究发现环境污染与经济增长两者的长期关系呈倒 U 形曲线，他们在 1993 年发表了这一重要的研究成果，引起了广泛的关注。也有很多国内学者运用不同的数据对环境库兹涅茨曲线进行了一些实证研究，但结论大不相同，大多不支持倒 U 形曲线的存在。

但库兹涅茨曲线的提出缺少理论基础，只是利用发达国家一些数据上的推断。发达国家的生产活动集中于信息产业和服务业等，将高能耗和高污染产业转移到发展中国家，加上较强的环境管理和治理能力，使得其环境质量能够维持在一个较好的稳定水平，经济与环境之间的关系较为和谐。但发展中国家，由于经济以工业为主，且存在牺牲环境求发展速度的现象，加上环境管理和治理水平较低，因此经济与环境之间的制约关系更加显著。

1.2.4 能源经济环境的相关研究

随着能源-经济、能源-环境、经济-环境二元体系（2E）研究的不断深入，人们发现，如果不把环境作为一个重要因素引入能源经济体系，或者不把能源作为一个重要因素引入经济环境体系进行研究的话，都很难开展更深入全面系统的研究工作。于是，20 世纪 90 年代后，国际上许多能源研究机构和环保机构开始合作，共同开展对能源、经济、环境三元体系的研究。

国外对能源-环境-经济系统进行综合平衡的研究，主要是对能源生产和消费过程中的资源浪费、环境污染等情况进行有效测算，从而给能源战略调整和政策制定提供相对可靠的依据，研究主要集中在模型的建立上，主要代表模型是 3E（能源 Energy、经济 Economy、环境 Environment）模型。在 3E 体系中，环境是经济发展的基础，经济是环境的主导，能源是经济增长必要的生产因素和投入因子。能源的供应量、价格及环境效应会直接影响经济发展，而经济的规模、发展速度及经济政策也会影响到能源的需求规模和价格。将能源从环境系统中分离出来，凸显了能源对经济与环境系统的作用，目的是通过改善服务设施的效率实现降低造价及减轻环境压力的双重功效。

在实证研究方面，20 世纪 90 年代，欧盟几个主要研究机构合作开发了一般均衡模型 SOLFEGE/GEM-E3，用于研究世界区域或欧盟国家 3E 之间的内在联系，最初主要用于经济、能源、环境规划方面的研究，随着模型的不断完善和更新，还可用于研究能源改革和投资对能源和环境的政策影响，能源和环境方面的改革和政策对欧洲实现可持续发展的作用，以及气候变化对能源、经济、环境的影响等。

国内对 3E 体系的研究，主要有万红飞（2000）从可持续发展的概念与本质出发，根据国外建立的 CO_2 排放与能源消费、经济增长模型，提出了环境保护、能源供需稳定、经济发展的"三位一体论"，并结合我国实际建立了一个基于可持续发展的能源、环境、经济分析模型。张阿玲等（2002）在 INET 模型的基础上提出了改进的 3E 一体化模型。该模型采用了部门活动水平分析、计量经济分析和线性规划分析方法，可应用于温室气体减排技术选择和减排对经济的影响分析。同时，引入可持续发展指标，适应了中国可持续发展的需要。范中启等（2006）采用主成分分析法确定评价指标，并建立了协调度函数，通过求系统的协调指数来评价我国能源、经济与环境系统协调度的测度。

1.2.5　能源结构的相关研究

能源结构与环境保护和能源安全具有密切的联系。以煤炭为主的能源结构，会导致 CO_2 及其他污染物排放量的增加，造成环境恶化。刘红光等（2009）借助 LMDI 分解法，将工业燃烧能源导致的碳排放量分解为 6 个因素，即能源消费总量、能源消费结构、技术因素、中间投入量、产业结构以及工业总量，分析了中国 1992—2005 年工业燃烧能源导致碳排放的影响因素，结果显示能源结构总体没有达到很大的改善是碳排放迅速增加的原因。而煤炭、石油等化石燃料正逐渐枯竭，由此会影响经济社会的正常发展，严重的还会因抢夺资源而引发战争，因此开发新能源、改善能源结构势在必行。

改善能源结构就是要降低煤炭等高碳能源的使用，将能源作为投入要素，其价格变化往往影响着生产者对它的需求。我国政府对资源价格的管制使得资源的价格不能反映资源本身的稀缺性，往往只反映了资源的开发成本，而没有包括环境破坏成本和安全生产成本，因此资源价格往往低于市场均衡水平。如果政府放开对高碳资源的价格管制，那么高碳能源的价格必然上升。价格上升使生产者对它的需求减少，从而优化了能源结构。对低碳能源的价格进行补贴，相当于单位高碳能源的价格上升了，生产者对它的需求增加，从而也能优化能源结构。对此，有学者从能源价格对能源结构的作用及能源产品之间的替代进行了研究。Cho 等（2004）使用 1981—1997 年的季度数据，采用双阶段超对数成本函数对韩国的要素间替代关系与能源间替代关系做了联合估计，考虑了要素间替代与能源间替代的反馈效应，发现电力、煤炭和石油的自价格弹性皆为负；其中煤炭的价格弹性最大，石油最小。

另外，各个产业由于自身生产的需要而对不同的能源表现出不同的需求，有些产业对煤炭的需求高，有些产业对煤炭的需求低，相对而言，前者属于高碳产业，后者属于低碳产业。如果提高低碳产业的比重而降低高碳产业的比重，就能使能源消费结构中高碳能源比重下降，低碳能源比重上升，实现能源结构的优化。但产业结构的调整要依循各国和地区经济发展程度而定，因此，要通过调整产业结构来优化能源结构是一个长期而缓慢的过程。

此外，政府可以通过对高碳能源产品征税或对低碳能源产品的补贴来实现我国能源结构的优化。生产者是以追求利润最大化为目标，实现这一目标的均衡条件是生产过程的边际成本（MC）等于边际收益（MR）。对高碳能源产品征税，使边际成本上升，打破了这一均衡，使行业生产的高碳能源产品数量减少，从而降低高碳能源的消费量。对低碳能源产品给予补贴产生的效果与其类似。

1.2.6 能源效率的相关研究

能源效率，又称能源强度，可用单位能源创造的经济效益多少来衡量，产出单位经济量所消耗的能源量的多寡来衡量。能源系统总效率是指能源开采效率、加工转换效率、储运效率和终端利用效率的乘积，而通常所说的"能源效率"是指终端利用环节的总效率。能源强度越低，能源经济效率越高。能源经济效率的比较方式主要有两种，一种是按照汇率计算得出的强度，另一种是按购买力平价计算得出的强度，但采用哪种方式更科学仍存在争议，前者存在高估的问题，而后者存在低估的问题。

除了关注能源效率的测量方法外，另一个焦点则在于如何提高能源效率。世界各主要国家都设定了提高能源效率的目标，如欧盟希望于 2020 年之前将能源效率提升 20%，日本计划在 2030 年之前将能源效率提升 30%，韩国预计在 2030 年之前将能源效率提升至 47%，中国目标是 2015 年的能源密集度比 2010 年下降 16%。我国是能源生产和消费大国，但每吨标煤的产出效率仅相当于日本的 10%、欧盟的 16.8%、美国的 28.6%。单位 GDP 能耗是世界平均水平的 2.5 倍、美国的 3.3 倍，也高于巴西、墨西哥等发展中国家。如何才能顺利实现提高能源效率的目标呢？一般认为能源效率在时续上的波动和界面上的差异主要受结构变动、技术进步与创新、经济政策这 3 个因素的影响。

（1）产业结构。产业结构变动对能源强度产生影响，主要是由于各产业能源消耗强度不同，当能源要素从低生产率或生产率增长较慢的部门向高生产率或者生产率增长较快的部门转移时，就会促进经济体总的能源效率提高。在此，我们假设各个产业的能源消费强度保持不变，且国民经济仅由高碳产业和低碳产业两个产业所构成，那么提高低碳产业的经济比重，全国能源强度就会下降。对于多部门的国民经济，其产业结构的调整对能源强度变动的作用机理本质上来说是一样的。

（2）技术进步。技术水平的提高使得生产曲线最大可能外移，使一定能源投入带来的经济产出增加，能源效率提高，并且这种提高是可持续的。当然，也有一些技术是为了改变投入能源消费的种类，例如通过煤的清洁技术实现煤从高碳能源转化为低碳能源。但技术进步的同时会产生回弹效应（rebound effect），即能源效率的提高会使得能源需求经历一个先下降后上升的过程。因为能源效率的提高，不但可以弥补节能的投入成本，还能降低整体的能源使用成本，这时能源需求量就会扩大，直到节能投入成本与能源价格上升所导致的能源使用成本的上升相等。因此，技术进步最终导致的对能源效率的影响很难界定。

（3）经济政策。良好的制度创新及灵敏的市场信号有助于企业微观效率的改进，进而促进能源效率的提高。这些经济政策变量一般包括所有制与产权制度改革、对外开放与贸易、能源相对价格以及政府的影响。政府利用对能源价格的管制和放松，可以引导能源消费、改变能源结构，从而提高能源效率。

不同能源品种从原始形态转换为有用能的过程中，能源利用效率是不同的。以我国为例，煤炭的利用效率为27%，原油的利用效率为50%，天然气的利用效率为57%。假设一定热当量的不同能源品种对于经济产出的支持度是相同的，那么将同样热当量的煤炭换成天然气或原油，由于后者的利用效率高、有用能多，同等能源投入的产出会增加，能源强度就下降了。

而能源相对价格变化对能源强度的影响主要通过两种传导机理：① 要素间相对价格变化对现行技术的选择机制，即当能源价格上升了，生产者会选择消耗能源少而其他要素（资本、劳动力等）多的技术来进行生产，此时单位产出的能源消耗量减少了，即实现了能源强度的下降；② 能源价格变化对新技术的诱导机制，即当能源价格上升时，生产者除了在现行的技术中选择效率较高的技术外，还会诱导新的高效能技术的发展，技术进步同样能提高能源效率。

Birol 等（2000）运用经济学相关理论阐明，通过经济手段提高能源价格能够改善能源效率，并降低能源强度。Coenillie 等（2004）对中东欧与前苏联一些转型经济国家的比较研究发现，能源价格上涨和企业重组是提高能源利用效率的主要动力。Fisher 等（2004）对中国 2 500 多家能源密集型大中型工业企业 1997—1999 年的面板数据所做的一项研究显示，能源价格的相对上升、研发支出、工业部门的所有制改革以及产业结构调整，是中国能源强度下降的主要动力。

第2章
中国低碳能源的发展

我国低碳能源的发展十分迅速，从新中国成立到现在这60多年，我国能源工业发生了翻天覆地的变化，能源供给能力不断增强，能源消费结构逐步优化，能源科技进步不断加快，能源节约发展成效明显，能源体制改革稳步推进，能源国际合作成果丰硕。发展低碳能源意义重大，是世界经济发展的必然趋势，是可持续发展的战略选择，是我国经济发展的重要动力。我国现有的低碳能源发展还存在诸多不足，应积极借鉴国外低碳能源发展重要经验，克服发展难题，明确低碳能源发展方向，不断保障国民经济的发展和人们生活水平的提高。

2.1 中国能源发展历程

2.1.1 历史回顾

新中国成立以前，我国能源发展较为缓慢，能源工业基本上处于用原始方式开采煤矿、以薪柴和秸秆为主要能源的落后状态，1949年，全国煤矿产量仅3 240万 t，居民生活用商品能源中煤炭所占比重在90%以上；石油工业基础薄弱，天然油产量不超过12万 t；全国居民全年人均用电不足1 kW·h，农村的年用电量仅为2 000万 kW·h，全国农村人均年用电量仅为0.05 kW·h，相当于每人每年只拥有两小时的电灯照明。

从新中国成立到20世纪60年代中期，这段时间属于我国能源工业的恢复和发展时期。经过3年的国民经济恢复，到1952年年底，地质勘探和石油工业渐渐恢复发展，全国原油产量达到43.5万 t，为1949年的3.6倍，到50年代末，全国已初步形成玉门、新疆、青海、四川4个石油天然气基地，1960年3月，一场关系石油工业命运的大规模的石油会战在大庆揭开了序幕，1963年，大庆油田建成，全国原油产量达到648万 t，1965年达到1 131万 t，自给率达到97.6%，提前实现了我国油品自给；天然气产量由1950年的737万 m³增加到1965年的11亿 m³；

全国煤炭产量从 1949 年的 3 240 万 t 增加到 1965 年的 2.32 亿 t。1953 年，我国电网建设史上具有里程碑意义的松东李线输电线路工程，是新中国第一条 220 kV 高压输电线路，全国发电总装机容量和发电量分别从 1950 年的 187 万 kW 和 46 亿 kW·h 增加到 1965 年的 1 508 万 kW 和 676 亿 kW·h。

从 20 世纪 60 年代中期到 70 年代末，这段时间属于我国能源工业高速发展时期。基本形成了比较完备的体系，煤炭、石油、电力实现了自主开发，太阳能、风能、生物质能实现稳步发展。1965 年，在山东探明了胜利油田，胜利油田到 20 世纪 70 年代达到原油产量增长最快的高峰期，从 1966 年的 130 多万 t 提高到 1978 年的近 2 000 万 t，成为仅次于大庆的第二大油田。到 1978 年，全国石油、天然气产量分别达到 10 405 万 t 和 137.3 亿 m³；1970 年开始建设的刘天关线（刘家峡—天水—关中），是我国第一条 330 kV 超高压输电线路。到 1978 年，全国发电总装机容量和发电量分别达到 5 712 万 kW 和 2 566 亿 kW·h。

改革开放以来，我国能源发展进入了一个新的历史阶段，20 世纪 80 年代和 90 年代，先后成立了中国海洋石油总公司、中国石油化工总公司、中国新星石油有限责任公司和中国石油天然气总公司四大石油公司，形成了四家公司团结合作、共同发展的格局。2000 年和 2001 年，中石油、中石化、中海油三大国家石油公司相继上市，成功进入海外资本市场。2000 年动工、2007 年全部建成的西气东输项目，对我国区域经济发展产生了深远的影响。到 2012 年中国原油产量达 2.05 亿 t，比 1978 年改革开放初期增长了近 1 倍，居世界第四位；2012 年天然气产量达到 1 067.6 亿 m³，是 1978 年的 7.8 倍，居世界第六位。电力产业同样发展迅速，1994 年，世界第一大水电工程三峡大坝正式动工。2000 年 11 月，全国瞩目的"西电东送"首批工程——贵州洪家渡水电站、引子渡等七项发输电工程全面开工。1991 年 12 月，浙江秦山核电站建成，并网发电，标志着我国的核能开始了新的纪元。2012 年全国电力装机达 11.4 亿 kW，其中水电装机 2.49 亿 kW，风电装机 6 300 万 kW，均居世界第一。全国核电在建机组 30 台、总装机容量 3 273 万 kW，在建规模居世界第一。此外，全国光伏发电装机由基本空白增加到 700 万 kW。

从新中国成立到现在这 60 多年，我国能源工业发生了翻天覆地的变化，主要产品产量位居世界前列，技术装备水平大幅度提高，节能减排等方面取得突破性进展，形成了以煤炭为主体、电力为中心、石油天然气和可再生能源全面发展的能源供应格局，能源总自给率始终保持在 90% 以上，能源的发展，为国民经济发展和人民生活改善提供了有力的支撑和保障。

2.1.2　发展成就

2.1.2.1　能源供给能力不断增强

2012 年我国一次能源生产总量（以标煤计）达到 33.3 亿 t，是新中国成立初期的 140.5 倍，是改革开放初期的 5.3 倍，已成为世界第一大能源生产国。其中包括煤炭、石油、天然气和发电量，都发生了翻天覆地的变化（表 2-1）。由新中国成立初期的能源严重短缺到现在的能源充分保障，我国能源工业在不断发展，能源供给能力明显增强，为保障国民经济的快速增长作出了重要贡献。

表 2-1　1949 年、1978 年和 2012 年我国一次能源生产及主要能源产量

项目	单位	1949 年	1978 年		2012 年		世界排名
		产量	产量	比 1949 年增长/倍	产量	比 1978 年增长/倍	
一次能源生产量（以标煤计）	亿 t	0.237	6.28	25	33.3	4.3	第一
煤炭	亿 t	0.32	6.18	18	36.5	4.9	第一
原油	万 t	12	10 405	866	20 500	1	第四
天然气	亿 m^3	0.1	137.3	1 372	1 067.6	6.8	第六
发电量	亿 kW·h	43	2 566	59	49 400	18.3	第一

数据来源：2013 年国家统计年鉴。

2.1.2.2　能源消费结构逐步优化

能源消费结构逐步优化，优质清洁能源比重在逐步增加。与 1952 年相比，2012 年中国的能源消费总量中，煤炭比重从 95%下降到 66.6%，石油由 3.37%提高到 18.8%，天然气由 0.2%提高到 5.2%，在城市已经非常普及，水能、核电和风电等清洁能源同样发展迅速，由 1.61%提高到 9.4%。全国水电装机达到 2.49 亿 kW，位居世界第一。风电装机容量达到 6 300 万 kW，同样位居世界第一。太阳能热水器集热面积居世界第一。我国在建核电机组共 29 台，装机容量达 3 166 万 kW，在建规模继续保持世界第一。清洁能源、可再生能源和新能源的快速发展，使得中国能源结构更加多元化，能源供应更加安全高效。由图 2-1 可看出，从 1978 年至今，我国煤炭和石油在能源消费总量比重稳步下降，天然气以及水电、核电、风电比重不断提高。低碳能源的快速发展，使得中国能源结构趋向多元化、高效化发展。

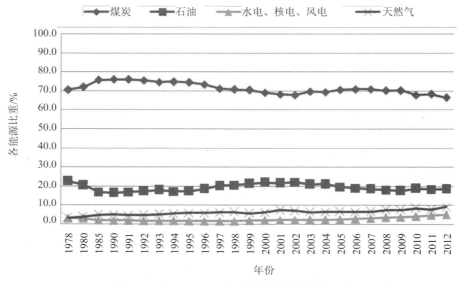

图 2-1　1978—2012 年我国能源消费结构变化

2.1.2.3　能源科技进步不断加快

　　改革开放以后，我国的能源科技进步不断加快，特别是在新能源和可再生能源的开发利用技术方面，许多技术已居世界领先水平。形成了从勘探开发、工程设计、施工建设到生产、加工、运输等较为完整的能源技术体系。装备制造和工程建设能力进一步增强，同时在技术创新、装备国产化和科研成果产业化方面都取得了较大进步。

　　（1）在能源勘探和开采技术领域。4～6 m 厚煤层年产 600 万 t 综采技术与装备和特厚煤层年产 800 万 t 综放开采技术与装备已实现国产化并成熟应用；初步形成了具有自主知识产权的煤炭直接液化技术；掌握了常规油气资源评价、海上集束勘探、海上高分辨率地震勘探等核心技术；超深井钻机设备、地址导向钻井技术、高含水油田分层注水及聚合物驱油技术、高压凝析气田高压循环注气技术等达到国际先进水平。

　　（2）能源加工与运输技术领域。炼油工业已经形成完整的石油炼制技术创新体系，能够完全依靠自主技术建设千万吨级炼油厂，主要炼油技术达到国际先进水平。油气储运方面，能够设计、建设和运营大口径、高压力、长距离输气管道，顺序输送 4～5 个品种的长距离成品油管道以及冷热油顺序输送的原油管道。

　　（3）能源发电技术领域。火力发电方面，随着一批大容量、高参数火电机组的相继建成投产，600℃超临界机组数居世界首位，机组发电效率超过 45%。水力发电方面，已建成世界最大规模的三峡水电站、世界最高的龙滩碾压混凝土重力坝和水布垭面板堆石坝，正在建设世界最高的锦屏一级混凝土拱坝和双江口心墙堆石坝。输配电方面，大容量远距离输电技术、电网安全保障技术、配电自动化技术和电网升级关键技术等均取得了显著进展。间歇式电源并网和储能技术研究已取得初步成果。

（4）新能源技术领域。核能发电方面，已具备自主设计建造 300 MW、600 MW 级和二代改进型 1 000 MW 级压水堆核电站的能力，正在开展三代核电自主化依托工程建设。风力发电方面，风电机组主要采用变桨、变速技术；并结合国情开发了低温、抗风沙、抗盐雾等技术。太阳能发电方面，已形成以晶硅太阳能电池为主的产业集群，生产设备部分实现国产化；薄膜太阳能电池技术已开始产业化；太阳能热发电技术在塔式、槽式热发电和太阳能低温循环发电等方面取得了重要成果。生物质能应用方面，生物质直燃发电和气化发电都已初步实现了产业化，单厂最大规模分别达到 25 MW 和 5 MW；生物柴油技术已进入产业示范阶段；大中型沼气工程工艺技术已日趋成熟；生物质直接、间接液化生产液体燃料的技术准备进行工业示范。

2.1.2.4　能源节约发展成效明显

改革开放 30 多年来，我国节约能源、提高能效成绩显著，我国单位 GDP 能耗年均下降 4%，年均节能率 3.9%。"十一五"期间，通过广泛推广各项节能措施，大力淘汰落后产能，对煤炭工业进行优化调整和重组，累计关闭小煤矿 9 500 多处，淘汰落后产能 5.3 亿 t；对电力工业实行"上大压小"政策，关停小火电机组 7 600 多万 kW，2010 年火电机组供电消耗标煤 333 g/（kW·h），比 2005 年下降了 37 g/（kW·h）。烟气脱硫机组占燃煤火电总装机容量的 86%，单位电量二氧化硫排放比 2005 年减少了 50%。2006—2012 年，全国单位国内生产总值能耗下降 23.6%，相当于少排放 CO_2 约 18 亿 t。

2.1.2.5　能源体制改革稳步推进

我国积极推进能源市场化改革，充分发挥市场配置资源的基础性作用。能源领域投资主体实现多元化，民间投资不断发展壮大，鼓励民间资本进入能源行业，参与能源资源勘探开发、石油和天然气管网建设、电力建设，发展煤炭加工转化和炼油产业，支持民间资本全面进入新能源和可再生能源产业。煤炭生产和流通基本实现市场化。电力工业实现政企分开、厂网分离，监管体系初步建立。能源价格改革不断深化，价格形成机制逐步完善。开展了煤炭工业可持续发展政策措施试点。制定了风电与光伏发电上网电价制度，建立了可再生能源发展基金等制度。加强能源法制建设，新修订出台了《节约能源法》《可再生能源法》《循环经济促进法》《石油天然气管道保护法》《民用建筑节能条例》以及《公共机构节能条例》等法律法规。

2.1.2.6 能源国际合作成果丰硕

改革开放以后，我国开始参与能源国际合作，在经济、能源全球化过程中，我国与世界能源的联系不断加强，已经形成"中国离不开世界、世界离不开中国"的能源市场格局。已与美国、俄罗斯等 36 个国家和地区建立了双边合作机制，参与了 APEC 能源合作、东盟+3 能源合作等 22 个能源国际组织和国际会议多边合作机制，并组织了中国—东盟能源合作研讨会、五国能源部长会议等多次会议，在国际上引起积极反响。已与全球 40 多个国家和地区开展了勘探开发、炼油化工和管道项目合作。尤其是 2008 年以来，国际能源合作取得了突破性进展。中俄签署修建原油管道、长期原油贸易、贷款一揽子合作协议，中俄双方确认将通过东线管道每年对华供气 380 亿 m³，俄罗斯境内段和我国境内段管道工程都已开工；中缅签署了建设原油和天然气管道的政府协议；中国同委内瑞拉、巴西签署了贷款换石油的一揽子合作协议。

2.2 中国低碳能源发展现状

2.2.1 中国碳排放现状

CO_2 是最主要的温室气体，以化石能源消耗为主的能源结构导致我国的碳排放量急剧增加，2006 年，我国的碳排放总量已经超过美国，成为世界碳排放第一大国。我国碳排放呈现以下几个特点。

2.2.1.1 中国碳排放总量增长迅速，碳排放份额逐年增加

我国碳排放量在 2002 年之前增长并不快，其中 1996—1999 年我国的 CO_2 排放出现了逐年降低的局面，主要因为同期中国的能源消费量在下降，但自 2002 年以后，伴随着工业化进程的逐步加快，我国的能源消费总量急剧上升，2002 年、2003 年碳排放增长速度分别达到 22.46%和 16.86%，到 2006 年，碳排放量已经超过美国，我国跃居为碳排放第一大国。2012 年化石燃料碳排放的最大排放源包括中国（27%）、美国（14%）、欧盟（10%）及印度（6%）。2012 年我国碳排放总量达到 79.5 亿 t，增长率达到 5.9%。

2.2.1.2 中国人均碳排放量不高，历史累积排放较低

尽管碳排放总量偏高，但由于我国的人口基数大，相比主要发达国家，我国人均排放量并不高，2012 年，我国的人均排放量仅为 7 t，与美国的人均排放 16 t

还相差甚远,与欧盟相当。同时,在人均产出的碳排放效率上,中国远低于欧美和世界水平。从时间结构上来看,从工业革命以来的全球的温室气体排放历史积累,中国、美国、日本、印度、加拿大等 13 国从 1850 年到 2004 年间,中国的历史累积排放贡献占这 13 个国家的 10.8%,只有美国的约 1/4;中国的人均历史累积排放贡献率仅为 1%,远低于美国(21.3%)、加拿大(16%)和英国(16.4%)等发达国家,仅高于印度(0.4%)。

2.2.1.3 中国碳排放结构主要以固体燃料消费为主

CO_2 的排放主要包括固体燃料、液体燃料、气体燃料以及水泥生产的 CO_2 排放。2012 年全球大部分碳排放来自煤炭(43%),其后依次是石油(33%)、天然气(18%)、水泥(5.3%)及天然气火炬(0.6%)。我国的一次能源结构还是以煤炭为主,气体燃料 CO_2 排放量一直非常低,仅占碳排放总量的 2%左右,而液体燃料的碳排放量占 15%左右,到 2004 年我国固体燃料消费排放的 CO_2 约占总排放量的 71.9%,水泥生产排放的 CO_2 增加较快,主要原因是我国经济发展过程中基础建设的需要。

2.2.2 中国能源现状

2.2.2.1 中国能源结构存在失衡

(1)资源结构"先天性"失衡。能源总量虽然丰富,但我国资源人均占有量低于世界平均水平,我国煤炭和水力资源人均拥有量相当于世界平均水平的 50%,石油、天然气人均资源量仅为世界平均水平的 7.7%和 7.1%左右。能源开发的难度很大,煤炭资源大多需要井工开采,石油、天然气资源地质条件复杂,水力资源多集中在西南部高山深谷,开发成本较大。

(2)能源消费结构失衡。尽管我国的能源结构在逐步优化,但还是存在一些问题。我国一次能源消费总量中煤炭占比过高,富煤贫油少气的资源要素禀赋决定了我国煤炭消费的主导地位,尽管清洁能源比重在不断加大,我国煤炭消费的比重保持在 70%左右,煤炭的消费,对环境污染影响很大,我国二氧化硫排放量的 90%、烟尘排放量的 70%、CO_2 排放量的 70%都来自煤炭消费。

(3)能源区域结构失衡。我国能源区域分布不均衡,呈现出中西部相对丰富、东部相对贫乏的特点。我国探明的常规一次能源中,西部 12 个省份占 56.03%,中部 6 个省份占 34.15%,东部 13 个省份不足 10%,其中东北三省占 4.13%,东部沿海 10 个省份仅占 5.69%。我国能源供求总体均衡,但从区域结构来看,能源供求局部结构失衡,从历史数据来看,东部沿海发达地区自改革开放以来一直表现为能源净输入,并有加速流入的势头,中西部则一直处于能源净流出地位,总的来说，我国区域能源消费呈现中西部地区能源供过于求，东部地区能源供不应求的特征。

2.2.2.2 中国能源安全面临挑战

中国改变现有的能源供需结构存在很大困难。未来几十年，中国的能源结构仍然以煤炭为主，但水电、核电、风电和天然气有巨大的发展潜力，需要根据自身的资源条件、技术水平来制定符合自己的能源安全政策，实现低碳可持续发展，不能走西方工业化高碳发展道路，构建一个安全长效的可再生能源利用体系。

我国石油对外依存度过大，已达到55%左右，估计今后每年将有2～3个百分点的增长，按照国际能源机构的预测，2020年中国石油对外依存度将达到68%。我国原油进口的60%以上来自局势较为动荡的中东地区，运输方式主要采取海上集中运输，原油运输80%通过马六甲海峡，形成了制约中国能源安全的"马六甲困局"。

能源管理体制存在问题，从改革开放以来，很长一段时间里，我国的能源管理体制不够健全，与能源相关的管理、开发和研究职能分散在国家发改委、国土资源部、环境保护部和电监会等部门，权限不明，一方面难以出台统一协调的政策措施，另一方面无专门的机构贯彻实施，暴露了一定的能源安全的制度性危机。

2.2.2.3 中国工业生产能源效率有待提高

我国能源利用率长期偏低，单位GDP能耗是发达国家的3～4倍，主要工业产品单耗虽然下降很多，但电力、钢铁、有色、石化、建材、化工、轻工、纺织8个行业主要产品单位能耗平均比国际先进水平高40%左右。我国主要能耗设备能源效率低，其中燃煤工业锅炉运行效率仅65%左右，中小电动机87%，风机、水泵75%，机动车燃油、载货汽车、柴油机、通用小型汽油机等总体排放水平比国际先进水平低1～2个档次。能源平均利用率只有30%左右，能源利用中间环节（加工、转换和贮运）损失量大，浪费严重。

2.3 低碳能源发展的必要性

2.3.1 发展低碳能源是世界经济发展的必然趋势

关于气候变化的警告在不断增加，但化石燃料消耗产生的温室气体浓度却丝毫没有减少，温室气体排放导致的全球气候变暖已成为人类生存不容忽视的问题。2007年，大气中的CO_2体积分数已经超过383 μl/L，2008年全球的碳排放量上升了2%，达到历史最高。人类活动正在加速影响全球变暖的进程，进而导致海平面上升等恶劣问题，危险也逐渐显现出来。美国能源部预计到2030年世界能源使用

和 CO_2 排放将增加 50%，平均每年 1.7%。按照此速度，2030 年碳排放将超过 400 亿 t，2050 年碳排放则达到 620 亿 t，到那时，人类很难再阻止温室气体排放造成的世界性气候混乱失控。

面对严峻的气候变化问题，国际社会不得不采取实质性措施来应对全球性问题，1992 年经过两年的努力，气候变化框架公约政府间谈判委员会在纽约通过了《联合国气候变化框架公约》，主要任务是稳定大气中温室气体的浓度，保护生态系统的健康发展。1997 年 12 月在日本京都举行第三次缔约方会议，经过两年的谈判，通过了具有里程碑意义的《京都议定书》，确定了"共同但有区别的责任"原则，为发达国家规定了有法律约束力的量化减排指标，对发展中国家不做指标式减排要求。虽然国际社会已经达成有关协议，但是由于不同国家所处的发展阶段不同等原因，在应对气候的问题上有不同的立场。因此，通过谈判来达成协议、实现节能减排，是今后国际社会发展的必然趋势。

世界上许多国家都高度重视发展低碳能源，普遍意识到谁能抢先发展好低碳能源，谁就能在新的一轮经济增长中占据主动权。欧美日等发达国家正在推行节能减排、可再生能源和新能源技术的研发和应用，促发以"高能效、低排放"为核心的新一轮工业革命，低碳能源必将带来经济结构的转型升级。

2.3.2　发展低碳能源是可持续发展的战略选择

改革开放三十多年来，我国经济高速发展，能源消费也随之增长，能源供给难以满足日益增长的能源需求，同时随着能源消费的不断提高，我国单位 GDP 能耗也在提升，这对我国可持续发展战略来说是一种挑战。进入 21 世纪以来，我国基础建设发展迅速，城镇建设、道路施工等高耗能领域能耗需求较大，这也为发展低碳能源，加速产业结构调整，实现可持续发展打下了基础。

发展低碳能源是全面落实科学发展观的必然选择。发展低碳能源，能够有效缓解我国能源供需矛盾，进一步遏制环境污染，能够加快建设资源节约型和环境友好型社会，促进经济又好又快发展，稳步实现民富国强和社会和谐发展。

大力开发太阳能、风能、生物质能、水能等低碳能源，由此还可以带动许多新兴产业的发展，低碳能源产业的快速发展，相应的配套产业也得以壮大，相关产业链条不断发展完善，产品不断丰富，进而扩大内需、带动就业，有效拉动经济增长，这对保障民生，促进社会和谐意义重大。

2.3.3　低碳能源是我国能源安全保障的重要路径

发展低碳能源是抢占国际竞争制高点的战略突破口。低碳能源战略不仅将催生新的经济增长点，也将推动科技创新和抢占新的战略制高点。历史经验表明，每一次经济危机都孕育着新一轮的技术革新，在后金融危机的形势下，世界各国都在试图将经济复苏和经济转型结合起来，努力寻找新的经济增长点。美国、德国、日本、韩国都已经出台了大规模的新能源发展规划，致力于节能减排、可再生能源和新能源技术的研发，并不断加强推广应用。我国在低碳能源领域的重视程度不断加大，"十二五"期间，我国首要任务就是要培育和发展新兴能源产业，其中包括核电、水电、风能、太阳能和生物能源等可再生能源。发展低碳能源，有利于培育新的优势产业和推动科技创新，有利于提高我国在未来低碳经济时代的国际竞争力。

发展低碳能源是保障我国能源安全的必由之路。能源安全关系到国家的经济安全，我国能源安全存在诸多问题，如能源结构不合理、石油对外依存度过大、能源利用效率低、能源环境问题突出等。而低碳能源具有总量大、分布广、无污染、可再生等特点，发展前景广阔，大力发展低碳能源，既能够有效地缓解我国能源安全带来的压力，又能更好地促进我国经济社会与生态环境协调发展。按照我国政府制定的可再生能源长期发展战略规定，到2010年可再生能源将占能源消费总量的10%，2020年达到18%，2030年达到30%，加快构建资源节约型、环境友好型的生产方式，促进我国经济又好又快发展。

2.4 低碳能源发展方向

2.4.1 国外可借鉴的经验

全球气候变暖引起越来越多的国家关注，发达国家在低碳能源方面启动更早，政策工具更加多样化，发达国家的低碳能源发展战略和政策措施值得我国深入研究和借鉴。

2.4.1.1 加快低碳能源战略布局，出台相关政策

全球范围已掀起了对气候变化问题的思考，发达国家针对能源问题纷纷制定了相关的政策措施。美国制定国家新能源战略，2009年1月，奥巴马宣布了"美国复兴和再投资计划"，将发展新能源作为投资重点，通过在未来十年中投资1 500亿美元，帮助创造500万个就业机会，把清洁能源作为未来发展的方向。作为碳排放大国，美国正在努力从电力、新能源技术、建筑和汽车等方面对能源政策做出调整，以期实现能源战略转型，美国政府已经把低碳经济的发展道路作为美国未来的重要战略选择。英国是世界上低碳能源的倡导者和先行者，提出发展"清

洁煤炭"计划，主要对象是以煤炭为燃料的火电厂，要求英国境内新设煤电厂必须首先提供具有碳捕捉和储存能力的证明，每个项目要有在 10～15 年内储存 2 000 万 t CO_2 的能力。英国在发展低碳能源上采取的主要措施包括成立碳基金、启动气体排放贸易计划、推出气候变化协议及使用可再生能源配额等偏向激励机制的政策措施。德国的低碳能源走在世界前列，1999 年，德国第一次开始对汽车燃料、燃烧用轻质油、天然气和电征税；此后，德国政府还提出了实施气候保护的高技术战略，先后出台了五期能源研究计划，以能源效率和可再生能源为重点，并为其提供资金支持；还推出再生能源发电计划，规划至 2020 年再生能源发电占比将达到25%～30%。日本是《京都议定书》的倡导国之一，2008 年 5 月，发布了《面向低碳社会的 12 大行动》，对工业、交通、能源转换等提出了预期减排目标，推出太阳能鼓励政策；日本还将发展太阳能列入本轮经济刺激计划，并将其作为日本经济转型中的核心战略之一。欧盟一直主导着节能减排前进的步伐，2007 年 3 月，欧盟委员会通过了欧盟战略能源技术计划，其目的在于促进新的低碳技术研究与开发，以达成欧盟确定的气候变化目标，从而带动欧盟经济向高能效、低排放转型，并引领全球进入"后工业革命"时代；2007 年 10 月欧盟委员会建议欧盟在未来 10 年内增加 500 亿欧元发展低碳技术，还联合企业界和研究人员制定了欧盟发展低碳技术路线图，计划在风能、太阳能等 6 个领域发展低碳技术。

综上所述，各发达国家低碳政策主要表现在对传统高碳产业的改造、发展可再生能源、加强国家碳排放合作、利用市场机制促使企业发展低碳能源等。这些国家的低碳经济政策为我国的能源环境政策的制定和经济的低碳转型具有十分重要的借鉴意义。

2.4.1.2　加强能源政策导向作用，完善法律体系

发达国家在低碳能源领域发展迅速，主要原因是政策导向作用明显，发达国家都从战略高度统筹规划低碳能源的发展，确定合理的目标，制定切实可行的措施和制定相应的法律法规来引导低碳能源健康发展。① 明确发展低碳行业重点支持的领域，以 2007 年年底欧盟制定的发展低碳技术的"路线图"和 2009 年年初美国正式出台的《美国复苏与再投资法案》最具代表性。② 建立健全合理的低碳能源相关法律法规，日本制定《2010 年能源供应和需求的长期展望》法案，促进低碳能源的发展；2005 年美国通过新的综合性能源政策法案，确立美国未来能源政策的法律基础，2009 年《美国清洁能源安全法案》以立法形式把低碳经济的发展提到了新的高度；2008 年 3 月，英国颁布实施《气候变化法案》，这使英国成为世界上第一个为减少温室气体排放、适应气候变化而建立具有法律约束性长期框架的国家。虽然我国在低碳能源领域已经制定了《节约能源法》《可再生能源法》《清

洁生产促进法》《循环经济促进法》等法律，但我国在低碳经济发展的政策法律体系方面仍处于薄弱状态，立法体系不完善，能源立法规定不够详细，操作性不强。

2.4.1.3 创新发展低碳领域技术，促进经济发展

发达国家在低碳领域投入大量资金进行技术研发，以期能够开发出清洁、高效的低碳能源技术，抢占世界经济发展的制高点。英国致力于开辟新的洁净能源，充分发挥其岛国优势，注重利用海洋资源，在发展海上风能、海藻能源等低碳能源方面居于全球领先水平；日本除了投入巨资开发利用太阳能发电技术外，还积极开展潮汐能、水能、地热能等方面的研究，另外，也着力于发展清洁汽车技术、高速增殖反应堆燃料循环技术、生物质能利用技术等高效技术；2007年年底，欧盟委员会通过了欧盟能源技术战略计划，提出要通过研发并推广低碳能源技术，促进欧盟能源的可持续利用；美国计划未来10年内投入10亿美元，建造世界上第一个零排放的煤基发电站。此外，瑞典、韩国、加拿大在环境科技方面也提出了相应的资助计划和方式，以促进低碳经济的发展。

2.4.1.4 建立碳金融交易市场，完善资源配置

推动碳金融交易市场发展，建立有利于低碳发展的融资机制，有利于改善环境的市场机制。世界上的碳排放市场主要有欧盟排放交易体系、日本自愿排放交易体系、英国体系等。同时，国外金融部门在碳金融方面不断创新产品，如瑞士信托银行、汇丰银行和法国兴业银行共同出资1.35亿英镑建立的国际上规模最大的碳基金——排放交易基金；韩国光州银行在地方政府支持下推出了"碳银行"计划，尝试将居民节约的能源折合成积分以用于日常消费，为低碳经济发展提供资金支持。

2.4.1.5 加强与国际社会合作交流，借鉴发展经验

加强国际低碳能源领域的合作交流，吸取国际上的先进技术和先进经验，合理运用技术发展我国的低碳能源。日本通过出台加强科技外交战略、主办或参加重大国际会议、促进先进科学技术与政府开发援助相结合等方式，全方位推进科技外交。欧盟国家利用其在可再生能源和温室气体减排技术等方面的优势，积极推动应对气候变化和温室气体减排的国际合作，力图通过技术转让为欧盟企业进入发展中国家能源环保市场创造条件。我国应该积极参与国际社会低碳技术的交流，提升我国在国际上的话语权，参与制定碳排放量的国际标准，充分利用国外的先进低碳能源技术，借鉴其经验，实现经济持续发展。

2.4.2 低碳能源发展障碍

全面发展低碳能源，这符合我国现阶段发展的实际情况，也是国际社会长期

发展的趋势所在。但结合中国特殊的国情，可以发现发展低碳能源存在许多障碍，能源低碳化将是一个长期的过程。

2.4.2.1　发展阶段的障碍

中国现在正处在工业化、城市化快速发展的关键时期，而支撑重工业发展的重要条件就是能源供应，我国高耗能工业部分是国民经济的支柱产业，例如电力、石化、冶炼、建筑、汽车等，经济的发展和人民生活水平的提高离不开这些基础产业的支持，但是这些重工业产业难以避免具有高能耗、高排放、高污染的特征，要在短期内实现常规能源向低碳能源的转换比较困难。城市化进程中城市基础设施建设对能源的需求也不断增高，中国城市每年消耗大量的能源、资源、材料并排放大量的污染物。因此，我国所处的发展阶段不利于低碳能源的发展。

2.4.2.2　资源禀赋的障碍

我国是世界上煤炭储量最丰富的国家之一，在我国能源探明储量中，煤炭占94%，石油占5.4%，天然气占0.6%，这种富煤、贫油、少气的能源结构，决定了我国以煤炭消费为主的能源生产和消费格局将长期存在。2012年我国一次能源消费中，煤炭占比约为66.6%，而研究发现，单位热量煤炭燃烧所排出的 CO_2 比燃烧石油与天然气分别高出约36%和61%，以煤炭为主的能源结构必然带来较高的 CO_2 排放量，近期我国能源结构不会有根本性改变，我国的这种高碳结构对低碳能源的发展带来挑战。

由要素禀赋差异进而影响到我国贸易结构的差异，在国际贸易中，发达国家已经进入知识经济时代，在全球产业分工体系中处于领先地位，而中国产业还处于低端位置，出口的商品大部分为高能耗、依赖资源的劳动密集型、资源密集型商品，在科技含量、产品附加值上都与发达国家有所差距，而发展这些产业都是以消耗能源、牺牲环境为代价的。

2.4.2.3　技术条件的障碍

我国在发展低碳能源技术上面临许多难题，技术问题是我国由"高碳"向低碳转变最大的障碍，尤其在技术自主研发和创新能力上。① 我国的低碳技术基础薄弱，低碳技术研发起步较晚，与西方发达国家差距较大，能源方面整体科技水平还不是很高，没有雄厚的技术体系作为支撑，不利于低碳能源技术的发展。② 我国的能源技术结构不合理，传统的高耗能、高污染、高排放、低效率、低附加值等技术在一些领域仍占主导地位，短时间内淘汰落后工艺技术存在一定的难度。以传统"高碳技术"为主的第二产业比重过大，对我国低碳能源的发展有一定的影响。③ 我国的技术创新和自主研发能力不足，技术创新体系不够健全，企业对低碳技术的研发重视也不够，在低碳技术领域资金投入不大，严重阻碍了低碳技术的创新发展。

2.4.3 低碳能源发展方向

我国发展低碳能源意义重大，大力发展低碳能源，既要改善传统燃煤技术，提高水电开发效率，又要积极发展核能、风电、太阳能等新能源，努力发展清洁、高效的低碳能源体系。

2.4.3.1 加快制定低碳能源战略规划

我国正处于低碳能源快速发展时期，但是缺乏比较清晰的针对低碳能源发展的国家战略和整体规划。应该借鉴发达国家的先进经验，结合我国国情，制定国家层面的低碳能源发展战略和整体规划，明确低碳能源的内涵、发展目标、发展方向和重点，落实各部门责任，加大政府资金投入，完善相关法律和政策。努力完善低碳能源的开发应用、低碳能源的技术研发、低碳能源在工业领域的发展规划、低碳能源的管理体系和低碳能源的政策措施等方面的内容，逐步实现低碳能源和电网、各类低碳能源以及低碳能源和其他能源产业的协调发展。

2.4.3.2 重点建设节能环保燃煤电厂

我国煤炭消费保持在 70% 左右，同时，以火力发电为主的电力结构决定了节能减排的重点任务是煤炭的清洁利用。燃煤电厂是煤炭的消耗大户，也是电力行业节能降耗和减排的重点企业。推广利用清洁煤炭发电技术：① 要大力发展大容量、高参数火电机组和热电联产机组。利用好国家"上大压小"政策，统一调配和集中使用关停容量，在我国煤炭基地、特高压送出端和经济发达地区建设 60 万 kW 级以上大机组。以集中供热为原则，在北方大中城市建设 30 万 kW 热电联产机组，加速取代工业锅炉。② 加强在运电厂节能环保技术改造。我国尚有 40% 左右的火电机组未装备脱硫设施，要进一步加大脱硫改造力度，同时积极推广应用脱硝、脱氮、CO_2 捕捉封存技术，推广合同能源管理模式，集中利用综合节能技术，大幅提高发电系统运行效率。③ 大力发展新型清洁煤发电技术。加强能源行业的战略合作，推进整体煤气化联合循环电站（IGCC）、大容量循环流化床电站（CFBC）等示范项目建设，掌握核心技术，加快推广应用进程。发电企业要瞄准世界清洁煤利用的前沿技术，不断推进管理创新和技术创新，综合利用各种清洁燃烧和节能环保技术，建设一批具有中国特色的绿色电站。

2.4.3.3 努力提高水电开发的规模和质量

我国水电资源丰富，且拥有成熟的开发技术和管理模式，开发利用程度仅为 24%，是最具备大规模开发利用条件的可再生能源。① 稳步推进大型水电基地建设。坚持"流域梯级滚动综合开发"的原则，在科学论证、系统规划、持续有序，妥善处理好生态环境保护和移民安置的前提下，加强重点流域的水能资源勘察和开发利用规划，适时建设一批各方面条件比较适宜的大型水电站，加大西部水电基地的开发力度。② 积极开发中小型水电站。在水能资源丰富但地处偏远的地区，根据开发利用条件、地区经济发展水平等情况，建设调节性能好、综合功能强的水电站，带动中小流域梯级滚动开发。③ 利用和推动建立促进水电清洁开发的机制。一方面要重视利用清洁能源发展机制，积极争取更多的中小水电项目在联合国注册成功，进一步提高碳减排交易收益；另一方面，要密切跟踪我国水火电同网同价等清洁能源补偿政策，努力提高水电开发的经济性。

2.4.3.4　推进核能、风电、太阳能等清洁能源的开发应用

① 稳步推进核电开发。核能在经济中最重要的用途就是核能发电，核能发电日益成为低碳能源供应的支柱，世界核电快速发展，2006 年世界核电发电量约 2.7 万亿 kW·h，预计 2030 年将上升到 3.8 万 kW·h，如果以核电代替煤电，可减少 18 亿 t/a 的碳排放量。发展核电可改善我国的能源供应结构，有利于保障国家能源安全和经济安全，也是电力工业碳减排的有效途径。应在确保安全的前提下，大力提高核电装机规模，做好三代核电技术的引进吸收和自主创新，逐步形成具有自主知识产权的新型核电技术体系，推进关键设备和重要材料国产化，提高核电开发的安全性和经济性。② 大力发展风电。风力发电，就是把风的动能转变为机械能，再把机械能转化为电能，通过风力的清洁和安全发电方式，不消耗化石燃料以及用于冷却的珍贵淡水资源，并且不排放温室气体或有害的空气污染物，可以贡献清洁和安全的电力。综合考虑我国的资源条件、电网接入、电力输送和运行管理等因素，积极建设千万千瓦级、百万千瓦级大型风电基地，进军海上风电，关注研究高原风电，开拓离网小型风电市场。③ 积极开发光伏发电项目。过去几年，中国在太阳能产业发展上取得令世人瞩目的成就，在太阳能热利用方面，中国已成为全球最大的热水器生产和消费国。中国光伏产业经历了爆发式增长，已基本形成了涵盖多晶硅材料、铸锭、拉单晶、电池片、封装、平衡部件、系统集成、光伏应用产品和专用设备制造的较完整产业链。在"十二五"能源发展的关键时期，应加快光伏行业技术水平应用，提高我国光伏产业的竞争力。积极推进"金太阳"工程，建设独立、大型开阔地并网和屋顶并网光伏发电等示范项目；发展户用光伏发电系统，建设离网小型光伏电站，解决偏远无电地区供电问题；进一步建设网光伏发电站，在中西部等太阳能资源丰富的地区发展微电网示范区，通过多种手段推动光伏发电在国内的应用。

第 3 章
低碳能源与环境、经济的关系

低碳能源的发展与环境和经济关系密切，能源的消费会带来各类环境问题，而发展低碳能源能够解决能源短缺、生态环境压力过大等问题，这对我国经济社会可持续发展有着重要意义。低碳能源与经济发展是相辅相成、互相促进的，低碳能源的发展能够促进经济社会的健康发展，而经济的增长也可以带动低碳能源的大力发展。

3.1 低碳能源与环境的关系

随着我国经济的快速发展和人们生活水平的提高，人们对能源的需求不断提升，再加上我国是发展中国家，经济发展偏向粗放型增长，能源消耗的同时会对环境造成很大影响，各种类型的能源利用都会对环境造成不同的影响。

表 3-1　不同类型能源对环境的影响

能源类型	对环境的负面影响
煤炭	室内污染危害；城市大气污染；CO_2 排放
石油和天然气	土壤盐渍化；炼油废水废气废渣排放；硫化氢排放；海洋油气污染
水电	淹没土地、地面设施和古迹；诱发地震；对水生和陆生生物的影响
核电	对人体的辐射；核事故；放射性废物处置
风能	噪声和景观，还有电磁干扰、对鸟类的影响等
太阳能	主要是占用土地、影响景观等
生物质能	生物质能作炊事和供热燃料，由此引起的室内空气污染
地热	地热水直接排放造成地表水热污染
海洋能	海洋温差发电装置的热交换器采用氨作工质，氨可能会污染海洋环境

3.1.1　能源消费与环境污染的关系

（1）造成大气污染的最主要原因是我国以燃煤为主的能源消费结构。① 煤炭在开采环节会挖出很多碎石，其中大部分是煤矸石，煤矸石中的硫化物会氧化发热，散热不好的话会自燃，据统计，全国正在自燃的矸石山约 200 座，自燃过程排放大量的 SO_2、CO_2 等，污染空气，形成酸雨，污染水源和土地，抑制植物生长，危害人类健康；② 开采煤矿时，矿井中会排放出大量的甲烷，影响大气环境；③ 煤矿开采引起的地面塌陷使矿区耕地减少或受到破坏，生态环境也受到严重影响，据估算，全国平均每采出 1 万 t 煤沉陷面积在 0.2 万 m^2 以上，全国已有开采沉陷地 45 亿 m^2；④ 煤炭利用时产生 CO_2、SO_2，影响大气环境。

（2）石油和天然气的勘探开采、加工和利用同样对环境造成影响。① 油田勘探开采过程中的井喷事故，采油废水、钻井废水、洗井废水、处理人工注水产生的污水等；气田开采过程中产生的地层水含有硫、卤素、锂以及钾等元素，主要危害是使土壤盐渍化；油气田开采过程中的硫化氢排放。② 炼油过程中废水、废气、废渣的排放。③ 海洋油气污染，海洋油气对环境影响最为严重，20 世纪 80 年代以来，全世界估计每年有 10 Mt 石油因井喷、漏油、海上采油平台倾覆和油轮事故等原因泄入海洋，对海洋生态系统和海运活动产生严重影响。④ 石油和天然气在城市生活中气体排放对城市大气的污染。

（3）水力发电需要建造水库，大型水库对当地的生态环境有一定程度的影响。① 水库会改变河流的水深、水温以及当地的气候，从而对水生和陆生生物产生不利影响。例如，葛洲坝建成后大坝截断了鱼类洄游通道，珍稀水生动物中华鲟的繁衍生息受到影响；新安江水库蓄水后富春江水温降低，珍贵鱼种鲥鱼不再上溯产卵。② 修建水库会淹没土地、地面设施等，影响自然景观，三峡工程淹没土地 70 000 hm^2，其中耕地占 40%；水电站淹没的直接经济损失占工程总投资的 10%～15%。③ 对水环境的影响，建库会改变地下水的流量和方向，使下游地下水位升高，造成土地盐碱化，甚至形成沼泽，导致环境卫生条件恶化而引起疾病流行。此外，修建水库还可能造成泥沙淤积和诱发地震等影响。

（4）核能对环境的影响主要包括以下几点：① 在核燃料循环中，铀矿的开采、精选、加工和反应堆运行过程中都产生放射性辐射，对环境造成严重影响；② 核事故的影响，1986 年 4 月 26 日发生的切尔诺贝利核事故是核电发展史上最惨重的灾难，核泄漏对电站工作人员、事故抢救人员以及周围居民和环境造成严重损害；③ 放射性废物处置，高放射性废物应合理处置，尽量确保安全永久处置。

（5）风力发电对环境的影响主要体现在噪声、电磁辐射等污染，在一定程度上，还会影响当地的景观。

（6）太阳能利用主要是占用土地、影响景观等，一座 100 MW 的光伏电池或太阳热发电站占地面积达 $1\sim3\ km^2$，太阳能电池制造过程会排放有害物质。

（7）生物质能对生态的影响主要是占用大量土地，可能导致土壤养分损失和侵蚀、生物多样性减少以及用水量增加，用汽车运输生物质会排放污染物。生物质在生产燃料乙醇时，不但要消耗大量的水资源，其生产过程还会产生大量废气、废渣和废液，如果直接排放，不仅会对环境造成极大的污染，同时也会造成资源上的极大浪费。

（8）地热资源开发利用的环境影响主要是地热水直接排放造成地表水热污染；含有害元素或盐分较高的地热水污染水源和土壤；地热水中的 H_2S、CO_2 等有害气体排放到大气中造成大气污染；地热水超采造成地面沉降等。

（9）潮汐电站会对海岸线带来一定影响；波浪能发电装置能起到使海洋平静消波的作用，有利于船舶安全抛锚和减缓海岸受海浪冲刷，但波浪能发电装置给许多水生物提供了栖息场所，促使其繁殖生长，可能会堵塞发电装置；海洋温差发电装置的热交换器采用氨作工质，氨可能会污染海洋环境；建在河口的盐差能发电装置，要解决河水中的沉淀物和保护海洋生物的问题。

3.1.2 能源结构低碳化与环境的关系

发展新能源，对我国能源结构的低碳化、清洁化和 CO_2 等温室气体减排的贡献最大、最直接。虽然新能源对环境存在一定的影响，但是相比传统能源来说，新能源最终产品是清洁的，能源结构低碳化对环境保护有着积极的影响。

（1）发展新能源是对非再生能源资源的保护，煤炭、石油等常规能源都是经过上亿年的演化形成的，储量有限，属于一次性能源。相比较而言，太阳能、风能、生物质能等新能源具有可再生性，且储量丰富，这些新能源的开发利用能够弥补能源缺口，使得常规能源的开采程度回归到合理范围，避免由于国民经济超负荷发展引发的能源危机。

（2）新能源的发展保护生态环境，对经济社会可持续发展具有重大战略意义，随着人们环保意识的提高，需求清洁能源的呼声高涨。当今世界各地都在提倡低碳经济，即在发展经济的同时，减少 CO_2、二氧化硫、氮氧化物、烟尘的排放量。新能源成为环境保护的首要选择，与传统能源相比，新能源具有污染少、环保的特点。相对于燃煤发电，利用新能源发电可有效减少碳排量。核能是一种清洁能源，可以避免 CO_2 的排放，不会造成空气污染和温室效应；风能发电很环保、洁净，风力资源是取之不尽、用之不竭的，利用风力发电可以节省煤炭、石油等常规能源；太阳能是最洁净能源之一，每年到达地球表面的太阳辐射能约相当于 130 万亿 t 煤，其总量属现今世界上可以开发的最大能源；生物质能在缓解空气污染、治理有机废弃物、保护生态环境方面具有明显效果，以秸秆为例，秸秆是很好的可再生能源，平均含硫量只有 0.38%，而煤的平均含硫量达 1%。在"十一五"期间，可再生能源的开发利用带来了显著的环境效益。到 2010 年年底，可再生能源的开发利用减少二氧化硫年排放量约 280 万 t，减少氮氧化物年排放量约 130 万 t，减少烟尘年排放量约 150 万 t，减少 CO_2 年排放量约 6 亿 t，年节约用水约 9 亿 m^3，使约 2 亿亩林地免遭破坏。

积极发展核能、风能、太阳能、生物质能等低碳能源，能够有效解决能源短缺、生态环境压力过大等问题，这对我国经济社会可持续发展有着重要意义。

3.2 低碳能源与经济增长的关系

低碳能源与经济增长的关系是相互促进、相辅相成的。低碳能源的发展可以减少对传统能源的依赖，带动新能源产业的发展，提高就业，促进经济社会的可持续发展。同时，经济的快速增长会使国家加大对低碳经济发展路径的探索，不断寻找清洁、高效的能源，促进低碳能源的开发利用。

3.2.1 低碳能源发展促进经济增长

能源是经济社会发展的重要基础，也是生产力发展的动力源泉。人类社会有史以来，每一次社会发展的转折点都是以开发利用能源引发的技术创新为契机的，同时，能源也是社会进步程度的重要标志，经济社会越发达，消费的能源就越多。在过去的 100 多年里，不足世界人口 15%的发达国家先后完成了工业化，消耗了地球上大量的能源资源，消费全球 60%以上的能源。进入 21 世纪，人们对能源的需求量越来越大，据统计，已探明的化石能源储量将在 100 年内开采完，即使不考虑温室气体排放对气候变化的影响，过度依赖化石能源的经济体系也不能持续，因此，发展低碳能源势在必行。

未来的世界是低碳时代，低碳经济的发展将成为主旋律。发展低碳经济，主要目的在于节能减排，节能减排最有效的途径就是寻找替代能源，特别是清洁、低碳的替代能源。可再生能源是取之不尽、用之不竭的清洁替代能源，也是发展低碳经济的重要基础，如果没有可再生能源，发展低碳经济将无从谈起。

低碳能源使用领域极为广泛。在交通领域，汽车不再只烧石油和液化天然气，现在有混合动力汽车、电动汽车等。太阳能汽车、氢能燃料电池等技术也在研发中，如果技术成熟，我们的交通领域将可实现很少的碳排放甚至零排放；在建筑用能领域，低碳能源能够有效地降低建筑物能耗，除了照明、电器外，新能源逐渐成为采暖、空调、生活热水等建筑用能的首选；除了在交通领域、建筑领域的应用外，新能源如风能、太阳能和生物质能进行发电也是大有可为的，到 2012 年年底，全国风电、光伏发电和生物质能发电累计核准（备案）13 055 万 kW，并网容量 7 497 万 kW，并网容量占全国各类电源比例 6.5%。其中风电累计核准 10 670 万 kW，并网 6 266 万 kW，并网容量位列世界第一；光伏发电累计核准（备案）1 798 万 kW，并网 650 万 kW，并网容量位列世界第五；生物质发电累计核准 878 万 kW，并网 581 万 kW。可再生能源发电已经成为我国电力供应的重要组成部分。粗略估计，现有的可再生能源产业已为社会提供了 100 万～150 万个就业机会，创造了数百亿元的产值。所以，低碳能源能够促进经济增长。

3.2.2　经济增长促进低碳能源开发

从世界经济发展趋势来看，低碳经济是未来经济的发展方向，是世界经济发展的大势所趋。今后经济的竞争不再是传统劳动力的竞争，也不是资源的竞争，而是碳生产率的竞争。如果我们为了降低成本、只图即时利益，未来国家的产业，甚至整个经济就可能没有竞争力，从而被世界经济的主流淘汰。

在化石能源中，煤炭的碳强度最高，石油次之，天然气最低。在低碳能源中，生物质能有一定的碳强度，但生物质作为燃料时，它在生长时需要的 CO_2 相当于它排放的 CO_2 的量，因而对大气的 CO_2 净排放量近似于零，其他可再生能源，如太阳能、风能、核能、地热能、潮汐能等都是含碳量为零的能源，这为我们发展低碳经济、调整优化能源结构指明了方向：发展低碳经济，低碳能源是关键。

随着国家对低碳经济的日益重视，碳减排的压力不断上升，这对低碳能源的开发提出了全新的要求，必将有力推动低碳能源的开发步伐。中央经济工作会议已明确提出"开展低碳经济试点，努力控制温室气体排放"。这是加大经济结构调整力度、提高经济发展质量和效益的重要措施，是顺应全球发展低碳经济的必然选择。国务院全国节能减排电视电话会议上明确强调，要从战略和全局高度认识节能减排的重大意义，全面落实节能减排综合性工作方案，下更大决心、花更大气力，打赢节能减排持久战和攻坚战，建设资源节约型、环境友好型社会。"十一五"时期，我国节能减排取得显著成效，以能源消费年均 6.6% 的增速支撑了国民经济年均 11.2% 的增长。全面落实"十二五"节能减排综合性工作方案，务求取得预期成效。国家能源局统计数据显示，截至 2013 年年末，全国发电装机总量达 12.47 亿 kW，其中新能源和可再生能源发电装机占比 31%，较上年提高 5.76 个百分点。全年新增发电装机 9 400 万 kW，新增发电装机中清洁能源占 61.1%，其中新增核电 221 万 kW，并网风电 1 406 万 kW，并网太阳能发电 1 130 万 kW。随着《可再生能源法》《可再生能源中长期发展规划》的推出，以及《风力发电设备产业化专项资金管理暂行办法》《金太阳示范工程财政补助资金管理暂行办法》等一系列法规的出台，中国政府一方面利用大量补贴、税收优惠政策来刺激清洁能源产业发展；另一方面也通过法规，帮助能源公司购买、使用可再生能源。可见，经济的发展必然能推动低碳能源的开发利用。

第 **4** 章
高碳能源向低碳能源转型机制

　　能源的转型是国家经济转型的关键环节，也是社会进步的重要标志。研究我国能源转型机制对碳减排政策制定和实施具有重要意义。本章在国内外学者对能源转型研究的基础上，结合中国能源利用现状，分析能源低碳转型的影响因素及各影响因素之间的相互作用，进而提出我国能源低碳转型机制的模型，然后用经济学模型、数学模型、逻辑推理等方法分析各影响因素的作用机理。

4.1　我国能源低碳转型的机制分析

　　为了实现碳减排目标，需要讨论高碳能源向低碳能源转型的驱动力和影响因素，进而发掘能源转型的可能机制，在此基础上制定相应的政策建议。

　　罗伯特·海夫纳三世（2013）提出，能源转型有三种推动力，这三种推动力按照重要性从低到高依次为：政府干预、领导力、个人行为。其中，领导示范通常是推动改革的强大动力；个体对能源长短期价格波动和能源可获得性的反应以及能源使用对生活标准、生活质量的影响反应，是迄今为止推动能源转型最有效、最基本的力量。这里所说的个人行为，是指每个人理性化的选择，其实就是指市场这只"看不见的手"。陈卫东（2013）认为，空气污染治理和减少温室气体排放的关键是能源结构的调整。能源转型的背后有诸多动力，最重要的驱动力是经济全球化、技术进步和低碳道德化。

　　为了应对气候变暖，世界各国都出台了许多政策，实施了很多措施。但无论是新能源的开发还是提高能源利用效率，都离不开科技进步和创新。何建坤（2009）认为未来低碳技术将成为国家核心竞争力的一个标志，谁掌握了先进的低碳技术，谁就拥有了核心竞争力。技术在应对气候变化中起着关键性的作用。低碳经济已经在欧美掀起了一场新的工业革命。各国都已经认识到，最先开发并掌握相关技术的国家自然会成为业内领先者和主导者（王发明等，2011）。由此可见，在全球能源低碳转型的背景下，政府干预与市场机制是推动能源低碳转型的主要动力，技术进步是实现转型的关键因素。

周五七等（2012）对中国碳排放强度[①]影响因素做了动态计量检验，研究发现，对碳排放强度长期变动影响从大到小，依次是能源消费结构、能源效率、产业结构、人口城市化和外贸开放度。孙秀梅（2011）则分析了低碳规制、结构优化、技术创新、能源效率 4 种驱动因素和经济增长、人口两种抑制因素对资源型城市低碳转型的影响。其中，低碳规制的作用机理，是通过政府扶持政策激励技术创新和产业调整，进而对能源结构和能源效率产生影响，从而实现低碳转型。

能源结构和能源效率与温室气体排放有着密切的关系，能源结构优化和能源效率提高对发展低碳能源乃至低碳经济都有重要的意义。能源结构和能源效率对能源低碳转型的影响可以用因素分解法进行实证研究，也可以通过与发达国家能源结构、能源效率对比，发现我国是否是高碳能源结构、是否是落后的能源效率。苏小龙（2013）研究发现，我国以煤炭为主的能源消费结构所产生的碳排放量要高于西方国家以石油和天然气为主的能源消费结构。在保证能源效率不变的前提条件下，如果改善我国的能源结构使其与美国相同，则可以实现 CO_2 排放大幅下降的目的。同样，在保持能源结构不变的前提条件下，如果提高我国的能源效率使其达到美国的效率水平，则可以达到 CO_2 排放量大幅下降的效果。

因此，中国要实现高碳能源向低碳能源转型的目标，必须从以下两大根本途径着手：① 减少高碳能源的碳排放；② 增加低碳能源的使用以改善能源结构。因此，发展低碳能源可以通过提高能源效率和优化能源结构来实现。

财税政策和能源价格对能源结构有着重要的影响。我国拥有丰富的煤炭储量，我国"煤多油气少"的资源禀赋在很大程度上影响了我国以煤炭为主的能源消费结构（林伯强，2010）。因此，转变能源结构，除了要加快不同能源之间的结构性调整，加大清洁能源、可再生能源比重外，还要解决能源内部的问题，对中国来说最关键的是要解决煤的利用问题[②]，即煤炭的清洁利用问题。能源效率方面，栾贺平（2009）分析了技术进步、产业结构、能源结构、能源价格以及对外开放等影响能源利用效率的机制，发现它们对能源效率有着不同的作用渠道。苏小龙（2013）的研究发现能源效率的提高可以从能源消费结构调整、产业结构调整、技术进步和能源价格调整等几方面来实现。

综合上述学者的观点，以政府调控为主导，充分发挥市场机制的配置作用是实现高碳能源向低碳能源转型的必由之路，技术进步的作用渗透在能源转型的整

① 碳排放强度是指单位 GDP 的二氧化碳排放量。
② http://www.nea.gov.cn/2013-05/03/c_132357524.htm《煤的清洁利用是调整能源结构的重点》。

个过程中。因此，高碳能源向低碳能源转型的机制可以用图 4-1 中的模型表示。

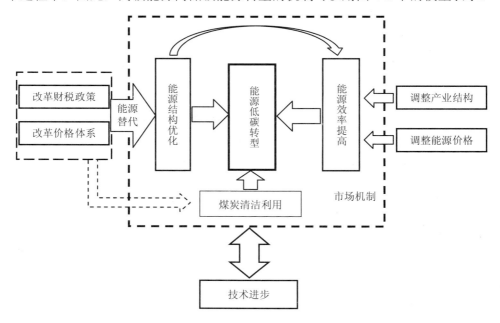

图 4-1 高碳能源向低碳能源转型的机制

　　能源结构、能源效率和煤炭清洁利用是影响我国能源低碳转型的最主要的影响因素，其他因素通过作用于这 3 个因素实现能源低碳转型。技术进步含义广泛，可以是新能源的开发技术、煤炭的清洁利用技术，也可以是提高能源利用效率的技术进步。技术进步作用于能源低碳转型的整个过程，技术进步也需要政府政策和市场机制的推动。改革财税政策、价格体系，使其向低碳和无碳能源倾斜，一方面会推动新能源的开发和利用，替代化石燃料；另一方面，面对我国短期内无法改变以煤为主的能源结构现状，也会促进煤炭的清洁转化。调整能源结构、产业结构和能源价格，都将有利于提高能源效率。虽然有的学者通过实证分析证明了能源低碳转型过程中起抑制作用的影响因素，诸如人口、经济发展，但这并不是政府调控的主要目标，因此没有出现在模型中。

　　通过以上分析可知，要实现我国能源低碳转型，可以从改革财税政策、改革价格体系、调整产业结构、调整能源结构、促进技术进步等方面入手，充分发挥市场机制对资源的配置作用，实现能源结构的优化和能源效率的提高，并大力促进煤炭的清洁利用，最终实现高碳能源向低碳能源的转型。

　　为了进一步阐述我国能源低碳转型的机制，我们将分析能源低碳转型各影响因素的作用机理。每种因素对能源转型的作用机理可以是多样的，但"殊途同归"，结果都会促进能源低碳转型。

4.2 改革财税政策的作用机理

促进能源替代与煤炭清洁转化的税收或补贴政策可分为激励性政策和限制性政策两类。激励性政策包括清洁能源生产企业的所得税减免、生产或消费补贴、污染削减补贴等，目的是通过降低企业成本，从而增加低碳能源供给量；限制性政策包括化石能源消费税、排放税、碳税等，其目的是通过增加企业成本，从而减少高碳能源供给量。

改革财税政策的作用可以通过以下两条路径来实现。

4.2.1 促进煤炭清洁化，实现能源低碳转型

我国的资源禀赋决定了以煤炭为主的能源消费结构，而且这样的能源结构在短期内是难以改变的。因此清洁技术的发展显得格外重要。煤炭的清洁转化以煤气化为基础，以煤制油、煤制氢为主线，从而实现煤炭资源利用从高碳向低碳的转换。政府应该引导那些对能源进行加工转化形成能源产品的企业采用清洁技术来生产低碳能源产品，可以通过对高碳能源产品征税或对低碳能源产品补贴，来实现能源低碳转型。

4.2.2 促进能源替代，实现能源结构的优化

能源替代即能源间的替代，可以理解为低碳能源替代高碳能源。高碳能源主要指化石燃料，如煤炭、石油和天然气；低碳能源主要包括水能、太阳能、风能、地热能、海洋能、生物能以及核能等。化石燃料中，煤的含碳量最高，其次为石油和天然气，因此也可以认为煤是高碳能源，石油、天然气为低碳能源。政府通过对高碳能源产品征税或对低碳能源产品补贴，吸引消费者向低碳能源转移，可以实现我国能源结构的优化，进而推动能源低碳转型。

有关中国能源替代的实证研究，可以证明能源替代的存在。Han 等（2007）使用 1978—2003 年的数据估计了中国煤炭与石油之间的 MRS（边际技术替代率），其值为 5.38，这意味着，石油每多投入一个单位可能替代煤炭 5.38 个单位。Hang 等（2007）估计了中国 1985—2004 年能源价格变化对总能源强度和煤炭、石油、电力之间的交叉价格弹性。结果表明，在 1995 年以前，煤炭与电力是替代品，这与 Fisher-Vanden 等（2004）的结论一致；1995 年以后，煤炭与电力为互补品

（−0.598），煤炭与石油是替代品（0.144），石油与电力是替代品（0.427）。

通过新古典经济学的几何模型，说明对高碳能源产品征税来实现能源结构优化的机理。能源产品生产者是以追求利润最大化为目标，实现这一目标的均衡条件是生产过程中的边际成本与边际收益相等。图 4-2 表明，在征税以前，代表性生产者按照 $MC_1=MR$ 原则来决定产品的数量为 q_0，而对应的行业生产数量为 Q_0，这是一个导致高碳能源产品生产过多的均衡点。政府可以对高碳能源产品进行征税，对厂商而言这部分税收就是边际损害成本 MDC，边际成本曲线上移至 MC_2，从而使得高碳能源产品的均衡数量变为 q_1，而对应行业生产数量为 Q_1。与征税以前相比，行业生产的高碳能源产品的数量从原来的 Q_0 下降到了 Q_1，实现了该行业能源结构的优化。

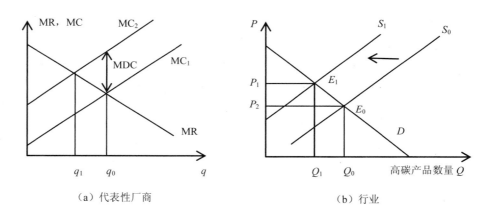

（a）代表性厂商   （b）行业

资料来源：苏小龙、沈满洪，2012。

图 4-2　征税与能源结构优化

对低碳能源产品补贴来实现能源结构优化的分析过程与前面类似，如图 4-3 所示。

在补贴以前，代表性厂商按照边际收益等于边际成本即 $MR_1=MC$ 的原则来决定生产产品的数量为 q_0，而对应的行业生产数量为 Q_0，这是一个低碳能源产品生产过少的均衡点。假设政府给予厂商每单位产品 XR 的补贴，则厂商的收益从 MR_1 上升到了 MR_2，从而使得低碳能源产品的产量上升到 q_1，而对应的行业供给曲线由 S_0 右移至 S_1，生产数量为 Q_1。与补贴以前相比，行业生产的低碳能源产品的数量从原来的 Q_0 上升到了 Q_1，实现了该行业能源结构的优化。

无论是能源替代，如石油、天然气对煤炭的替代，还是通过清洁转化技术把煤炭等高碳能源转化为低碳能源，其作用机理都是通过财税政策影响能源市场，实现低碳能源产品数量的增加和高碳能源产品数量的减少，进而实现能源结构优化。能源结构的优化有利于降低碳排放强度，实现能源低碳转型。

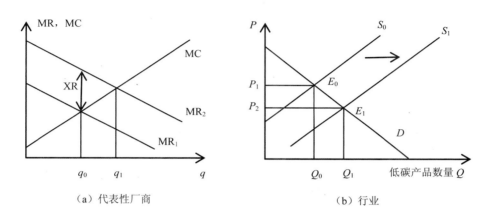

（a）代表性厂商　　　　　　　　　（b）行业

图 4-3　补贴与能源结构优化

4.3　价格体系改革的作用机理

改革价格体系，一方面，可以通过影响能源市场，通过市场机制实现能源结构的调整，其机理类似于改革财税政策；另一方面，能源价格的调整也会作用于别的因素来影响能源强度，如对新技术的诱导机制。

4.3.1　调整能源价格对能源结构的作用机理

能源作为投入要素，其价格变化往往影响生产者对它的需求。由于计划经济的体制惯性，我国政府对资源价格的管制使得资源的价格不能反映资源本身的稀缺性，资源价格往往只反映了资源开发成本，没有全面覆盖环境破坏成本和安全生产成本，由此资源价格往往低于市场均衡价格水平。因此，如果政府放松对高碳资源价格的管制，与国际社会的资源价格接轨，使资源价格回归正常，这样就能够实现能源结构的优化，从而实现低碳经济的发展。

利用价格调整实现能源结构优化的作用机理，同样可以用微观经济学模型来分析。我们将完全竞争厂商作为分析对象。完全竞争厂商使用要素的原则是使用该要素的"边际收益"等于"边际成本"。"边际收益"即边际产品价值 VMP，它是边际产品 MP 与产品的市场价格的乘积，也就是 VMP=MP×P，它表示厂商增加使用一个单位要素所增加的收益。"边际成本"即增加一单位要素所增加的成本。在完全竞争市场，它就是单位要素的市场价格。因此，完全竞争厂商的使用要素原则为 VMP=MP×P=P′（P′表示要素市场价格）。由以上的分析可以进一步得知边际产品价值 VMP 曲线即厂商面临的要素需求曲线。见图 4-4，如果高碳能源价格从 P_0' 上升到 P_1'，则厂商对资源的需求从 q_0 下降到了 q_1。

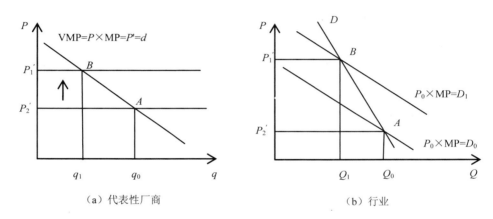

（a）代表性厂商　　　　　　　　　　（b）行业

资料来源：苏小龙、沈满洪，2012。

图 4-4　价格调整与能源结构优化

再考察行业对高碳能源价格上升的反应。要素市场的行业需求曲线并不是所有厂商的需求曲线的简单加总。因为单个完全竞争厂商的要素需求曲线等于边际产品价值曲线是有条件的——假设其他厂商不进行调整，否则厂商的需求曲线将脱离边际产品价值曲线。

当高碳能源价格从 P_0' 上升到 P_1' 时，所有厂商对高碳能源的需求下降，从而导致产品产出减少，继而产品的价格从 P_0 上升到 P_1，产品价格的变化导致需求曲线由原来的 D_0 变为 D_1，从而使得厂商对高碳能源的需求点从 A 点变为 B 点。如此反复可以得到所有厂商在都调整的情况下单个厂商对高碳能源的需求曲线为 D，高碳能源价格从 P_0' 上升到 P_1' 时，需求数量从 Q_0 下降到 Q_1，行业的需求曲线就是各个厂商调整后的需求曲线的加总，需求数量也是呈现下降的趋势，从而导致对高碳能源需求的下降，进而优化了能源消费结构。

对低碳能源的价格补贴能够使得低碳能源的需求上升，同样能够实现能源结构的优化。见图 4-4（a），给高碳能源价格补贴对厂商来说相当于单位低碳能源的价格下降了，如果价格从 P_1' 下降到 P_0'，厂商对低碳能源的需求从 q_1 上升到了 q_0，从行业来看则需求量从 Q_1 上升到了 Q_0，从而优化了能源消费结构。

4.3.2　调整能源价格对能源效率的作用机理

能源价格改革作为一种降低能源强度的有效手段往往不是单独起作用的，价格可以通过作用于别的因素来调节能源强度[①]的水平（孔婷等，2008）。我们假设技术进步对降低能源强度具有积极的作用（本章 4.6 节将证明该假设），那么能源相对价格变化对能源强度影响的传导机理可以概括为两种：能源价格变化对新技术的诱导机制和要素间相对价格变化对现行技术的选择机制。前者属于动态框架，后者属于静态框架（Birol F，et al.，2000）。

静态框架下能源价格的变化对能源强度的影响，如图 4-5 所示。图中，曲线 Q 表示不同要素组合下的等产量曲线，横轴表示能源要素，纵轴表示除了能源以外的其他要素。静态框架的理论依据是要素间的替代关系。在给出等产量曲线的定义时，前提假设条件是技术水平保持不变，可以把现行技术水平理解为一个技术集，在竞争性的市场中，由于能源、资本和劳动之间的相对价格的变动将决定生产者会在现行的技术集中选择一种技术来实现在固定成本下的产出最大化，或者在产出一定的条件下实现成本最小化的目标。以产出一定为例，生产者在决定各种要素需求量时，是根据要素的边际技术替代率与两要素的价格比例相等的原则。假设刚开始能源价格与其他要素的价格是相等的，则生产者就会选择两要素的边际替代率为 1 的技术来进行生产，此时能源和其他要素的需求量是相等的，即图 4-5 中的 A 点。如果能源价格下降了，生产者为实现成本最小化的目标，就会选择消耗能源较多而其他要素较少的技术来进行生产，即图中的 C 点，此时单位产出的能源消耗量增加了，即能源强度上升了。如果能源价格上升了，生产者按照两种生产要素最优组合的原则，就会选择消耗能源少而其他要素多的技术来进行生产，即图 4-5 中的 B 点，此时单位产出的能源消耗量减少了，即实现了能源强度的下降。

---

① 能源强度是单位 GDP 的能源消耗。

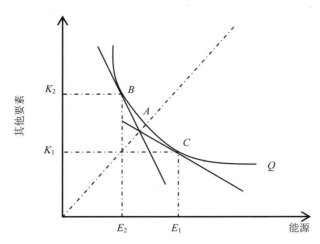

资料来源：苏小龙，2013。

图 4-5 能源价格调整与能源效率的关系

动态框架的理论依据是 Hicks 的"诱导性创新"假说（航雷鸣，2007）。能源价格的上升不仅会促使生产者在现行技术集中选择效率较高的技术，同时会促进新的高能效技术的发展，即相对价格变化可以成为"诱导性技术变化"的动力。如果能源价格比劳动和资本价格低，那么研究动力就来自节约劳动和资本，同样，如果能源价格高于劳动和资本，那么动力来自节约能源，这也就实现了能源强度降低的目的。诱导性技术变化的思想是 Hicks"诱导性创新"假说的一个现代版本。

除了能源价格，还有其他因素也会影响能源效率，我们可以从能源强度的定义出发分析能源效率的影响因素。能源强度是单位 GDP 的能源消耗，可以表示为

$$\text{EI} = \frac{E}{Y} = \sum_{ij}\left(\frac{E_{ij}}{E_i} \times \frac{E_i}{Y_i} \times \frac{Y_i}{Y}\right) = \sum_{ij}\left(\text{ES}_{ij} \times \text{EI}_i \times \text{GS}_i\right) \qquad (4.1)$$

式中：EI —— 总的能源强度；

E —— 能源消耗量；

Y —— GDP；

i —— 各产业；

j —— 各种不同的能源；

ES_{ij} —— 第 j 种能源的消费量在第 i 产业能源消费量的比重，即为能源结构；

EI_i —— 第 i 产业的能源强度；

E_{ij} —— 第 i 产业的能源强度，可以代表该产业的技术水平；

GS_i —— 第 i 产业的经济比重，即产业结构。

因此能源效率的提高可以从能源消费结构的调整、产业结构调整、技术进步等几方面来实现，下面将阐述这几个方面对能源效率提高的作用机理。

4.4　调整产业结构的作用机理

产业结构变动对能源强度产生影响主要在于各产业能源强度不同，如果能源强度高的产业在国民经济中占比大且上升较快，则总体能源强度就会因此而增加（史丹，2002）。接下来用简单的数学公式来解释产业结构调整对能源效率的作用机理。

假设各个产业的能源强度保持不变，为简单起见，假设国民经济由高碳产业和低碳产业两个产业所构成。能源强度可以表示为

$$I = \sum I_i S_i = I_1 S_1 + I_2 S_2 \tag{4.2}$$

式中：I —— 能源强度；

$\quad\ \ I_i$ —— 产业能源强度；

$\quad\ \ S_i$ —— 产业经济比重；

$\quad\ \ I_1$ —— 低碳产业能源消费强度；

$\quad\ \ I_2$ —— 高碳产业能源消费强度；

$\quad\ \ S_1$ —— 低碳产业经济比重；

$\quad\ \ S_2$ —— 高碳产业经济比重。

假设 Δt 表示产业经济比重的变动量，以此来表征产业结构调整。则产业结构变动后的全国能源消费强度为

$$I_\Delta = I_1(S_1 + \Delta t) + I_2(S_2 - \Delta t) = I_1 S_1 + I_2 S_2 + \Delta t(I_1 - I_2) \tag{4.3}$$

$$\because I_2 > I_1$$
$$\therefore I_\Delta < I$$

即高碳产业的经济比重下降，低碳产业的经济比重上升导致的全国能源强度出现了下降。虽然这里仅仅分析了两个产业的国民经济，但是对于多部门的国民经济，其产业结构的调整对能源强度的变动作用机理本质上来说还是一样的。

4.5　调整能源结构的作用机理

能源结构调整对能源强度的影响主要是基于能源强度的计算方法。通常情况下计算能源强度所使用的能源消耗量是能源的投入量，而实际经济产出发生作用

的是投入能源中的有用能。不同的能源品种在从原始形态到转换为有用能的过程中，能源利用效率是千差万别的。在一次能源品种中，我国煤炭的利用效率约为27%、原油约为50%、天然气约为57%。有关数据表明，2 t 原煤的热值与 1 t 石油的热值大体相当，以燃煤为主的能源利用效率势必低于以燃油为主的能源利用效率。日本能源结构从以煤为主转向以石油为主，终端利用效率提高了10%以上。发达国家目前一次能源结构都是以石油、天然气为主，能源利用效率自然比较高。而我国是世界上少有的几个以煤炭为主的国家，煤炭的能源利用效率低，污染重，在同样的条件下，我国的单位产值能耗要比以油、气为主的国家高一些。

在假定"一定热当量[①]的不同能源品种对于经济产出的支持度是相同的" 条件下，如果将投入品中一定标煤的煤炭转变为同样热当量的原油，由于后者的能源效率较高，所以能源结构变化后，其有用能相对于之前增加了，经济产出就增多，能源强度就下降了。[②]因此，能源结构的调整可以带来能源效率的提高。

4.6 技术进步的作用机理

技术进步对能源低碳转型起着关键作用，它渗透于能源转型的整个过程。无论是能源结构调整、能源效率提高，还是煤炭清洁利用，都离不开技术进步。

4.6.1 煤炭清洁利用技术促进能源低碳转型

我国"煤多油气少"的资源禀赋，一方面，很大程度上决定了我国以煤炭为主的能源消费结构，以煤炭为我国基础能源或主体能源的事实在短期内是难以改变的；另一方面，也为我国高碳能源向低碳能源转型提供了条件。充分利用国内丰富的煤炭资源，通过煤炭的清洁转化技术，可以将高碳能源转换为低碳能源，从而减少 CO_2 排放。

煤炭的氢碳原子比一般小于 1：1，石油氢碳比约 2：1，天然气的氢碳比为4：1，氢能是无碳。现代煤炭清洁转化实际上是指以煤气化为基础、以实现 CO_2 零排放为目标、将高碳能源转化为低碳能源的技术（张玉卓，2008）。煤炭的清洁

---

① 热当量，指一定单位的某种能源产生的平均热值，相当于产生相同热值的另一种能源的投入量。例如，1 桶原油 = 5 800 ft³（约 164 m³）天然气（按平均热值计算）。

② 当然也有学者认为"一定热当量的不同能源品种对于经济产出的支持度是相同的"这个假定是不科学的，因为随着经济的不断发展，产业结构不断升级，高附加值产业对能源品种的需求也会相应升级，而高附加值产业明显比低附加值产业具有更高的产出量（货币角度）。所以认为同样热当量的不同能源品种对于经济产出的支持度是不同的。这种说法也从另一个角度说明了能源消费结构的改变会影响到能源强度。

利用技术主要包括:

(1)煤气化技术。煤气化是通过高温和部分氧化反应将大分子的煤转化为小分子的可燃气体的技术。

(2)煤液化技术。

(3)煤制甲醇、DME、MTO 等技术。

(4)煤制合成天然气技术。煤制合成天然气实际上是 CO、CO_2 脱氧加氢生成 CH_4 的过程。

(5)煤制氢技术。煤制氢技术国内外都比较成熟,它是获得廉价氢源的重要途径。

(6)CO_2 捕获与封存(CCS)技术。CO_2 的捕获主要有 3 条技术路线,即燃烧前脱碳、燃烧后脱碳及富氧燃烧。CO_2 封存是指将回收的 CO_2 注入地质结构中封存。

我国是一个以煤为主要能源的国家,煤炭的清洁转化是我国能源战略的重要内容。我国政府已经将煤炭的清洁转化和高效利用列入《中国 21 世纪议程》,并已在《煤炭工业"十一五"发展规划》中将煤炭的清洁转化列入重点科技开发内容,明确提出要稳步推进煤炭液化和煤制烯烃示范工程建设。

我国以煤制油、煤化工、煤制氢和煤气化联合循环(IGCC)发电为代表的新型煤炭清洁转化产业正在形成。充分利用我国以煤为主的特点发展煤炭清洁转化,是实现我国能源、经济、环境协调发展的重要途径。

未来煤炭清洁转化技术的发展将是以煤气化为基础,以煤制油、煤制氢或煤制化学品与燃气、蒸汽联合循环发电为主线的多联产体系,辅助 CCS,实现 CO_2 的零排放。可以预见,煤炭的清洁转化和高效利用,将是未来世界能源结构调整和保证经济高速发展对能源需求的必由之路。

4.6.2　新能源技术的发展促进能源替代

新能源是相对于常规能源而言的,通过不断研发,采用先进的新技术和新材料,形成新的技术系统而得到可持续开发、利用的能源,如太阳能、风能、地热能、海洋能等,新能源技术是新近出现或对已有能源技术的变革或正在发展的、对经济结构或能源行业发展产生重要影响的高新技术(吴辉,2012)。

新能源技术具有低碳或无碳特征。低碳或无碳能源技术是指在利用风能、生物质能、太阳能、潮汐能、地热能等能源过程中,CO_2 及其相关物排放很低或为零。低碳能源技术既是人类利用自然、改造自然的技术工具,也是降低温室气体排放的技术手段。到 2050 年,包括太阳能、风能等能源在内的新能源可以减少

17%的 CO_2 排放。

产业经济学理论指出，技术的进步和新产品的出现会导致需求结构的变化。根据能源技术创新理论，通过技术研发等能源技术创新活动，新能源或者是对现有技术改进升级的能源（如氢能、风能、太阳能、煤层气等）会改变市场能源产品组合；在此基础上，经过能源技术创新过程中的创新市场推广，技术扩散等能力以及政府部门的消费政策引导，会刺激增加市场需求；此外，根据能源技术创新理论中衡量能源技术创新的产出能力时就设有新能源市场占有率、能源密集度等表明能源多样化的测量指标。因此，能源技术创新可以通过新能源技术的研发丰富能源供应种类，从而减少市场对煤炭资源的需求（王婷，2012）。

由于化石能源技术的"高碳"化，决定了其必将被"低碳"化或"无碳"化的新能源技术所取代，也是能源技术发展的一种必然趋势。新能源技术为低碳或无碳能源代替高碳能源创造了条件。新能源技术将引领能源利用方式的转变，彻底改变以化石能源为主的全球能源利用结构。新能源技术的应用会产生一系列连锁效果，给社会发展和自然环境带来一定影响。新能源技术在研究开发和使用中，能够促进低碳经济的发展，并对整个能源技术体系的发展和完善起到正向引导作用，带来良好的社会效益和生态效益。

世界主要发达国家都在致力于新能源技术的开发利用，以期抢占低碳经济发展的制高点。新能源产业即将成为国民经济发展的支柱产业，掌握了新能源的核心技术，就将赢得商机和主动。新能源技术将成为未来国家核心竞争力之一。新能源技术不是简单地对一个产品的开发或者某一个环节技术的应用，而是一个完整的技术链（包括研发阶段、产业链各个环节、市场链），应该把研发链、产业链、市场链联结在一起形成一个良性循环的发展网络。另外，还要把相关政策机制纳入整个技术开发体系之中，对整个产业链发展起到正向引导作用。下一步应重点实现新能源技术突破，确保资金投入，应整合社会各种资源，调动各方面积极性，建立激励和约束机制，使对新能源技术的投资成为经济增长的一个重要推动力。发挥政府在投资中的主导作用，鼓励和促进私人部门的投资。

4.6.3 技术进步对提高能源效率的作用机理

技术进步对能源效率提高的作用显而易见。技术进步作为一种无形资产，对其进行准确的定义和精确的衡量标准存在一定困难，主要有 3 种表现形式：机器设备的先进程度、人力资本质量的提高和人类知识存量的增加。以机器和设备对能源效率的影响为例，钢铁产能在 100 万 t 以下的设备，其产品能耗（标煤）为 900kg/t；产能 100 万～500 万 t 的设备，其产品能耗（标煤）为 790 kg/t；产能

500 万～1 000 万 t 的设备，其产品能耗（标煤）为 750 kg/t。需要指出的是技术进步对能源效率的改进作用是可持续的，而非技术因素对能源效率的改进则是不可持续的。其作用机理见图 4-6。

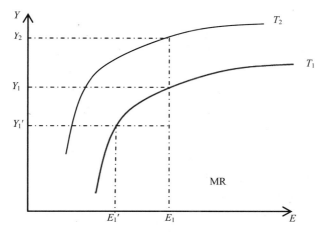

资料来源：苏小龙，2013。

图 4-6　技术进步与能源效率的关系

图 4-6 中，T_1 和 T_2 分别表示不同技术水平下的最大可能生产曲线，横轴 E 表示能源消耗量，纵轴 Y 表示产出。如果以一定的能源投入带来最大的经济产出为目的，则在投入为 E_1 的情况下，最大产出为 Y_1，实际产出为 Y_1'，实际产出和最大产出之差 Y_1Y_1' 是由于未能充分利用技术潜能和其他非技术的因素造成的。因此在技术一定的前提下，即使非技术因素得到了充分的发挥，在能源投入为 E_1 时，产出最多也只能从 Y_1' 上升到 Y_1。如果技术从 T_1 变为 T_2，在投入为 E_1 时，最大的可能产出从 Y_1 上升到了 Y_2，并且随着技术进步，一定投入下的经济产出还是能够继续提高的。可见技术进步对能源效率的提高是建立在最大可能生产曲线外移的基础上的，是可持续的。而非技术因素对能源效率的改进表现在既定的技术水平下向最大可能生产曲线不断逼近的过程，是不可持续的。如果以最小的能源投入带来固定的经济产出为目的，其分析思路还是类似的，这里就不再赘述了。

当然也有部分技术的进步不是为了实现固定能源投入下提高最大产出或者一定产出下减少能源投入这个目标，而是为了改变投入能源消费的种类。我国的能源消费结构是以煤炭消费为主，而且短期内难以改变。但可以通过清洁技术实现煤炭从高碳能源转变为低碳能源，从而实现能源投入的低碳化，进而实现产出的低碳化目标。

第 **5** 章

低碳能源发展战略

能源是人类赖以生存和发展的基础，可称为"现代工业的血液"，但同时也持续释放着有害物质对环境造成的巨大影响，远甚于其他产业。全球气候变化问题是人类迄今为止面临的规模最大、范围最广、影响最为深远的挑战之一，也是影响未来世界经济和社会发展、重构全球政治和经济格局的最重要因素之一。应对气候变化从根本上说是如何发展的问题，而从发展造成的气候变暖来说，实质上是能源选择问题。在能源短缺和气候变化的双重压力下，能源低碳化是全球趋势。能源低碳化对于解决环境问题、应对气候变化、优化能源结构、推进节能减排以及加快经济发展方式转变，都具有重要意义。因此，实现低碳化、科学合理的能源结构是中国能源战略定位的根本。

5.1 低碳能源战略思路与目标

低碳能源相对于传统能源，具有污染少、储量大的特点。发展低碳能源，是中国缓解能源与资源供需矛盾、遏制环境污染的重要途径，是全面落实科学发展观，加快推进新型工业化的必然选择，是建设资源节约型和环境友好型社会的重要举措，是促进经济又好又快发展，实现富民强国，构建和谐社会的迫切需要。

5.1.1 低碳能源战略内涵

中国正处于经济快速发展时期，不可能以牺牲经济发展来减少碳排放，需要采取积极有效的途径。中国发展低碳能源，必须正视以煤为主的能源结构，注重化石能源的洁净高效转化利用和节能减排技术；以新能源代替传统能源，优势能源代替稀缺能源，可再生能源代替化石能源为方向，逐步提高替代能源的比重（陈冠益等，2010）。低碳能源战略的意思是减少温室气体，主要是 CO_2 排放的能源战略，它是以低碳技术和低碳政策为支撑的战略，是走新型工业化道路的要求，是低碳经济的基础，也是应对气候变化的国家战略。低碳能源战略有以下几个子战略作为支撑：大力节能，提高能效，控制总量；高效洁净化地利用化石能源，使黑色能源逐步绿色化；加快核能和可再生能源的发展，使其逐步成为中国能源的绿色支柱（杜祥宛，2009）。

"低碳能源战略"的内涵：① 积极开发低碳能源。充分利用丰富的风能、太阳能、生物质，大力发展可再生能源。② 提倡低碳消费。提倡中国特色的消费方式和生活方式，构建节约型消费体系，在全社会倡导"适度的物质消费、丰富的精神追求"的生活方式，反对"攀比奢华"的不良风气。③ 注重低碳生产。淘汰落后技术、工艺、产能，研究与开发低碳技术，高效洁净化地利用化石能源，使黑色能源逐步绿色化，加快可再生能源和新能源的发展，使其逐步成为中国能源的绿色支柱。④ 着力建设低碳城市。中国的人均能耗、人均轿车数、人均排污量、单位建筑面积能耗等必须控制在显著低于发达国家的相应水平，须以低碳交通、低碳建筑、城市绿化等为着眼点，建设低碳城市。

5.1.2　低碳能源战略思路

以低能耗、低排放、低污染为基础，以技术创新和制度创新为核心，以提高能源利用效率和创建清洁能源结构为目标，以低碳生产、低碳消费、低碳城市为重点，把发展低碳能源与建设"两型"社会（资源节约型社会、环境友好型社会）、推进新型工业化、新型城市化、新农村建设和节能减排工作有机结合起来，着力建立低碳能源系统、低碳技术体系和低碳产业结构，构建与低碳能源发展相适应的生产方式、消费模式，完善低碳能源发展的市场机制、监管体系、法律体系和政策措施，走出一条降碳减排与经济社会发展双赢的路子，实现低碳经济和生态文明大发展。

（1）积极开发低碳能源。坚持集中与分散开发利用并举，以风能、太阳能、生物质能利用为重点，大力发展低碳能源。加强政府引导和扶持，加快技术创新，发挥市场机制作用，完善政策体系，不断提高低碳能源在能源消费中的比重，推进低碳能源规模化、专业化、产业化和多元化发展，形成具有较大规模和较高技术水平的新型产业。

（2）提高能源利用效率。优化产业结构，逐步淘汰落后技术、工艺和设备，着力发展高效低耗产业；加大能源科技研发投入，积极开发高效、经济、实用的低碳能源新技术；采用高新技术、节能减排技术、低碳技术改造和优化已有的工业基础设施和设备，实现化石能源高效利用等。

（3）高度重视能源节约。加大对能源节约的宣传力度，提高人们对节约利用能源及其必要性的认识，树立节约利用能源的思想，倡导衣食住行方面低碳消费，推广低碳建筑和交通，营造"珍惜资源、保护环境、节约能源"的文化氛围，形成能源节约的消费习惯和生活方式。

5.1.3 低碳能源战略目标

通过不断创新具有中国特色的低碳能源发展模式，力争到 2020 年，我国在低碳能源技术研发及产业化、新能源与可再生能源利用、传统产业低碳化改造等方面取得明显成效；低碳能源在能源生产和消费结构中的比重，低碳产业在全国产业经济中的比重均大幅提高；重点行业和重点领域的低碳技术、设备及产品达到国内先进水平；低碳领域的技术创新体系、与国内外交流合作平台以及低碳能源管理体制机制基本建立健全；以新能源推广应用、能源消费强度和 CO_2 排放强度不断降低为标志的低碳能源发展模式基本形成；低碳文化得到广泛认同，低碳消费方式基本建立；低碳城市不断推进，符合国家应对气候变化工作要求、以低碳排放为特征的交通体系基本建立；节能减排取得显著成效，减排目标提前达到国家要求标准；单位 GDP CO_2 排放比 2005 年下降 40%～45%，非化石能源占一次能源消费的比重达到 15%左右，森林面积比 2005 年增加 4 000 万 hm^2，森林储蓄量增加 13 亿 m^3[①]。

5.2 低碳生产战略

低碳生产是以减少温室气体排放为目标，构筑以低能耗、低污染为基础的生产体系，包括低碳能源系统、低碳技术和低碳产业体系。低碳能源系统是指通过发展清洁能源，包括风能、太阳能、核能、低热能和生物质能等替代煤炭、石油等化石能源以减少 CO_2 排放。低碳技术几乎遍及所有涉及温室气体排放的行业部门，包括电力、交通、建筑、冶金、化工、石化等，在这些领域，低碳技术的应用可以节能和提高能效。低碳产业体系包括火电减排、新能源汽车、建筑节能、工业节能与减排、循环经济、资源回收、环保设备、节能材料等。[②]

5.2.1 积极开发低碳能源

可再生能源和新能源由于其低碳属性，在利用过程中对环境的污染和压力要远低于高碳能源，更重要的是，能够改善我国过于倚重高碳煤炭的能源结构，有

---

① 中国新闻网：低碳经济目标将纳入"十二五"规划当中，http://www.chinanews.com/ny/2010/11-22/2672522.shtml。
② 百度百科：低碳生产，http://baike.baidu.com/view/4843598.htm。

利于能源安全。大力开发可再生能源和新能源是推动低碳能源和低碳社会发展的客观要求和根本途径。

　　坚持集中与分散开发利用并举，以风能、太阳能、水能、生物质能、核能利用为重点，大力发展可再生能源和新能源。结合电网布局、电力市场、电力外送通道，优化风电开发布局，有序推进华北、东北和西北等风能资源丰富地区的风电基地建设；在甘肃、青海、新疆等太阳能资源丰富、具有荒漠化等闲置土地资源的地区，建设一批大型光伏电站，结合水电、风电开发情况及电网接入条件，发展水电、风电互补系统，建设若干太阳能发电基地；重点开发水能资源丰富、建设条件较好的金沙江中下游、雅砻江、大渡河、澜沧江中下游、黄河上游、雅鲁藏布江中游等水电基地，启动金沙江上游、澜沧江上游、怒江等流域水电开发工作；有序开发生物质能，以非粮燃料乙醇和生物柴油为重点，加快发展生物液体燃料，鼓励利用城市垃圾、大型养殖场废弃物建设沼气或发电项目；稳步发展核能，围绕核电规模化发展和促进核技术应用，重点在核电装备制造、核电工程建设、核电服务保障、核燃料循环、非动力核技术应用等领域，加快培育发展核产业链。

5.2.2　创新低碳技术

　　发展低碳能源必须发展低碳科技，低碳科技创新是发展低碳能源的动力之源。低碳技术也称为清洁能源技术，主要指能提高能源效率，优化能源结构的主导技术。发展低碳技术，使节能减排以科学技术进步为支撑。一方面大力推广使用现有技术可控的低碳能源；另一方面要大力推进科技创新，积极开发高效、经济、实用的低碳能源新技术，大力提高能源利用效率，并将其转化成实际生产力（莫神星，2012）。

　　低碳技术涉及电力、交通、建筑、冶金、化工、石化等部门。需要研发的低碳技术包括节能和清洁能源、煤的清洁高效利用、油气资源和煤层气的勘探开发、可再生能源、核能、碳捕集和封存、清洁汽车技术、农业和土地利用方式等涉及温室气体排放的新技术。据有关专家估计，单就 CO_2 捕存技术，将使人类的减排行动降低 30%的成本。通过这些具有产业带动意义的低碳新兴技术的研究开发，降低中国碳排放总量，促进中国以低碳经济为特征的新兴产业群的发展，形成国民经济新的增长点（任力，2009）。

5.2.3　洁净化利用化石能源

　　推进化石能源清洁高效利用是国家能源战略的重中之重。用高新技术、节能减排技术、低碳技术去改造和优化已有的工业基础设施和设备，实现高效利用和节约使用化石能源，努力减少温室气体（CO_2）排放（鲍健强等，2008）。

煤炭、石油和天然气属于化石能源，而煤炭仍是中国的主体能源，2011年，煤炭分别占一次能源生产和消费总量的77%和70%以上。中国以煤为主的能源结构在相当长的时间内不会有根本性的改变，这种能源结构对中国节能减排和应对气候变化都提出了严峻挑战，煤炭是80%以上环境生态主要污染源[①]。因此，需要改变煤炭行业高耗能、高污染、高温室气体排放的发展现状，加大煤炭清洁利用技术研究开发力度，扩大煤炭清洁利用领域的对外开放，推进煤炭清洁利用技术的产业化，使煤炭行业真正走上低碳化道路。石油和天然气是仅次于煤炭的利用能源，燃烧过程中也会排放污染物，但相对煤炭，其污染物排放量大大减少，尤其是天然气，作为一种清洁高效的能源，具有热值高、燃烧效率高、碳排放量小等特点。加大天然气的开发利用对实施低碳能源战略是一种重要的选择（杨光等，2011）。

5.2.4　淘汰落后产能

中信建投经济咨询发布的《2013—2015年中国低碳经济投资分析及趋势预测报告》指出，落后产能生产过剩、造成巨大浪费，而且其物耗能耗高、环境污染严重以及生产安全没有保障，是经济发展方式粗放的一个重要表现，对资源也是掠夺性、破坏性地开采，是导致中国发展质量和效益不高、竞争力不强的重要因素之一[②]。

然而，随着工业化的推进，我国高耗能产业持续扩张，优质能源更加依赖进口，能源平衡形式面临国内和国际的双重压力，形势不容乐观。同时，全球变暖进一步明显，我国面临着实际限排和限期减排压力（孙迎鑫等，2010）。因此，只有加快淘汰落后产能，从源头减少碳排放，削减高耗能行业在经济中的比重，同时淘汰落后技术、工艺和设备，着力发展高效低耗产业，才能改变高投入、高消耗、高污染、低产出的粗放型发展方式，才能实现经济平稳、较快和健康发展。

---

① 刘芳菲：传统化石能源清洁利用是出路，http://www.zgqjmh.com/mation_show_2411.html。
② 中信建投经济咨询：落后产能淘汰加速，企业主动积极求变，http://www.cecsz.com.cn/cysd/xyz/76.html。

5.3 低碳消费战略

我们日常衣食住行消费的所有制品，不仅其本身制造过程中要消耗能量，其流通、废弃处理等过程中都要消耗大量的能源资源。但中国能源资源总量较为匮乏，结构不合理，而且能源浪费非常惊人，奢侈消费倾向十分突出。因此，提倡低碳消费，遏制奢侈消费，减少浪费，是一种必然的战略选择（庄贵阳，2005）。

低碳消费不同于贫困消费，它是在生产力水平高度发展、物质财富极其丰富的基础上的消费，是在正确消费价值理念指导下、具有明确目的和动机的、自觉的消费。它把人类的消费行为纳入生态系统之中，使之与自然环境协调统一，是一种高层次的理性消费。

低碳消费战略，包含两方面内容：① 戒除浪费能源、增排污染的不良嗜好。戒除以高耗能源为代价的"便利消费"嗜好；以"关联型节能环保意识"戒除使用"一次性"用品的消费嗜好；戒除以大量消耗能源、大量排放温室气体为代价的"面子消费""奢侈消费"的嗜好。② 从衣食住行做起，培育低碳生活方式。在日常生活作息中尽可能减少能量消耗，特别是 CO_2 的排放，返璞归真地去进行人与自然的活动（王可达，2010）。

5.3.1 建立衣着新观念

一件棉质或亚麻质地的衣服从棉花、亚麻原料种植到漂白、染色等制作工艺，再到衣服的洗涤，最后是衣物的废弃回收，每个生产加工环节都有碳排放发生，如图 5-1 "衣"碳链所示。而那些在加工生产中会产生严重污染的皮革业和其他服饰类产品碳排放量就更大了。调查表明，一件棉质大衣相对于一件皮草大衣，从衣服的制作到后期保养至少要减少碳排放量 47 kg[①]。因此，低碳消费就要求在日常生活中，建立新的衣着观念。在购置衣物的时候将低碳这一因素纳入购买当中，可以选择购买棉质或亚麻质地的服装，相比皮草类服装，更能体现一种低碳的生活态度。可以选择购买几套经典款式的四季服装，够穿就行，偶尔添件新款式，真正做到低碳衣着。在洗涤时，提倡手洗或者费水量较低、费洗涤剂较少的机洗，减少不必要的过量洗涤。

---

① 冯新贵：低碳"着装"成为春节时装消费新风尚，http://www.tianjinwe.com/tianjin/jsbb/201102/t20110208_3365593.html。

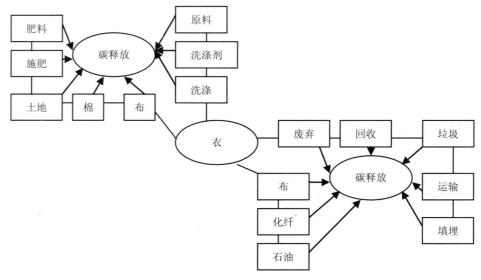

图 5-1　"衣"碳链

5.3.2　建立饮食新理念

在饮食方面，从粮食、蔬菜、肉制品的供给、采购与制作，到最后的垃圾处理（图 5-2），每一步都包含碳释放。而在日常饮食消费中，往往具有一些高碳嗜好，产生不必要的碳排放，如以高耗能源为代价的"便利消费"嗜好、使用"一次性"用品的消费嗜好、以大量消耗能源和大量排放温室气体为代价的"面子消费""奢侈消费"嗜好。

因此，建立饮食新理念，需要戒掉这些高碳嗜好，理性饮食，健康饮食。① 拒绝或逐步减少使用一次性餐具用具，这不仅有利于环境卫生的改善，减少材料的浪费，还能减少垃圾的产生，减少垃圾对环境的破坏。② 倡导低碳烹饪方法。比如改武火为文火，改爆炒为蒸煮，不断创新烹饪技法，去除餐饮加工制作过程中的不合理能耗，减少碳排放。③ 积极开发和推广低碳营养菜，如蒸煮菜、凉拌菜等；提倡少吃荤多吃素的低碳饮食，这样能减少饲养量，间接降低 CO_2 的排放。④ 在餐馆消费，按人点餐，减少浪费；饭后如有剩余食物，建议打包带走，这样既可为荷包"减负"，又可有效减少餐馆餐厨垃圾，降低饭店的餐厨垃圾处理费用，并可减轻环卫部门的压力，更可转变陈旧消费观念，树立低碳饮食新风尚[1]。

_____

① 济南日报：低碳饮食——将成为行业新趋势，http://www.ccas.com.cn/Article/HTML/13333.html。

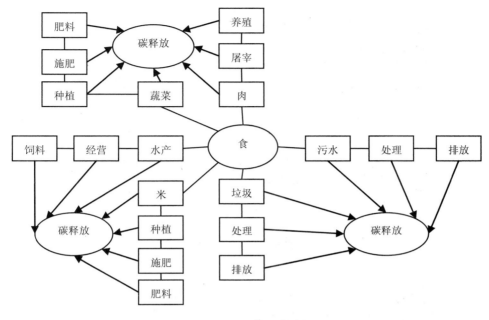

图 5-2 "食"碳链

5.3.3 建立居住新思维

住的方方面面都涉及碳能源的耗费。在房屋建造过程中，在装修装潢过程中，在日常的居住生活中，都将消耗各种能源，如图 5-3 所示。因此，低碳消费就要求建立居住新思维，在建筑设计上引入低碳理念，如充分利用太阳能、选用隔热保温的建筑材料、合理设计通风和采光系统、选用节能型取暖和制冷系统。在运行过程中，倡导居住空间的低碳装饰、选用低碳装饰材料，避免过度装修。在日常居住生活中，推广使用节能灯和节能家用电器，鼓励使用高效节能厨房系统，从各个环节上做到"节能减排"，有效降低家庭居住的碳排放量（杨光等，2011）。

5.3.4 建立出行新习惯

日常出行的出行方式、出行工具的制造、道路的铺设和维护等都涉及碳排放，如图 5-4 所示。而且，日常出行的碳排放是最直接，也是最大的。因此，低碳出行是我国新时期经济社会可持续发展的重点战略之一。

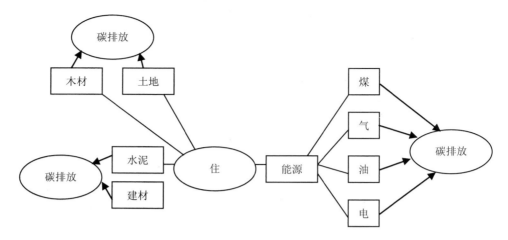

图 5-3 "住"碳链

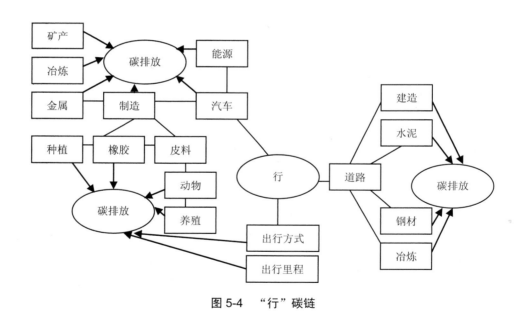

图 5-4 "行"碳链

　　建立出行新习惯：① 转变现有出行模式，转向公共交通和混合动力汽车、电动车、自行车等低碳或无碳方式；② 扭转奢华浪费之风，强化清洁、方便、舒适的功能性；③ 提倡智能化出行，提高运行效率[1]。

---

① 百度百科：低碳出行，http://baike.baidu.com/link?url=atq2DLh2E-dd0ubnNW39AOGn6KOWteBKE -xFk UdP9d4Gj6J4PBKnLIvYCBB4hbXcKKCraiiHusbqDaxZqpdY2K。

5.4　低碳城市战略

　　低碳城市是城市经济以低碳产业和低碳化生产为主导模式，市民以低碳生活为理念和行为特征、政府以低碳社会为建设蓝图的城市。低碳城市发展旨在通过经济发展模式、消费理念和生活方式的转变，在保证生活质量不断提高的前提下，实现有助于减少碳排放的城市建设模式和社会发展方式（连玉明，2010）。中国正处在全面建设小康社会的关键时期和工业化、城镇化加快发展的重要阶段，有效利用能源，制定实施中国城市低碳发展战略，是对坚持科学发展观、构建和谐社会的最具体和有力的实践。

5.4.1　制定低碳城市规划

　　作为城市建设和管理的基本依据，组织制定低碳城市规划，将低碳城市纳入城市更新规划的理念中，是实现低碳城市建设的关键环节之一。

　　我国城市规划往往喜欢宏伟的建筑、宽阔的广场，盲目追求大气，很多居住区与工作场所距离遥远，与医院、学校遥远，给人们生产生活带来不便，也造成私家车增多，不利于城市的低碳化。许多大中城市有很大的生活居住区，楼群稠密，但很少乃至没有几亩地的公共生活空间，这与豪华的政府办公大楼及大广场、大绿地、大立交等相比，形成尖锐的对立（陆大道等，2007）。

　　科学制定低碳城市规划，要求从原有的城市形态及城市发展模式、建筑群体布局出发，以低碳城市为发展目标，合理布局、规划城市建设用地、交通等基础设施，建成与自然和谐、可持续发展的低"碳"排放量型城市形态（顾朝林等，2009）。

　　低碳城市规划在具体操作中应体现出权威性、科学性、前瞻性、全面性的特点。权威性体现为自觉维护、落实低碳城市总体规划，以长短规划相结合，按照规划组织低碳城市建设；科学性体现为尊重市情，要基于我国各城市的区域经济、社会和生态环境资源现状，选择适合自身的发展模式和发展途径，明确重点领域和优先领域；前瞻性体现为对城市发展潜力的合理预测，特别是城市人口、基础设施需求、经济结构等变动因素；全面性体现为综合考虑低碳城市建设各个方面，合理协调各个层面工作的权重，以达到投入产出效率最优[①]。

---

① 中国规划网：中国低碳城市从"理念"进入实质性发展规划，http://design.yuanlin.com/HTML/Article/2011-11/Yuanlin_Design_8834.HTML。

5.4.2 发展低碳建筑

建筑在 CO_2 排放总量中，几乎占到了 50%，比例远高于运输和工业领域。长期以来，人们评判建筑只关注空间的大小、功能的布局、造型的美学效果以及内外装修材料的档次等外显因素，而忽略室内空间的内涵品质，如热环境、声环境和空气品质等，导致建筑后期使用、维护耗能很大（陈柳钦，2011）。低碳建筑则是针对资源的日益减少和气候的变化，从降低人类对气候造成的负面影响出发，在建筑材料与设备制造、施工建造和建筑物使用的整个生命周期内，减少化石能源的使用，提高能效，降低 CO_2 排放量。建设绿色低碳建筑，有效控制和降低建筑的碳排放，是建立低碳城市的必由之路[①]。低碳建筑已逐渐成为国际建筑界的主流趋势。主要包括 4 个部分内容：① 低碳建筑结构，与非低碳建筑相比，低碳建筑的结构设计、地基设计、用材、施工方法更环保；② 低碳建筑装备，让居住者感觉舒适，但建筑内的各种水、暖、电设备非常节能；③ 低碳建筑生活，在使用低碳建筑装备、让居住者感到舒适的前提下，建筑在运行过程中排放较少的 CO_2；④ 低碳建筑拆除，建筑内部的所有结构、装备拆除方便，可以回收利用[②]。

5.4.3 加强城市绿化

低碳城市建设，一方面可以通过各种政策约束减少碳的排放，另一方面可以通过各种措施实现碳的吸收。森林植物在其生产过程中通过同化作用，可以吸收大气中的 CO_2 并将其固定在森林生物量中（张小全等，2005）。科学研究表明，森林蓄积每生长 1 m^3，平均就能吸收 1.83 t CO_2，放出 1.62 t 氧气。造林可以固碳，绿化等同于减排。而人工林固碳作用更明显，如人工桉树林生长量相当于天然林的 20～30 倍，5～7 年就可以成材，生物量相当于原始林在自然情况下的 100～150 年的产量。城市绿化不仅仅具备美化城市的功能，而且可以减缓热岛效应，调节城市气候，减少使用空调次数，间接减少碳的排放。此外，中国的森林覆盖率相对于日本、韩国、瑞典、巴西、加拿大等国，是比较低的。因此，中国低碳城市建设中的重要内容之一是加强城市绿化，提高城市森林覆盖率。城市绿化主要是地面绿化，但随着城市建设高楼大厦占据了绿化空间，墙面绿化、屋顶绿化等建筑绿化就成为对大自然所受干扰、损失的补偿，是实现低碳城市的重要途径之一[③]。

---

① 中国建筑新闻网：中国应如何建设低碳建筑，http://info.newsccn.com/2010-04-20/3198.html。
② 国家建筑标准设计网：低碳建筑及其发展，http://www.chinabuilding.com.cn/article-1401.html。
③ 中国建筑节能网：墙面绿化成为低碳生活方式，成为未来城市绿化趋势，http://news.dichan.sina.com.cn/business/2010/10/22/227932.html。

5.4.4　推广低碳交通

城市交通工具是温室气体的主要排放者，发展低碳交通是低碳城市建设的重要组成部分。低碳交通是一种以高能效、低能耗、低污染、低排放为特征的交通方式，核心在于提高交通运输的能源效率，改善交通运输的用能结构，优化交通运输；目的在于使交通基础设施和公共运输系统减少以传统化石能源为代表的高能能源的高强度消耗。交通低碳化的途径是双向的，既包括"供给"或"生产"方面的减碳，提供一个更低碳的交通运输服务系统，比如推进城市轨道交通，有效提升城市交通效率，带动城市其他部门和产业实现减排；也包括"需求"或"消费"层面的减碳，引导公众理性选择出行方式，鼓励乘用公交、骑自行车或步行等，限制城市私家汽车作为城市交通工具，以求改善城市空气质量，减轻城市交通压力，实现城市运行的低碳化目标（陈柳钦，2011）。

第 **6** 章

低碳能源发展的路径选择

能源是人类赖以生存和发展的基础，人类社会的经济发展和文明进步与能源的利用开发密切相关。自工业革命以来，世界能源消费剧增，煤炭、石油、天然气等化石能源资源消耗迅速，CO_2 等温室气体排放导致日益严峻的全球气候变化，人类社会的可持续发展受到严重威胁。应对气候变化，减少 CO_2 排放，加快发展低碳（非化石）能源已经成为世界各国能源政策的重点。2006 年，我国制定了《可再生能源中长期发展规划》。2009 年 9 月国家主席胡锦涛在出席联合国气候变化峰会时，提出了中国 CO_2 "自主减排"的目标，其中明确要求"非化石能源占一次能源消费比重达到 15% 左右"。无论是从改善环境，还是从保障能源安全来看，低碳能源已成为中国国家能源发展的战略重点。因此，研究低碳能源发展的路径，既有理论价值，也有现实意义。

6.1　能源生产低碳转型路径

能源结构是指一次能源（自然界中以原有形式存在，未经加工转换的能源资源，如太阳能、风能、水能、核能、生物质能、地热能、海洋能、潮汐能等）中各种能源的构成及其比例关系。各种一次能源在一定时间内的产量及其比例关系是能源生产结构，在部分国家或地区一次能源丰富，生产结构主要受资源品种、储量丰度、空间分布、地域组合特点、可开发程度、能源开发及利用的技术水平等因素的影响。

6.1.1　能源结构调整优化

国民经济的发展受能源结构优化的影响很大，全面建设低碳经济社会就要调整能源结构，走优质化能源发展的道路。结合我国能源分布现状和经济发展的战略目标，可以从以下几个方面来缓解能源矛盾和优化能源结构。

6.1.1.1　煤炭能源

（1）强化煤炭基础地位，优化煤炭定价机制。煤炭在我国能源结构中比重逐年下降，但它在能源结构中的基础地位是不能改变的，这是由我国国情决定的。我国已探明的煤炭储量占世界煤炭储量的 12.6%，可采量位居第三，产量位居世界第一[①]，资源基础丰富，但开发利用低，浪费较为严重。未来 10 年，我国煤炭产业将进入亚高速阶段。而煤炭主体能源的地位不会改变。从可持续发展观点来看煤炭工业，必须加强合理定价，使煤炭价格与国际市场接轨，促进煤炭工业的发展。

（2）发展环保洁净煤技术，提升煤炭清洁化水平。我国能源利用效率低，环境污染问题严重，大力发展洁净煤技术，提高煤炭清洁化水平是我国节能减排的一项必不可少的内容。从发达国家煤炭利用技术来看，在能源消费结构中美国煤炭比例回升，德国的燃煤锅炉非常干净，由此说明，煤炭也会随着技术进步成为一种清洁能源。发展环保洁净煤技术，可以有效缓解石油、天然气供应的不足。加大煤炭就地转化，优先发展煤炭深加工技术，提高用煤行业的经济效益，拉动经济发展。

6.1.1.2　清洁能源

（1）充分利用天然气资源，加强天然气的开发利用。天然气是一种优质高效的清洁能源，我国天然气可采资源量为 12 万亿 m^3 左右，而总资源量为 53 万亿 m^3，天然气是 21 世纪最有发展前景的洁净能源。因此，对外我们要加强国际间的合作。随着世界局势的变化，液化天然气已经由买方市场转变为卖方市场，因此我们要进一步利用国外资源。对内我们要加大天然气的投资，同时提高中小城镇天然气的利用率，鼓励"以气代油""以气代煤"，加快城市天然气汽车工业的发展及配套加气站的建设。鼓励城市市民使用天然气清洁能源的炉灶。扩大农村市场的开发，有效减少农民对煤的依赖。

（2）合理开发石油资源，积极开展国际合作。中国石油资源相对匮乏，石油供需矛盾在我国能源消费结构中非常突出。在我国一次能源供应中石油供应的比重占 17% 左右，国内石油生产最高水平已接近国内供应能力，要适度进行国内石油开采，同时拓宽石油开发领域，可以从海外市场的开发利用和深化海洋石油资源的开采两个层面着手。

---

① 百度百科：煤炭储量，http://baike.baidu.com/link?url=67EOGl1hRdQIPCOkw7fzR0oAgw-fCrXVOOdDcem6PMRcDk6hgLy-TN14A2aLZ0 ghOQ-sU4mAUNCAzIS7iGPhu_#1。

☞ 中国对海外石油的勘探开发已经进入了快速发展阶段，取得了可喜的成绩，整个海外油气的开采、与资源国的商业谈判和政治协商水平都在不断成熟。在保持已建立的海外市场和维持政府间的关系前提下，中国应该进一步拓宽海外石油开发。

☞ 加强对海洋油气资源的开发也十分重要。应加强与英国 BP 石油公司、皇家荷兰壳牌石油公司、道达尔石油公司等国际石油公司的交流与合作，不仅向它们学习先进技术，还可以联合开发石油项目，从中获取一定的开发利用份额。同时做好政治外交工作，这是海外油气项目合作的必备条件。当然，还要提升海洋石油勘探技术，加强对海洋勘探技术的研发，提升自己的深海作业能力，充分开发资源。在此基础上，还可以拓宽国外市场，如北非靠地中海海岸线较长的国家，蕴藏大量的石油资源，与这些国家建立石油合作，采取多种合作形式勘探开发资源国的海洋油气资源。

（3）大力发展水电、太阳能、风能、生物质能等可再生资源。我国可再生资源约占一次性能源的 7%（包括中大型水电）。其中水电是可再生能源的主力军，它是供应安全、成本经济的绿色能源，替代部分燃煤发电可以有效地减少温室气体的排放，降低原煤的使用比例，促进中国能源结构调整和低碳经济发展。太阳能的利用在我国已经具有相当规模，我国太阳能热水器技术水平在世界上一流，年生产能力在 1 200 万 m^2 以上。同时，我国拥有非常丰富的风力资源，有巨大潜力。而我国广大农村欠发达地区，能源短缺，生物质能、小水电、太阳能将成为中国未来农村能源的主力军。因此，大力发展水电、太阳能、风能、生物质能等可再生能源不仅有利于环境和生态保护，更是实现可持续发展的重要保证。

6.1.1.3 区域能源结构优化调整

我国不但能源分布不均匀，而且用能不平衡，应加强能源基地建设，调整和优化全国各地的区域能源结构。用新的思路建设"山西"煤炭基地，利用资源优势，生产煤炭深加工产品，提高附加值，向外输出，优化经济和能源结构。对西部水电基地建设给予扶持，利用外资实行投资分摊，建立水电建设专项基金，减少移民损失。有计划地分期分批对沿海地区的燃煤发电厂进行改造，增强发电能力和能源利用率。

6.1.1.4 强化法制和环境保护

强化相关法律法规的落实和执行，是实现能源结构优化和经济持续健康发展的保证。我国《能源法》立案工作正在启动，能源法将涵盖能源资源勘探、研发开发、生产运输、贸易与消费、利用与节约、对外合作、能源安全与监管等诸多环节，旨在通过基础性法律全面体现能源战略和政策导向，进一步明确各级政府管理职能法制化和规范化，实现有法可依、有章可循。同时，倡导资源节约型生活方式，适时开征燃油税，完善消费税税制，促进建筑业和交通运输节能，实现经济可持续发展、资源可持续利用。

6.1.1.5　大力加强国际能源合作

能源安全已成为地球村共同面临的课题和挑战，需要人类集中智慧，形成合力，共同发展。我们将与世界各国一道共同努力，建立起能源合作成效机制。充分利用国内外两种资源、两个市场，实施"走出去"和"引进来"战略，加强能源互利合作，优化能源结构，协同保障全球能源安全。

6.1.2　低碳技术自主创新

6.1.2.1　低碳技术的内涵

低碳技术泛指能够有效控制温室气体排放，提高能源和资源的利用效率，降低碳排放强度的技术，它涉及电力、交通运输、采矿、化工、钢铁冶炼、建筑等多个领域和部门。低碳技术种类繁多，主要包括 3 个方面：

（1）清洁能源技术。主要指不排放或者是极少排放污染物的无碳技术，一般有太阳能、风能、水能、生物质能、地热能、氢能和核能等绿色技术。

（2）节能减排技术。主要是指通过提高能源的使用效率来尽可能降低 CO_2 排放强度的减碳技术，包括煤、石油、天然气等常规能源的高效、清洁利用，"智能电网技术，高效火力发电和热电联供技术，新一代半导体元器件开发技术以及高效节能型建筑技术"等（徐大丰，2010）。

（3）碳处理技术。主要是对排放的 CO_2 进行捕存和回收再利用，以降低大气中碳含量为目的的技术，主要包括 CO_2 的分离和捕获、CO_2 的运输、CO_2 的封存和再利用等，如 CCUS（Carbon Capture，Utilization and Storage）技术（谢和平，2010）。

6.1.2.2　构建低碳技术创新体系

（1）提高公众的低碳意识。发展低碳技术是一场涉及生产模式、生活方式和价值观念转变的社会行为，需要以公众参与为基础。人民群众是低碳产品的终端使用者，人们的价值取向和消费观念决定了低碳技术的发展方向。因此，①应该加强低碳知识宣传教育，开展低碳知识讲座，使低碳理念深入人心，倡导绿色消费，将低碳文化和科学发展观相结合，并发展成为一种"社会主流意识"（贾纪磊，2010）。②倡导民众树立低碳消费理念，转变落后的消费价值观，摒弃高能耗和浪费型的消费方式，提倡重复使用，鼓励购买低碳产品，树立绿色消费观念，形成良好的消费习惯。③ 鼓励民众践行低碳生活方式，在保证不影响生活质量的前提下，转变消费观念和行为模式来降低 CO_2 排放量。

（2）加强低碳技术创新。不管是节约能源、降低碳排放，或是开发新能源、利用循环能源、优化能源结构，都不可避免地需以低碳技术的研发、应用及推广为基础。结合基本国情，我国低碳技术的研发及推广应用应着重从以下几方面开展。

☞ 加强节能减排技术的研发及推广：① 提高能源利用效率。煤炭处于我国能源结构中的基础地位，但我国煤炭转换水平较低，大多数燃煤电厂的热效率仅 30%左右，因此，煤炭的高效清洁利用技术对我国经济和社会的持续、稳定发展有重要的现实意义。② 提高资源和能源的综合利用率，跨行业、多部门联合生产，实现资源循环利用，科学利用资源，最大限度地减少资源和能源消耗。③ 加大节能减排技术在各地区、各产业的应用力度。在高能耗行业如电力、工业生产、建筑和运输等积极推行节能技术，促进低碳技术的发展，控制温室气体排放。

☞ 大力开发清洁能源技术：清洁能源技术主要包括水力发电技术、风力发电技术、太阳能技术、生物质能技术、氢能和核能技术等。水电是我国未来二十年可再生能源发展的第一重点，因此，我们应优先开发水电，然后发展其他非水类可再生能源，促进清洁能源技术积极健康、快速有序地发展；风能、太阳能、生物质能和核能是重要的绿色能源支柱，应加快具有共性特征技术的研发、应用及推广。

☞ 加快发展碳捕存和回收再利用技术：碳捕获与封存技术（Carbon Capture and Storage，CCS）被认为是降低 CO_2 排放最有效的方法，但由于它成本较高又没有效益产出，故难以推广。为此，有学者提出 CO_2 捕集、利用和封存（Carbon Capture，Utilization and Storage，CCUS）技术，强调将捕捉到的 CO_2 先充分利用，然后再进行封存。该项技术通过将 CO_2 资源化，并产生经济效益，在实际应用中也具有一定的可操作性。

☞ 加快发展智能电网：智能电网，就是使电网智能化，"它是将大量的新技术应用到发电、输电、配电、用电等环节，通过数字化信息网络，构建一个将能源开发、输送、库存、转换与终端用户的各种电气设备连接在一起，并通过智能化控制使整个系统达到最终优化"（邢继俊等，2010）。智能电网是发展低碳电力的载体和重要途径，它在减少能耗等方面的作用正好符合我国建设资源节约型和环境友好型社会的要求。我国已经初步具备发展智能电网的基本条件，但在大规模可再生能源发电并网和接入技术、分布式发电系统的接入和应用、配电系统的自愈自适应控制、储能技术、电网整体智能调度和控制等核心技术方面还需要投入大量精力进行研究和推广。

☞ 坚持低碳技术的引进、消化吸收和再创新：相较于西方发达国家，我国低碳技术尤其是在低碳核心技术储备方面还存在很大差距。国际低碳技术转让是发展中国家"获取"低碳技术的重要途径。技术国际转让能够快速、有效地解决发展中国家低碳技术缺乏的问题，有利于低碳核心技术的创新和突破，促进全球低碳经济的发展。但在国际低碳技术转让实施环节，特别是发达国家向发展中国家进行技术转让时，仍然存在着障碍。

因此，我国低碳技术发展应着眼于长期的战略技术储备，坚持自主研发与消化吸收、再创新相结合，在深入研究和密切跟踪国际低碳技术发展的基础上，对引进的技术进行学习、分析和借鉴，进行再创新，形成具有自主知识产权的新技术，力求在低碳关键技术和关键工艺上取得突破式进步。我国企业的任务应该是花大力气对引进的低碳技术项目进行消化、吸收和改进提高，也可以缩短低碳技术的研发周期，降低其研发风险。

（3）完善低碳技术的管理是保障。发展低碳经济，技术是核心，制度是保障。科学合理的管理是发展低碳技术的重要保障。

☞ 制定低碳技术发展的战略规划：我国十分重视低碳技术的发展，许多低碳政策都显示了我国发展低碳技术的巨大决心。我国政府已经把低碳技术纳入了国家"十二五"科技发展规划并明确提出"发展循环经济，推广低碳技术，积极应对气候变化"的政策目标。但众多的低碳技术政策，缺乏战略研究和统一规划，有待进一步完善。因此，我国应：① 从国家战略发展的高度出发，对我国低碳技术的发展进行全面总体规划；② 针对我国的能源结构和消费模式进行重点规划；③ 高度重视对低碳技术研发人员，特别是清洁能源技术人员的培训工作，着眼于技术研发人员的中长期战略储备。

☞ 加大对低碳技术研发的支持力度：加强低碳技术的研发需要多方面的投入，资金和技术是关键。① 要激励商业投资。高额的科研费用仅靠政府的资金支持是不能长久发展的，必须调动多方参与投资。政府要通过减免税收、无息或低利率贷款、上市融资、发行债券等金融优惠手段，并和高校等科研机构的通力合作来调动企业研发新技术的积极性，形成有成效的动力机制。② 进一步加强与发达国家的低碳技术合作。积极开展清洁发展机制（CDM）项目，利用项目中有关发达国家有向发展中国家进行技术转让的义务这一规定，加强与发达国家在技术要求较高的项目上的合作，在完成发达国家碳减排任务的同时也能获得先进的节能减排设备。③ 加大对科研技术人员的培养和引进工作。科学技术是第一生产力，而科技人才是技术转化为生产力的关键。因此我们应重视低碳技术人才的培训和储备，进一步拓宽引进人才的渠道，加强人才的交流和合作，提高科技创新能力。

☞ 建立利于低碳技术发展的监管和评估体系：合理完善的监管和评估体系有利于低碳技术的研发和推广。我国低碳技术的监管和评估体系尚不健全，有待进一步完善。① 应将低碳技术的评估标准和监管方法法律化、制度化。结合我国低碳技术的发展现状，借鉴国外相关经验，制定适合我国国情的低碳技术评估标准和监管条例。② 成立专门的评估机构，负责低碳技术的监督评估工作。在评估体系方面应设立和碳排放相关的考核指标和统计系统，在监管方面设立监管机制，加大监管和考核评估力度，对达标或者不达标的企业给予相应的奖惩。③ 将碳减排指标的执行程度纳入对各级政府绩效的考核中，实行政府工作问责制。将碳排放指标逐步细化到各级政府，在定期的政府绩效考核中，将各级政府碳排放指标的完成情况作为其中重要的一项，并坚决追究个别地方政府因利益而保护高碳违规企业的责任。

☞ 建立和完善利于低碳技术发展的法律法规：完善的低碳法律法规能够保障低碳技术健康有序地发展。加强低碳法律法规建设应把握以下几点：① 加强和碳排放相关的立法工作，尽快出台统领低碳技术发展全局性的"基本法"，进一步细化和修改主要碳排放领域的单行法律，如《环境保护法》《矿产资源法》《煤炭法》《电力法》等专门法律和节约用电、节约石油、建筑节能等管理条例，构建系统的低碳技术法律法规体系，使相关部门执法时能够有法可依。② 强化低碳法律法规的约束力，加大执法和监管力度，明确具体执法细则，做到执法必严。③ 严厉打击违法乱纪行为，坚决惩处执法人员的违法徇私行为，并加大对高污染、高排放、低效率企业的惩罚力度，做到违法必究。发展低碳技术必须进一步完善低碳法律法规，切实贯彻执行碳减排法规，使我国低碳技术沿着正确的轨道稳定发展。

6.1.3　传统能源清洁生产

6.1.3.1　清洁生产的内涵

清洁生产将资源有效利用战略和综合性预防的环境战略持续地应用于生产过程、产品和服务中，通过不断采取改进设计、使用清洁的能源和原料、采用先进的工艺技术与设备、资源综合利用和改善管理水平等措施，实行全过程控制，最大限度地提高资源利用效率，从源头上削减污染，减少或者避免生产、服务和产品使用过程中污染物的产生和排放，使污染物产生量、流失量和治理量达到最小，资源充分利用（蒋焕锦，2010）。清洁生产不包括末端治理技术，如空气污染控制、废水处理、固体废物焚烧或填埋，它是通过应用专门的技术，改进工艺技术和改变管理态度来实现的（周中平，2002）。

清洁生产包括 3 个方面的内容：① 清洁的能源。即常规能源的清洁利用，可再生能源的利用，新能源的开发，各种节能技术。② 清洁的生产过程。尽量少用、不用有毒原料，减少生产过程中的各种危险性因素、物料的再循环；简便、可靠的操作和控制，完善的管理等。③ 清洁的产品。节约原料和能源，少用昂贵和稀缺的原料；产品使用过程中以及使用后不产生危害人体健康和生态环境的因素，易于回收、复用、再生，合理包装，合理使用功能和使用寿命（张彩旗，2004）。

清洁生产通过一套严格的企业清洁生产审计程序，对生产流程中的单元操作实测投入与产出数据，分析物料流失的主要环节和原因，确定废物的来源、数量、类型和毒性，判定企业生产的"瓶颈"部位和管理不善之处，从而提出一套简单易行的无/低费方案，采取边审计边削减物耗和污染物生产量。通过清洁生产，提高企业的投入与产出比，降低污染物的产生量，提高职工的管理素质，从而也丰富和完善企业的管理。

我国政府积极推行清洁生产，已经将清洁生产纳入相关法律法规。2003 年 1 月 1 日起实施的《中华人民共和国清洁生产促进法》中明确要求工业项目要全面实施清洁生产。

6.1.3.2　传统能源清洁生产

（1）煤炭清洁生产。我国是一个生产煤炭和利用煤炭较多的国家。大力推广煤炭企业的清洁生产，减轻煤炭企业对环境的污染，为社会提供清洁的产品煤，已经成为煤炭工业可持续发展的重要议题。我国围绕着如何提高煤炭资源的开发利用率、尽量减小对环境污染开展了大量的研究工作，已把发展煤炭清洁生产技术作为重大的战略措施，并且列入"中国 21 世纪议程"，煤炭清洁生产技术得到了政府的大力支持并取得了一定的研究成果。

我国煤炭清洁技术主要涉及 4 个领域，包括 14 项技术[①]，如表 6-1 所示。

表 6-1 我国煤炭清洁技术

煤炭清洁技术领域	煤炭清洁技术
煤炭加工	煤炭洗选 水煤浆 型煤
煤炭高效洁净燃烧	增压流化床发电技术 循环流化床发电技术 整体煤气化联合循环发电技术
煤炭转化	煤炭液化 气化 燃料电池
污染排放控制与废弃物处理	电厂粉煤灰综合利用 烟气净化 煤层甲烷的开发利用 煤矸石和煤泥水的综合利用 工业窑炉和锅炉

煤炭清洁生产是国内外防治工业污染经验的基本总结，是新时期工业污染防治的根本途径。加快推进我国煤炭清洁生产开发和利用，提高资源综合利用率，有效地控制污染物排放，可以从以下几方面入手。

☞ 从技术路线上看，应加大煤炭入选比重，提高商品煤的总体质量；提高燃煤设备的燃烧效率，推广高效低污染燃烧技术的应用；大力开发和推广符合国情的煤转化技术，加快先进煤气化、液化技术的开发；积极开展先进发电技术的研发工作，开发符合国情的成本较低的烟气脱硫装置。

☞ 从企业角度来看，应推进科技进步，优化生产结构，使煤炭企业由粗放型增长转变为集约型增长，提高煤炭综合利用效率。一方面，煤炭企业应推广使用先进的生产设备和技术，对煤炭资源进行深加工利用，促进煤炭企业的安全生产，减少对附近环境的污染，提高煤炭资源的利用效率；另一方面，可以将煤炭企业的经营范围扩展到发电、煤气、炼焦、

---

① 硅谷网：煤炭清洁生产技术的现状与开发应用，http://www.guigu.org/news/guiguvip/201208309584.html。

供热等领域，围绕综合开发利用煤系共伴生矿物资源开发煤炭系列产品和综合服务项目，提高煤炭整体综合利用效率。

☞ 从政府角度上看，应建立国家煤炭清洁高效协调机制，加大政策的支持力度，完善保障体系，促进煤炭清洁生产技术开发与推广应用。一方面，建立和完善我国煤炭产业链综合协调体制，完善煤炭开采、加工和利用全过程的管理和协调机制，研究制定煤炭相关行业清洁生产与利用的发展规划，统筹协调，整体推进；另一方面，在加强煤炭产业链协调发展综合体制的基础上，进一步推进煤炭上下游产业的集约化发展，建立符合我国国情的煤炭资源分布和消费特点的资源、环境和区域经济协调发展的产业格局，实现煤炭资源在产业链条上循环利用，走高碳产业低碳经济可持续发展道路。

（2）石油天然气开采清洁生产。石油天然气开采要坚持油气开发与环境保护并举，油气田整体开发与优化布局相结合，污染防治与生态保护并重。大力推行清洁生产，发展循环经济，强化末端治理，注重环境风险防范，因地制宜进行生态恢复与建设，实现绿色发展。

☞ 强化认识，完善政策。① 对部分企业而言，对清洁生产的认识还应进一步加深，应该用成功企业的鲜活例子教育和启发其他企业。② 各级政府和行业主管部门应当进一步制定配套政策措施，将清洁生产纳入工程建设、生产能力调整改造、污染治理及区域性环境整治等过程的基本程序中去。③ 还应制定促进清洁生产发展的激励政策。在社会上建立清洁生产技术和服务的产业化系统，大力推进清洁生产市场化运作机制。

☞ 加快清洁生产规程的制定，借鉴国际先进的清洁生产技术，制定明确、详细、分类指导的行业清洁生产技术指南和审计规范，编制清洁生产操作手册。规范和手册的编制一般可分为 3 个方面的内容：① 分工艺过程编制细则，如按勘探、钻井、井下作业的各个操作程序制定清洁生产注意事项和要求；② 按生产过程中产生的同类污染物归类，统一制定污染物减少和处理要求，以便于查阅，如落地原油可能出于若干个工艺环节，在手册中集中编排其处理方法；③ 污染事故应急处理预案与措施，主要针对可能发生的事故建立污染控制和回收污染物的规范规程。

☞ 加强清洁生产的专门培训和试点工作。促进相关政策和措施的落实应当加强清洁生产的专门培训，建立一支实践能力强、有一定理论水平的清洁生产中坚力量，加速推进公司的清洁生产工作。同时，尽快设立清洁生产示范矿区、示范岗制度，并配合相应的监督检查机制，从而以点带面，推进清洁生产的实施。

（3）化学工业清洁生产。构建以企业为主体、市场引导和政府推动相结合的循环经济和清洁生产推行机制，在全行业推广硫酸、磷肥、氯碱、纯碱、农药、橡胶等子行业推进循环经济和清洁生产的成功经验。推广以煤电化热一体化为代表的共生耦合产业发展模式。加强对石化和化学工业的清洁生产审核，针对节能减排关键领域和薄弱环节，采用先进适用的技术、工艺和装备，实施清洁生产技术改造，争取到 2017 年重点行业排污强度比 2012 年下降 30%以上。推进非有机溶剂型涂料和农药等产品创新，减少生产和使用过程中挥发性有机物排放。制定修订氮肥、磷肥、农药、染料、涂料等重点子行业清洁生产技术推行方案和清洁生产评价指标体系，指导企业开展清洁生产技术改造和清洁生产审核。引导企业开展工业产品生态设计，尽可能少用或不用有毒有害物质，在农药等重点领域开展有毒有害原料（产品）替代，开发推广环保、安全替代产品。实施一批清洁生产示范项目，培育一批清洁生产示范企业，创建一批清洁生产示范园区[①]。

6.1.4　可再生能源和新能源开发利用

6.1.4.1　可再生能源和新能源的概念

可再生能源的概念是 1981 年 8 月联合国在内罗毕召开的新能源和可再生能源会议上确定的，会议通过了著名的《促进新能源和可再生能源发展与利用的内罗毕行动纲领》。该纲领中对这一能源新名词有了明确的界定，即"新的可更新的能源资源，采用新技术和新材料加以开发利用，它不同于常规的化石能源，可持续能源机会是用之不竭的，而且消耗后可得到恢复和补充，不产生或甚少产生污染物，对环境没有多大损害，有利于生态良性循环"。

6.1.4.2　各种可再生能源的战略作用

（1）水电。水电是能规模化利用、技术成熟、清洁、多功能，已部分代替化石燃料的最现实而有效的发电方式，有发电、环保、防洪、灌溉、航运等综合效益。我国是水能资源富国、水电装机大国、水电技术强国，又是环境生态脆弱的国家。理论上我国水能资源蕴藏量为 6.78 亿 kW，年发电量 5.92 万亿 kW·h。2009 年水力发电世界第一，占比 18.8%[②]。我国水电开发采取大、中、小并举的方针，

---

① 工业和信息化部：关于石化和化学工业节能减排的指导意见，http://cncpn.org.cn/ReadNews.asp?NewsID=1882。

② 人民网：廖逊评论：能源永续（二十二），http://www.chinadaily.com.cn/hqgj/jryw/2012-11-01/content_7396943.html。

重点开发黄河上游、长江中下游和红水河、澜沧江等。无一例外，都是青藏高原流出的江河，规模达 100 万 kW 以上的二滩、岩滩、李家峡、漫湾、五强溪等 10 座水电站，总规模达 2 000 万 kW 以上。其中小水电的发展建设突飞猛进，已成为我国发展最快的可再生能源。它是我国最早实现商业化的可再生能源技术，在实现中国农村电气进程中起到了非常重要的作用。我国的水电勘测、设计、施工、安装和设备制造均达到国际水平，已形成完备的产业体系。

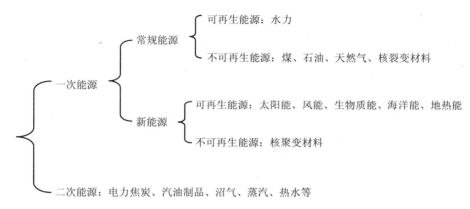

图 6-1　可再生能源和新能源的内涵

（2）风电。风能是利用风力机将风能转化为电能、热能、机械能等各种形式的能量，用于发电、提水、助航、制冷和制热等，其中风力发电是主要的利用方式。我国风能资源储量居世界首位，风能资源总储量为 32 亿 kW，可开发利用的风能储量约 10 亿 kW，其中陆地上风能储量有 2.53 亿 kW，海上可开发和利用的风能储量有 7.5 亿 kW（严陆光，2008）。

风电是可再生能源中发展最快、最具有大规模开发和商业化的产业，有能力成为主流电源之一。根据世界风能协会公布的数据显示，截至 2011 年年末，我国风力发电总量居世界首位，达 6 273 万 kW·h[①]。我国在中小型风电机组领域处于国际技术领先地位、市场前景广阔，风电大型化的需求和发展潜力巨大。

（3）太阳能。太阳能一般指太阳光的辐射能量，是最重要的可再生能源。太阳每年投射的地面辐射能高达 3.78×10^{24} J，相当于 1.3×10^6 亿 t 标煤。按太阳的质量消耗速率计，可维持 6×10^{10} 年，是"取之不尽，用之不竭"的能源。

---

① 内蒙古煤炭资讯网：世界风力发电量排名 中国排名第一，http://www.nmg-greencoal.com/2012/0224/16406.html。

我国是世界上太阳能利用比较发达的国家,取得了举世瞩目的成绩。从太阳能光热产业对中国经济的贡献来看,整个光热产业累计为国家节约标煤 1.8 亿 t,减少各类污染物排放约 1.8 亿 t。从太阳能光电产业来看,我国太阳能光伏技术开始于 20 世纪 70 年代,生产能力与水平显著提高。2010 年我国已成为全球最大的光伏生产基地,2009 年太阳能发电量到达 1.1 GW·h,占全球太阳能发电总量的 27.5%[①]。太阳能发电为内蒙古、甘肃、新疆、西藏、青海和四川等地共 20 万用户解决了用电问题[②]。

(4)生物质能。生物质能是指植物叶绿素将太阳能转化为化学能储存在生物质内部的能量。在各种可再生能源中,生物质能是独特的,它是储存的太阳能,更是唯一可再生的碳源,可转化成常规的固态、液态和气态燃料。它是仅次于煤炭、石油和天然气而居于世界能源消费总量第四位的能源,在整个能源系统中占有重要地位。

在各种可再生能源的利用中,我国的生物质能利用为世界首位,主要依赖于广大农村采用的直接燃烧的生活用能方式,即传统的生物质能利用,包括农作物秸秆、薪柴、禽畜粪便、生活垃圾、工业有机废渣与废水等在可开发的生物质能源中,农作物秸秆占 50%以上。薪柴、禽畜粪便、生活垃圾、工业有机废渣与废水等也均有很大的利用空间。据相关统计,我国可以作为能源开发的生物质能资源至少能达到 4 亿~5 亿 t 标煤。发展生物质能,在解决能源、资源、环境、"三农"问题,发展循环经济、建设社会主义新农村等方面都能发挥重要作用。

(5)海洋能。海洋能指海洋中所蕴藏的可再生自然资源,主要包括潮汐能、波浪能、海流能、海水温差能、海水盐差能等。具有蕴藏丰富、分布广、可再生性、清洁无污染、不稳定性及造价高等特点。开发利用的方式主要是发电,其中潮汐发电和小型波浪发电技术已经实用化。世界海洋能的蕴藏量为 750 多亿 kW,在中国大陆沿海和海岛附近蕴藏着较为丰富的海洋能资源,总蕴藏量约为 8 亿多 kW,尚未得到充分开发。

21 世纪以来,中国海洋能开发步伐进一步加快。山东长岛海上风电场、江苏如东海上示范风电场一期工程开工建设,上海东海大桥海上风电场顺利建成,浙江三门 2 万 kW 潮汐电站工程、福建八尺门潮汐能发电项目正式启动,海洋微藻生物能源项目落户深圳龙岗等。温岭江厦潮汐试验电站是中国最大的潮汐电站,

---

① 北京日报:中国太阳能发电量全球第一,http://news.gasshow.com/News_62098.html。
② 中国新能源网:中国太阳能光电行业发展状况分析,http://www.newenergy.org.cn/html/01012/12161037783.html。

总装机容量 3 900 kW，规模位居世界前列。

（6）地热能。地热是蕴藏在地下的能够被人类经济合理开发出来的热能，其利用方式主要是发电和直接利用。我国适合发电的地热资源主要集中在西藏和云南地区，由于当地水能资源丰富，地热发电竞争力不强，难以在短时期大规模发展。地热直接利用主要用于地热采暖、地热种植、地热养殖和温泉疗养等。地热能的热利用发展较快，主要是热水供应及供暖、水源热泵和地源热泵供热、制冷等。

据估计，我国 2 000 m 以内的地热资源所含的热能相当于 2 500 亿 t 标煤，保守估计可以开发其中的 500 亿 t（汪集旸，2011）。2008 年我国直接利用地热能 12 604.6 GW·h，设备容量 3 687 MW_{th}，利用能量达 11 426 GW·h；全年减排 CO_2 602 万 t；减排 SO_2 15.18 万 t（宋昭峥，2009）。地热能利用的持续发展，将为我国节能减排作出杰出的贡献。

6.1.4.3　开发利用可再生能源和新能源

（1）政府支持。政府的支持是发展可再生能源和新能源的关键。从先进国家的经验来看，任何一种新能源从研发到市场占有一定份额，大约需要 30 年时间，这个过程中需要投入大量资金，风险性较强，这使得可再生能源和新能源具有天然的市场缺陷。因此，没有政府的支持，可再生能源就不可能迅速发展。这不仅在于政府作为一个行为主体本身发挥的作用，还在于没有政府支持，其他各项有利因素的实施力度都是极为有限的。

（2）法律保证。早期各国发展可再生能源都首先发展技术，一旦技术成熟，就转向示范和降低成本并开拓市场。我国对可再生能源的开发利用是在 20 世纪 70 年代末作为农村能源建设的一部分才逐步发展起来的。《可再生能源法》出台以前，我国对能源的管理主要靠行政手段，尽管对法规、规章、制度的制定也十分重视，但真正能够上升为国家法律法规的则很少。很多国家注意到，从法律上确定可再生能源和新能源产业发展的地位是推动其发展不可缺少的一部分。与可再生能源和新能源发展直接相关的法律应包括能源方面的立法，尤其是电力法和节能法，还包括相关经济法和环境保护方面的法律。

（3）引入竞争。随着我国经济体制改革、电力体制改革和可再生能源法发展的不断推进，单纯的经济刺激手段，已经不合时宜了。在可再生能源发展的一般过程中，应注意选择时机逐步引入竞争机制，加快可再生能源产业化、市场化的步伐。竞争是降低成本、提高效率的驱动力，要引入竞争，国家必须引导与鼓励产业资本、金融资本进入可再生能源领域。我国可再生能源发展领域的优势，对社会各种资本拥有足够的吸引力。政府应尽快制定鼓励外资和民间资本进入可再生能源产业的政策，进一步活跃这一领域的资本力量，整合多方力量共同发展。同时加快建立符合我国实际的标准体系，规范相关领域的审批事项，完善市场交易规则，推行招标制度，力求充分发挥市场在可再生能源配置中的基础性作用。因此，在不断完善可再生能源政策的过程中要重视培育市场机制方面的政策制定。

（4）技术进步。可再生能源和新能源的发展从根本上要依靠科学技术进步。技术创新需要大幅度增加对可再生能源和新能源科技研发的投入，同时也有赖于制度创新。为此，我国必须采取有力措施，如进行相应的调查、评估，为可再生能源的开发利用提供必要的资料；加强国家可再生能源科技研发机构建设，提高其自主创新和持续创新的内在动力；加强相关领域的人才培养，加快可再生能源信息系统的建设；加强知识产权保护，优先采用具有自主知识产权的技术标准等。

6.2 能源消费低碳转型路径

6.2.1 工业结构的低碳化

6.2.1.1 工业结构低碳化的内涵

工业结构指的是各工业部门的组成及其在再生产过程中所构建的技术经济联系和比例关系。工业结构的低碳化是工业结构的工业低碳化进程中的进一步优化升级，是建立在低碳技术创新基础之上并且随着技术的变化而变化的工业结构的变革过程。

6.2.1.2 工业结构的低碳化

工业结构低碳化的主要决定因素，有赖于对我国国情的分析，有赖于对工业结构低碳化调整动力机制的把握。决定我国工业结构低碳化的主要动力因素包括技术创新、国家经济发展战略、制度创新、需求结构4个方面。

（1）技术创新。技术创新是工业结构升级最根本、最强劲的动力。它是产业结构演进最重要的推动力之一，它与产业结构在变化时间、兴衰演进以及结构演变上都具有很强的相关性。技术创新对推动工业结构的低碳化主要表现在以下两个方面：

☞ 技术创新可以通过影响消费需求和投资需求的变化影响产业结构。① 科技进步可以开发更多低碳产品，改变人们的消费需求；② 科技进步可以通过降低改善工艺、优化生产流程等方式降低生产过程中的碳排放，降低低碳、无碳能源的生产和使用成本，引导人们将资金投入到低碳产业、新型产业，改变投资需求。

☞　技术创新能够通过资源供给、劳动力供给和资本供应状况的变化影响产业结构。① 技术创新能够开发可替代的新资源，提高资源的使用效率，改变资源供给状况；② 技术创新可以提升劳动者自身素质，能够改变劳动力质量，为低碳经济发展提供人才保障；③ 技术创新可以提高生产效率降低低碳商品的生产成本，进而扩大资本积累，改善低碳产业的资本供应状况。

（2）国家经济发展战略。国家经济发展战略是国家经济发展宏观思想的体现，是我国工业结构调整最为重要的指南针，在相当长的历史时期，国家经济发展战略对我国经济生活，对产业结构演进起到了决定性的作用。

工业化是生态—技术—经济—文化—制度相互作用多层次多样化的演进过程。然而在某一历史时期，工业化有其主要的决定机制。新中国成立以后的产业结构演变过程由于政府意识形态和推进政策变化而表现出非常明显的阶段性特征，在很大程度上，政府的经济发展战略是 1949 年以来中国产业结构演进的主要决定机制。政府制定的政策能够有效引导土地、资本、人口等生产要素向特定产业集聚，最终实现工业结构的科学调整和升级。

（3）制度创新。制度创新是实现工业结构低碳化的重要保障，通过制度创新促进"低碳"理念渗入到社会的方方面面，形成"低碳生产、低碳消费、低碳生活"的社会行为规则，促使工业低碳化发展成为产业发展规则。

制度创新是推动产业结构演进的重要驱动力量。通过制度创新能够从外部约束经济人的行为，导致各类生产要素向低碳经济领域集聚，从而促进工业结构的低碳化调整。此外，政府可以诱导企业选择相应的生产技术，加大该技术的研发力度和投资，推动技术创新，从根本上促进工业结构的升级。

（4）需求结构。需求结构是引导，需求通过产品的需求弹性对不同工业部门造成影响，诱使企业改变生产方式、改进生产技术、改善生产流程、改变生产方向，引导工业结构朝着低碳化方向发展。需求结构主要包括消费需求结构和投资需求结构。

消费需求结构直接决定产业的种类与各产业的规模及其变化。随着消费观念的转变和收入的进一步提高，可以引导人们的需求重点慢慢转向提高生活质量的消费与绿色消费，在满足人们对各种消费资料及服务进行消费之余，应该关注保护环境以及节约资源，降低碳的排放，推动工业结构向更高层次发展。投资需求结构指全部经济总投资在各个产业之间的分配以及比例关系。它通过四个方面促使工业结构发生变化。① 由于投资在工业各部门的分布和比例不同，导致不同部门的发展速度不同，从而导致工业结构变化；② 投资作为资产增量会导致产业部门资产存量发生变化，由此促使工业内部各部门间的规模比例发生改变；③ 不同的投资方向会形成不同的生产资料需求，进而促进生产资料的产业构成变动；④ 投资需求结构一般会和消费需求结构的变化保持一致，最终影响产业结构的变动。

6.2.2　生活方式的低碳化

6.2.2.1　低碳生活的内涵

生活方式是指人们长期受一定社会文化、经济、风俗、家庭影响而形成的一系列的生活习惯、生活制度和生活意识。

低碳生活，就是把生活作息时间所耗用的能量尽量减少，从而降低 CO_2 的排放量。低碳生活能实现较低或更低的温室气体排放，是一种低能量、低消耗、低开支的生活，崇尚一种简约的生活方式，同时还是一种生活习惯。

6.2.2.2　低碳生活方式的实现路径

倡导消费者日常低碳消费行为必须建立以"国家为主导，企业为主体，全民参与"的消费模式。

（1）应大力开展宣传教育，引导消费者的低碳消费理念和消费文化。通过科普知识推广和公益广告的形式，加强消费者的环境知识和环保意识教育。通过社区文化活动，营造低碳消费文化氛围。促使消费者在消费过程中充分考虑环境需要和生态需要，以环境和资源的承载力进行消费。

（2）要完善法律法规，对低碳消费的消费行为给予支持和激励。可以通过信贷、减免税费、提供财政补贴等措施引导消费者节能减排，相关部门可以提供实现低碳生活的信息服务，出台政策对民众的生活习惯进行引导，制定实施涉及各行业的绿色标准、发放低碳生活手册等，逐步引导市民养成低碳生活方式和消费习惯。

（3）政府及其相关部门应起到引领作用，以身作则，以实际行动引导消费者。政府消费是社会消费的重要组成部分，居民能否树立低碳消费观念，在很大程度上受政府消费行为的影响，政府部门应成为建设节约型社会的表率。国家应出台相应政策，规范机关工作人员社会资源消费行为，推行低碳办公、低碳采购、低碳消费的具体举措，使政府工作人员真正能起到示范和引导消费者施行低碳生活方式的作用。

（4）作为资源消耗主体的企业，应该主动承担社会责任。在生产过程中不断引进高新技术，主动降低能耗，努力在生产、流通和消耗等环节建立起资源节约型和循环利用型经济体系，最大限度地提高资源和能源利用率，积极研发和生产低碳节能产品，为消费者提供更多的环保节能产品和低碳产品。① 企业应实行清洁生产战略，制造出无公害、无污染的低碳产品。② 企业要增加环保意识。要从产品设计开始，用低碳和环保的设计理念来指导研发和设计工作。③ 企业应加强低碳产品的质量检测和监督工作。尽快按照国家标准制定我国低碳产品质量认证标准，推广现代科学管理和低碳产品质量认证工作，培植低碳产品优秀品牌。

（5）消费者要倡导一种简约、节约低碳生活理念，树立生态价值观和伦理观，引导一种健康道德的消费行为，形成健康向上的消费文化，达到一种消费文化上自我认同和社会认同，通过文化的渗透传导功能改变人们的生活习惯和生活方式。

☞ 要戒除以高耗能为代价的"便利消费"嗜好。"便利"是现代商业营销和消费生活中流行的价值观。不少便利消费方式在人们不经意中浪费着巨大的能源。如制冷技术专家估算超市电耗 70% 用于冷柜，而敞开式冷柜电耗比玻璃门冰柜高出 20%。由此推算，一家中型超市敞开式冷柜一年多耗电约 4.8 万 $kW \cdot h$，相当于多耗标煤约 19 t，多排放 CO_2 约 48 t，多耗水约 19 万 L。再如，一个 1.5 L 的可口可乐大瓶装比 3 瓶 500 ml 装的可口可乐消耗的资源要少，那么就尽量买大瓶的；还有重复使用打印纸；让衣服在空气中自然晾干，而不是使用烘干机；等待电梯的时候只按一部电梯，而不是把所有电梯都使唤下来；用电话视频会议取代常规的商务出行；将 5 个 100 W 的灯泡更换为 18 W 的节能灯泡并运行 1 年，这样也能减少将近 1 t CO_2 的排放。

☞ 要戒除使用"一次性"用品的消费嗜好。例如一次性餐具、浴具，随处可见的长流水、长明灯，无节制地使用塑料袋，是多年来人们盛行便利消费最典型的嗜好之一。据科技部《全民节能减排手册》计算，全国减少 10% 的塑料袋，可节省生产塑料袋的能耗约 102 万 t 标煤，减排 31 万 t CO_2。因此要积极限制一次性用品，认真落实"限塑令"，树立限塑就是节油节能，节水也是节能的理念，改变使用一次性用品的消费嗜好，从身边小事做起，为节能、减少碳排放、应对气候变化作贡献。

☞ 要戒除以大量消耗能源、大量排放温室气体为代价的"面子消费""奢侈消费"嗜好。由于人们将"现代化生活方式"片面理解为"更多地享受电气化、自动化提供的便利"，导致了日常生活越来越依赖于高能耗的动力技术系统，往往几百米的短程或几层楼的阶梯，都要靠机动车和电梯代步，过分地追求高档次、大排量豪华车辆等。一方面吃得越来越好、动得越来越少，肥胖发病率也随之升高；另一方面一些肥胖群体又嗜好在耗费电力的人工环境，如空调健身房、电动跑步机等进行瘦身消费，其环境代价是增排温室气体。

☞ 要全面加强以低碳饮食为主导的科学膳食平衡。低碳饮食，就是主要注重限制碳水化合物的消耗量，增加蛋白质和脂肪的摄入量。我国国民的日常饮食是以水稻、小麦等粮食作物为主的生产形式和"南米北面"的饮食结构。而低碳饮食可以控制人体血糖的剧烈变化，从而提高人体的抗氧化能力，抑制自由基的产生，长期还会有保持体形、强健体魄、预防疾病、减缓衰老等益处。随着人民群众认识水平的普遍提高，低碳饮食将会改变国人的饮食习惯和生活方式。

6.2.3 建筑设计的低碳化

6.2.3.1 低碳建筑设计的内涵

低碳建筑是指建筑在规划、设计和建造过程，尤其是在使用过程中，在满足室内热湿环境等使用要求的前提下，通过使用节能技术和产品，直接或间接减少能源的使用，提高能源使用效率，或使用清洁能源，从而降低 CO_2 排放。

低碳建筑设计就是把先进的建筑节能技术和节能产品等优化组合，调整建筑耗能比例结构，降低对矿物燃料的消耗量和依赖性，达到保护环境、节约能源和减排 CO_2 的目的，营造低能耗高舒适性的健康环境。

低碳设计主要考虑三点：① 节能，这是广义上的节水、节地、节能、节材，主要是强调减少各种资源的浪费；② 减排，强调的是减少建筑物排放的固体、液体、气体等环境污染物；③ 满足人们使用上的要求，为人们提供健康、舒适、高效的实用空间，提高环境的质量。

6.2.3.2 低碳建筑设计的理念

低碳建筑的理念既包括能源的优化，节约资源及材料，也包括使用天然材料和本地建材，减少在生产和运输过程中对能源造成的浪费。

（1）能源优化组合。包括引入天然气、轻烃或生物固体燃料。进行燃煤锅炉改造，减少碳排放，控制大气污染等新兴能源的利用也包括风能、太阳能等可再生能源的利用。

（2）节能。采用节能的建筑围护结构，采暖和空调尽量减少使用，按照自然通风的原理设置空调系统，使建筑能够有效地利用夏季自然风。最大限度地利用自然采光通风。如建筑的开窗形式，应尽量满足自然采光和通风的要求；同时，设计中要将可持续发展的理论穿插其中。例如，使用各种自动遮阳、双层幕墙、可调节建筑外立面的设计等。通过采用不同方法，既保持建筑物的现代化形象，又满足人们节能和舒适的要求。在建筑设计中，当地的气候条件及总体布局也是需要考虑的重要因素。

（3）节约资源。在选择建筑设计和建筑材料时，资源的合理使用和处置是首先要考虑的因素。优化建筑结构，减少资源的浪费，提高中水的利用率，争取使资源可再生利用。

（4）天然材料的采用。在材料的选择上，建筑内部一定不要使用对人体有害的建筑材料和装修材料，尽量采用天然材料。建筑中材料的选择要经过检验处理，确保对人体无害后才能使用。

（5）营造舒适和健康的环境。建筑内空气要时刻保持清新，温度、湿度合适，光线充足，让人们处于一种健康舒适的生活环境之中。

6.2.3.3　低碳建筑设计的措施

（1）新建建筑的设计。我国每年的新建建筑面积为 16 亿～20 亿 m^2，而其中 95%以上不是低碳建筑，庞大的建筑总量每天都在消耗惊人的能源，要减缓建筑耗能必须从建筑的设计环节开始就奉行低碳建筑理念。

（2）建筑物采光设计。采光设计是建筑设计首要考虑的方面，这是贯彻低碳理念的重要环节。拥有足够的采光，人们可以利用自然光减少电能的耗费。所以，在建筑设计时应因地制宜，最大限度地利用自然采光，合理选定建筑物的走向和设计门窗位置，力求增大采光面积，延长日光射入房间的时间。积极倡导利用现代科技成果，使用门窗自动系统和智能遮阳系统，有利于极大地降低室内照明耗用量。同时，应保证建筑物之间拥有适当的间距，且建筑物的外表面应尽量避免处于冬季主导方向的朝向。

（3）建筑物通风设计。自然通风可以加强室内外的空气流通，让室外新鲜空气更新室内空气，让人们可以呼吸到健康清新的空气。在夏天，自然通风可以加快人体散热，减少人体因闷热而产生的不适感。自然通风可降低建筑物表面的温度，达到降温的效果，减少对空调和电扇的依赖。经过精心设计的建筑空间有利于气流的顺畅流通，但建筑空间的结构是复杂的，不同的建筑结构会带来不同类型的自然风。一般地，通过设置门窗、天窗等与外界沟通的通道，可使空气以一定的脉动和风速进入室内，扩散并与室内空气混合后排出室外。根据门窗等通道的位置组合的不同，会形成穿堂风、侧进侧出的单侧风、侧进顶出的烟囱效应等不同形式的风。因此，必须在建筑设计阶段就要合理规划门、窗等自然风出入口的位置，以便实现最佳的自然通风效果。

（4）建筑物体形设计。设计合理的建筑物体形和平面形式，可以有效地促进空气流通，减少供暖或制冷所耗费的能源，有利于落实低碳建筑理念。不同地区、不同建筑层数的体形系数也有所不同，在设计建筑体形时应当充分考虑体形系数对低碳环保的影响。倡导建筑与室内一体化的设计理念，尽量选用耐久性强、高性能、低材耗的建筑体系，有利于减少施工所耗费的各项资源，降低施工所造成的环境污染。

（5）绿色建材的选择。建筑材料是建筑施工中产生能耗和污染的根源，现阶段很多常用的建材均会对环境产生严重的负面影响。如人造板材会挥发大量甲醛，加气混凝土会散发大量氡气，这些排放物不仅会污染环境，更重要的是会对人体健康产生不利影响。所以，在建筑设计中应多选用工业化成品，或者是可循环再利用的建材，避免使用内含能源高的材料，这是有效降低和控制建筑中 CO_2 排放量的重要途径。此外，在应用新材料的同时，还应兼顾材料的原生态性和地域性。例如，在黄土高原地区，可直接利用黄土、麦草、芦苇等当地原料加工成生土材料，既能降低施工成本，又能实现节能降耗的目标。在建筑室内装修上也可选用施工便捷、能耗小、具备调节室内微气候作用的绿色建材。例如，日本大多数零排放的建筑室内选用消石灰壁纸，有利于室内湿度的调节。

（6）建筑配套设计。在建筑配套设计中应使用雨水、污水分流系统，将雨水回收再利用，将污水区别于雨水进行处理。此种建筑设计适用于水资源紧缺的区域，可利用雨水回收系统，将其用于灌溉花草树木，有利于植物的生长，节省了自来水资源。科学设计屋顶水域流经路径，在建筑物周围的场地地表采取雨水渗透措施，增强雨水渗透能力，以达到减少热岛效应的目的。

（7）建筑保温设计。建筑保温设计是减少建筑能源消耗的有效途径之一，也是落实低碳理念的重要方面。其设计方案具体如下：

☞ 单一材料的建筑保温设计：此种设计方案所选用的保温材料所具备的保温性能较高，加之保温材料不用兼顾承重作用，所以其选用的范围较大。例如轻型空心砌块墙体或加气混凝土砌块墙体等，均适合用于非承重结构的保温墙体设计。

☞ 保温材料与承载材料相结合的保温设计：应选用强度满足承载要求、导热系数小、耐久性强的保温材料。例如在砌体结构墙体或钢筋混凝土墙体内侧先做水泥珍珠岩砂浆保温层，而后做厚度为 2 mm 的纸筋灰罩面的装饰层，该方案适用于外墙承担承重作用的墙体保温设计。

☞ 混合做法的保温设计：该种设计方案既能满足建筑物的保温性能要求，又能确保技术经济上的合理性。例如，在保温设计时不仅要有承载结构和封闭空气间层的外墙，还要有实体材料的保温层，这样会达到良好的保温效果。该方案适用于对热工要求高的建筑设计。

☞ 墙体传热异常部位的保温设计：为了避免建筑中过梁或钢筋混凝土梁等部位出现"冷桥"现象，从而对室内温度造成影响，应当对这些重要部位实施局部保温措施。

（8）建筑垃圾处理。在低碳理念下，应将建筑中所产生的垃圾视为资源进行合理再利用。例如，建筑中剩余的石块、碎砖、混凝土块可用于软土路基的加固施工；废钢筋、铸铁管、钢门窗等可在分门别类后送回钢铁厂进行再加工；废破玻璃可送回玻璃厂作为原材料等。

6.2.3.4　对现有建筑的改造

我国既有建筑中 95%以上为高耗能建筑，随着人民生活水平的提高、环境的恶化以及极端气候的不断出现，建筑需要更多额外的能量来维持舒适的室内环境，造成建筑用能、生活用能的不断攀升。与拆毁重建相比，节能改造工程量小，并且能有效地改善既有建筑的运行状态，是实现节能减排、促进建筑可持续发展最合理的处理方式。影响建筑能耗的因素很多，包括建筑朝向、小区规划布局、外墙的传热性、外窗的保温性、屋顶的传热性等。然而，像建筑朝向、小区规划布局这些因素的实际改造可能性低，我们主要从实际改造可能性高且对能耗影响较大的几个方面进行节能改造。

（1）窗体改造。在建筑围护结构中，门窗的绝热性最差，门窗的能耗占建筑围护部件总能耗的 40%～50%，是影响室内热环境和建筑节能的主要因素。窗体承担着隔绝与沟通室内外这两个相对的任务，因此，在节能改造中要同时增强窗体的保温和隔热性能，减少窗体能耗，改善室内热环境质量。采用双层玻璃或中空玻璃取代传统的单层玻璃，避免由于窗体直接暴露在室外而造成的热损失。在北方地区可采用 Low-E 玻璃，其表面涂有低辐射涂层，可让80%的可见光进入室内，又将 90%以上的室内物体所辐射的长波保留在室内。另外，改用传导热损失最小的塑性窗框或隔热铝型框，同时增强窗体的密闭性，可最大幅度减少热损失。对于夏热冬冷的地区来说，上述对窗体的改造可使冬天的室内温度上升，提高人体舒适度，但容易造成夏天室内温度过高，对此可安装活动布质或木质窗帘及铝百叶，也可以在室外窗体上面安装深色遮阳棚，可有效降低室内温度，减少制冷能耗。

（2）屋顶改造。建筑顶部受外界气候影响大，是建筑吸收热辐射的主要部分。对于平屋顶来说，这部分热辐射直接作用于建筑内部，严重影响室内环境。且旧屋顶普遍存在渗漏严重、保温隔热性能差等缺点。对此在完成防水层改造后，还可在屋顶铺设岩棉板保温层或者膨胀型泡沫聚苯板等高效保温隔热材料，以有效地阻隔屋顶内外的热传递。除铺设保温隔热层外，对于屋顶的改造还可以采取"平改坡"和"平改绿"。所谓"平改坡"就是在建筑原来的平屋顶上增设坡屋面,可达到改善住宅热工性能和外观形象。而"平改绿"就是屋顶绿化,不仅利用了闲置的屋顶资源、增加了绿化面积,还可减少建筑的热岛效应、吸收 CO_2,在夏季可使室内温度下降 $3^\circ C$,是天然的空调和空气净化器。

(3)外墙改造。我国建筑墙体一般采用空心砌块墙体、加气混凝土墙体等单一材料,导热系数大,导致外墙的保温性能不好。外墙保温隔热技术很多,例如薄抹灰聚苯板薄玻璃纤维网格布外墙保温技术、混凝土钢丝网架聚苯板外墙保温技术、粘贴聚苯板复合胶粉聚苯板颗粒技术等,以上技术已有多年的使用经验,效果显著(孙凤明等,2008)。对于可改动外墙的建筑来说,可使用块型聚苯乙烯板,用干挂板做外饰面,干挂板与保温层中间留一个空气层,既可保持聚苯乙烯板的干燥,又可以起到很好的装饰作用,还可以阻止太阳辐射直接作用于保温层上,有效提高了墙体保温隔热效果。而对于玻璃幕墙可更换双层幕墙等节能型玻璃幕墙,与窗体改造原理相同。而对于那些不宜改动外墙的建筑来说,可安装可收放、可简易拆除的遮阳工具,既不影响建筑外观,夏天又可达到隔热效果。

6.2.3.5　对北方地区城镇采暖系统的改造

北方采暖地区包括我国 15 个省、自治区和直辖市。按照热源系统形式的规模和能源种类可分为热电联产、区域燃煤或燃气锅炉、小区燃煤或燃气锅炉、热泵集中供热等集中采暖方式以及户式燃气炉、小煤炉、空调分散采暖和直接电加热等分散采暖方式。截至 2010 年年底,我国列入采暖地区的北方城镇民用建筑总面积为 98 亿 m^2,采暖总能耗为每年 1.63 亿 t 标煤,占全社会总能耗的 10%。2010年的单位面积采暖平均能耗折合标煤约为每年 16.6 kg/m^2,是同纬度欧洲建筑采暖能耗的 1~1.5 倍。据预测,至 2020 年,我国北方采暖地区城镇建筑总量可达110 亿 m^2,以现有单位面积年能耗来算,届时北方城镇采暖能耗需要 2 亿 t 标煤。因此,北方地区城镇采暖系统的低碳改造任务重,但潜力大,对实现全国建筑低碳化具有决定性意义。

(1)实现分户分室热量调节。现行的集中供热系统设计不合理,用户无法自主控制室内温度。一旦感觉过热,就只能打开门窗来调节室温,全部热量的 17%~33%因过热而浪费了。应在用户端安装能够自主通断调温的装置,实现分户分室调节,可将过热损失降低至 10%。但这样一来,每户实际的用热量都不同,按供暖面积计价收费的方式就不再适用,必须对集中供热收费制度进行相应的改革。

(2)改革集中供热收费制度。按供暖面积计价收费的方式存在不合理性,转而由以按用热量计价收费的方式取代。然而要实行这一收费制度,必须对单个用热单位安装供热计量装置,以获取供热数据。截至 2009 年年底,北方采暖地区安装供热计量装置的面积约为 4 亿 m²，其中 1.5 亿 m² 实现了供热计量收费。住房和城乡建设部在 2010 年北方采暖地区供热计量改革工作会议上指出，从 2010 年开始，北方采暖地区新竣工建筑及完成供热计量改造的既有居住建筑，全面取消以面积计价收费方式，全部实行按用热量计价收费方式。在这一收费制度下，用户自然会节约用热，避免不必要的浪费。

（3）降低采暖能耗。采暖能耗由建筑材料的保温性、建筑的密闭水平、管网的保温效果等多因素决定。所使用的供热主管网大多采用聚氨酯保温的直埋管方式，保温效果好，供热期间管网热损失一般不超过 2%。而早期修建的二次管网（从热力站或小区锅炉房引出的庭院管网）的保温状况却不尽理想，更有一些管网裸露在户外，热量损失严重。对于部分老旧建筑，采用围护结构，可通过外墙保温、外窗保温减少渗风所造成的热损失。

（4）推广低碳高效热源。我国是以火电为主的国家，而燃煤热电联产热源是各种集中供热热源中能源转换率最高的方式。我国北方地区的集中供热系统的热源有一半左右是由燃煤热电联产提供的。热电厂将高品位的热去发电，其余的热通过热力管网输送到热力站，通过一些交换设备，把低温的热水换成高温的热水，这些热水再通过管道进入老百姓的暖气片里，大大提高了能源利用率。另外，还可采用无污染的地热采暖（地源热泵采暖），它以浅层地热能为热源，并且在使用过程中几乎不产生污染。

6.2.4　交通体系的低碳化

6.2.4.1　低碳交通的内涵

低碳交通是一种以高能效、低能耗、低污染、低排放为特征，以应对气候变化、应对能源安全、面向可持续发展为基本要求，以政府监督、市场推动结合技术创新提升行业整体竞争力为根本途径的交通运输发展模式。

6.2.4.2　低碳交通的意义

实现低碳交通具有非常重要和广泛的意义，它是加快交通运输发展方式转变的必然要求，是积极推进现代交通运输业发展的重要体现，是对交通运输节能减排各项措施的有力推动，必须从国家发展战略和行业可持续发展的高度来理解这项工作的重要意义和迫切程度。同时，低碳交通也是实现节能减排、发展低碳经济的重要组成部分，是立足当前、着眼未来的重大战略选择，具有重大的现实意义和深远的历史意义。

6.2.4.3 交通体系低碳化

低碳交通的核心是通过不同手段尽可能降低交通出行中的温室气体排放。在城市交通范畴内，鉴于近年社会客货运排放增幅尤为突出，应以"控制私人交通出行规模"和"降低私人小汽车排放强度"为两大抓手，将低碳交通定位为"结构性低碳+技术性低碳+政策性低碳"的框架体系。三者协同互补，使各种政策和技术工具相互影响和优化，从而得到最佳的交通碳减排效果。

（1）结构性低碳。结构性低碳可使城市交通运输结构更加合理，交通基础设施网络体系更加完善，交通出行方式更加优化，交通能源消费结构更加合理。相关手段包括：

☞ 减少小汽车的数量：一般地，我们将通勤铁路、地铁、轻轨、有轨电车归为轨道交通，轨道交通与无轨电车、公共汽车等一起归为公共交通大类；私人小汽车、单位小汽车和摩托车归为个体机动大类；助动车、自行车和步行归为慢行交通大类。美国联邦公交协会 2010 年报告公布了全美各交通方式的 CO_2 排放量[单位：kg/（人·km）]，其中私人汽车为 0.27，公交车为 0.18，轨道交通为 0.062，轻轨为 0.10，通勤铁路为 0.093。从废气排放量来看，轨道交通碳氧化物、氮氧化物和硫氧化物的排放量分别是公共汽车的 3.75%、71.43%、52.63%。另外，公交车、自行车、私人小汽车人均占用的停车面积分别为 1.0 m^2、1.5 m^2、2.0 m^2，人均占用的行车面积分别为 1.9 m^2、4.8 m^2、24.2 m^2，以私人小汽车为主的城市交通占地需求是以公交车和自行车为主的交通方式的 16 倍以上。

由此可见，私人小汽车是能源消耗倍增、CO_2 排放量逐年扩大、交通拥堵普遍存在的最大原因。即使是在推动新能源汽车使用的情况下，如果不能减少小汽车保有量，就算单体汽车所实现的节能减排也将被整体的能耗和污染增加所抵消，交通拥堵也只会越来越严重。传统的解决方案中，通过新建大量的交通设施，以及通过改善现有的交通设施等手段来满足日益增长的城市交通需求量，这种方法治标不治本。因此，要从根本上解决上诉问题，就必须减少小汽车的数量。

☞ 大力发展公共交通：为了减少小汽车保有量，就必须有方便快捷的公共交通替代小汽车来满足人们日常的出行需要。英国城市经济学家巴顿也指出，高峰时的交通拥堵更多的是因为汽车的数量而不是上下班的人数。公共汽车的运能是小汽车的 10 倍以上，轨道交通的运能是公共汽车的 15 倍以上。因此，推行低碳交通另一项重要工作就是建立完善的公共交通体系。

优先发展城市轨道交通和 BRT。城市轨道交通包括地铁和轻轨,这两种交通方式具有运载能力强、速度快,使用电力作为动力能源,没有尾气排放,对环境污染少。其中,地铁建设于地下,减少了对地面空间的占用,有效缓解了路面交通压力;地铁的行驶路线不与其他运输系统重叠,避免了行车干扰,可节省大量通勤时间。快速公交一般拥有专用快速车道,车辆先进、承载力强,运行过程准时、舒适、安全。其公交站点一般设置在人口密集、容易到达的地方;车站拥有实时信息监控系统,随时提示乘客车辆距离该站点的距离和所需时间;一般采用直达线、大站快线、常规线、区间线和支线等线路方式,可根据实际需要灵活变通;进站时购票,多通道上下车,减少等候时间,加快上车速度,提高了整个 BRT 系统的运行效率。截至 2011 年,亚洲已有 23 个城市规划建设 BRT,我国杭州、广州、厦门、重庆等城市的 BRT 已投入使用,为当地人们的出行提供了更便捷的选择。

此外,还需实现交通的无缝衔接。例如地铁站对接公交车站、火车站、机场,快速公交站对接普通公交车站,城区公交车站对接郊区公交车站,提高换乘便捷性;建立城市公共自行车租赁系统,为公众解决最后 1 km 问题,提高公共交通的可达性。同时,改善公共交通服务水平,通过一小时免费换乘等优惠措施,提高公共交通的吸引力。

☞ 合理的交通规划与土地利用:合理的交通规划和土地利用,能够减少出行需要以及改变出行距离、耗时、交通方式的选择等。通过学习发达国家的城市和交通规划经验,并结合人口多、用地紧缺、交通不便的国情,我国也应实施 TOD 战略,采用集约型土地利用方式。所谓 TOD 战略就是以大容量的轨道交通、快速公交站点为中心,在其周围建立居住区和就业中心,使人们工作、学习、娱乐等日常生活出行能够便捷地使用到公共交通,减少交通出行需求和出行距离,从改变出行方式来实现交通运输业的节能减排。

有专家研究发现,通过调整出行方式,每减少 1 t 碳排放,最高费用不超过 70 美元,而通过技术更新,每减少 1 t 碳排放,需要 148 美元(侯兆收,2012)。例如香港实行严格的 TOD 战略,依托轨道交通形成 11 个新市镇,聚集了全港近 70% 的人口。香港的公共交通出行率占机动化出行率的 83% 以上,45% 的人口居住在离地铁站 500 m 的范围内,20% 的人口居住在离地铁站 200 m 的范围内,轨道交通线网密度达 0.3 kg/m^2。而我国城市交通用地仅占建筑用地的 15%,城市居民公交出行率仅为

15%~20%，有轨道交通的城市线网密度仅为 0.1 km/m²。如果采用 TOD 战略，使公共交通能够解决人们的日常出行需求，便能以最经济最有效的方式达到交通节能减排的目标。

（2）技术性低碳。技术性低碳即通过技术进步，使交通工具减少对碳的依赖。对城市交通而言，其重点在于增强车用节能减排技术的创新能力与推广水平。从节能减排角度分析，技术性低碳分为两条路径，即提高能效和使用替代能源。主要途径有：

☞ 加快研发低碳技术与新能源汽车：即使公共交通的覆盖范围扩大到整个城市或者交通规划和土地利用优化到最佳，公共交通仍然不可能完全替代私人交通。因此通过低碳技术的研发降低私人小汽车的能耗和碳排放量以及加快新能源汽车的应用，已成为私人交通继续发展的必然选择。对于低碳汽车，存在这么两个理解误区：① 认为小排量汽车就是低碳汽车；② 认为低碳汽车就是新能源汽车。实际上，排量并不能决定油耗，影响油耗和碳排放量的因素还包括发动机、变速器、车身重量等。比如一些采用直喷稀薄燃烧技术发动机的车型要比采用气道喷射发动机的车型更节能。而新能源汽车也只是低碳汽车的一种，并且由于新能源汽车技术还不成熟，部分新能源汽车从全生命周期来看并不低碳。因此，对于非新能源汽车来说，它的低碳化必须从车身轻量化、发动机、制动能耗回收和附属设备耗能等方面同时进行改造。

另一项汽车低碳化的措施就是发展新能源汽车。国际能源署（IEA）预测，全球交通运输在一次石油总消费量中所占的比例将从 2005 年的 47% 提高到 2030 年的 52%。如果能用清洁的新能源替代传统化石能源，将有效降低交通业的碳排放水平（侯兆收，2012）。我国新能源汽车的发展存在诸多困难：① 创新能力薄弱、核心技术受制于人，无法真正实现自主生产；② 技术水平不高，导致新能源汽车安全性、续航能力等无法获得消费者的信任；③ 生产成本高导致售价高，即使享有政府补贴，其价格仍然比普通动力汽车高，无法吸引消费者购买；④ 新能源汽车的辅助设施建设明显滞后，充电站和充气站无法满足新能源汽车日常行驶需求。针对以上问题，① 我国应明确新能源汽车发展的重点，根据 2012 年 4 月出台的《节能与新能源汽车产业发展规划（2012—2020 年）》的规定，我国新能源汽车的发展线路为混合动力汽车→纯电动汽车→燃料电池汽车，有的放矢才能真正有所突破；② 政府和企业要加大对新能源汽车技术的研发力度，在动力电池、驱动电机、控制系统、新型动力元件的生产工艺上进行重点攻克，这样才能从根本上减少对外资的依赖，同时降低生产成本；③ 要加快基础配套设施建设以及新能源汽车售后服务、汽车保险、消费信贷等方面的服务，这样才能解决消费者的后顾之忧，新能源汽车才能被市场所接受。

☞　加快智能运输系统建设：随着交通状况的不断恶化，仅仅加强基础设施建设以及通过行政手段强制控制车流量，只能是短期奏效。因此，各个国家开始借助智能交通系统（ITS）来改善交通状况。所谓智能交通运输系统，就是将计算机技术、信息技术、数据通信技术、传感器技术、自动控制技术、人工智能等先进技术综合运用于交通运输、服务控制和车辆制造，为道路使用者提高必要的信息和便捷的服务，加强了车辆、道路和使用者之间的联系，从而形成一种定时、准确、高效的新型综合运输系统。常见的产品有万通卡，可用于过路费、停车费、公共交通工具使用费等的计收；电子收费系统（ETC），大大加快了收费速度，避免了交通拥堵；实时交通信息系统可以通过调频广播、无线电波等方式，提供路况、交通事故、交通管制、停车泊位等信息。

ITS 已应用于公交系统，智能公交系统包括公交调度系统、地理信息系统、乘客自动计数系统、车辆制动定位系统、公交运营管理软件系统、自动收费系统等，能有效提高公共交通效率和公交服务水平，提升节能及减碳水平。据统计，ITS 技术的应用可以减少 10%的废弃排量、20%的交通延时和 30%的停车次数。美国机构相关研究表明，依靠交通信息化以及 ITS 可使整个路网的通行能力提高 20%～30%，车辆燃油消耗降低 25%～50%，同时，由于提高了公交车辆的实载率，可以降低 CO_2 排放强度（侯兆收，2012）。

我国 ITS 的开发和应用尚处于起步阶段，在交通信号控制系统、（高速）公路监控系统、电子收费系统、智能公交系统等方面有了初步成果。交通部 2013 年 8 月 18 日召开的"绿色循环低碳交通运输体系建设试点示范推进会"明确提出要制订实施交通运输绿色循环低碳科技专项行动工作方案，加大交通运输绿色循环低碳科技研发与推广，加快智能交通与信息化建设。今后我国的 ITS 发展还需在共性基础技术研究、城市交通监控和信号系统、智能运输系统产业化、高速公路紧急事件处理系统等方面进行进一步的研发。

（3）政策性低碳。政策性低碳即通过健全的政策法规保障低碳交通得以落实推广。政策性低碳的目的是限制个体机动交通、鼓励和推进以公共交通为导向的城市交通发展模式，并从交通政策引导、信息技术支撑、交通工具排放控制等多个方面共同减少碳排放。政府部门可以制定具有行政约束力的政策或标准，也可以通过出台激励或收费政策，运用市场机制引导社会向低碳交通转变，主要可以在市场准入和退出机制上下工夫。

☞　低碳交通宣传：现代人一味追求私人小汽车的快速、便捷、舒适，却忽略了城市中 60% 的一氧化碳、50% 的氮氧化合物、30% 的碳氢化合物和 80% 的铅污染都来源于以轿车为主的机动车尾气排放这一现实。人们没有意识到自己的交通行为对大气环境的影响，自然也就不会做出改正。然而，实现低碳交通需要我们每一个公民的共同努力，我们每一个人都是低碳交通的参与者和实践者。政府、社区、公益组织等应充分利用"无车日"、"环境保护日""绿色出行日""能源紧缺体验日"等契机，组织各种主题活动，将交通问题、交通引起的环境问题、低碳交通的含义、如何在日常生活中践行低碳交通等，通过各种媒介，以宣传片、公益广告、报刊等形式传播到社会各处，从而提高人们的低碳意识，自觉参与到低碳交通建设的队伍中来。

☞　完善各类政策机制：交通运输部先后颁布了《资源节约型环境友好型公路水路交通发展政策》《建设低碳交通运输体系指导意见》《建设低碳交通运输体系试点工作方案》《交通运输"十二五"规划》等政策与方案，初步明确了我国低碳交通建设的重点和目标，但尚未出台系统的低碳交通战略，也鲜有直接针对交通领域 CO_2 减排的政策，即狭义的低碳交通政策发展滞后（蔡博峰等，2010）。因此，交通部亟须对狭义的低碳交通进行政策引导。

而低碳交通政策的其中一项就是汽车能耗和碳排放标准。我国汽车能耗和排放水平与国外相比有较大差距，2010 年轻型汽车百公里油耗 7.8 L，《第三阶段乘用车燃料消耗量评价方法及指标》规定到 2015 年，全国乘用车百公里燃油消耗量为 7 L 左右；而日本 2009 年乘用车百公里耗油为 6.13 L，计划到 2020 年，该指标下降到 5 L 以下；而美国的汽车百公里燃油能耗标准则规定在 2016 年前降至 6.6 L。另外，我国轻型汽车百公里碳排放标准在 219～233 g；而欧盟的标准则规定，2015 年欧洲新车的 CO_2 排放量必须低于 130 g/km，2020 年前再下降至 95 g/km；日本的目标则是 2015 年达到 155 g/km，2020 年再下降至 115 g/km。我国的这一标准明显落后于欧美日等发达国家。因此，我国必须提高汽车标准，提高汽车市场准入，从源头对交通领域的能耗和碳排放量进行控制。最后，我国必须出台各种限制性和鼓励性政策。例如，对大排量汽车征收燃油税、排污税，而小排量汽车则采用减免政策；对不同排量的汽车征收差别化停车费；对购买新能源汽车和低碳汽车的消费者进行补贴和奖励等。通过政策引导来改变人们的出行方式和出行习惯，使用更加低碳、环保的交通工具，促进交通的低碳发展。

6.3　低碳能源技术开发路径

6.3.1　传统能源的清洁高效利用技术

煤炭作为最主要的一次能源，其清洁、高效利用受到世界各国的普遍重视。煤炭的氢碳原子比例一般小于 1∶1，石油氢碳比约为 2∶1，天然气的氢碳比为 4∶1，氢能是无碳。现代煤炭清洁转化实际上是指以煤气化为基础、以实现 CO_2 零排放为目标、将高碳能源转化为低碳能源的技术。

6.3.1.1　煤气化技术

煤气化技术是通过高温和部分氧化反应将大分子的煤转化为小分子的可燃气体的技术。煤气化技术的发展已有 150 多年的历史。在我国市场上工业化比较成熟的煤气化技术主要有：干煤粉加压气化（如 Shell、GSP、两段式）和水煤浆气化（如 GE、多喷嘴式）。这几种气化技术在我国都有工业化气化炉在运行或建设，其中 Shell、GE 和多喷嘴气化炉在国内运行和在建的台数都超过 20 台，在我国已有良好的产业基础。

6.3.1.2　煤液化技术

煤液化可分为直接液化和间接液化两大类。

煤直接液化技术是指煤在高温、高压、催化条件下与氢气反应直接转化成液体油品的技术。煤直接液化曾在"二战"时期的德国实现过工业化生产。第一次石油危机后，西方国家先后开发了多种煤直接液化工艺，最大工业试验规模为处理煤量 600 t/d。我国采用自主创新技术已经建成世界上首套 100 万 t/a 大型煤直接液化工业化装置。

煤间接液化技术是通过煤气化制合成气（CO+H_2），再通过费托合成生产液体油品的技术。煤间接液化在南非已有 50 多年的大规模生产历史，技术相对比较成熟。我国计划与南非合作在中国建立示范厂，同时，我国自主产权的煤间接液化技术也已经完成了万吨级的中试开发，正在进行大规模示范厂的建设。

6.3.1.3 煤制甲醇、DME、MTO 等技术

煤制甲醇在我国已成为重要的煤化工产业。我国已经备案的煤制甲醇总产能已达 3 400 多万 t，2007 年我国甲醇总产量约 1 078 万 t，其中煤制甲醇约占 70%。大规模（百万吨级）甲醇装置基本可全部实现国产化。

二甲醚（DME）可通过合成气合成（一步法）或通过甲醇脱水（二步法）获得，可完全采用自主技术和装备。一步合成二甲醚能耗低，是二甲醚生产的主要方向，但相对技术难度较大，国内已经完成 3 000 t/a 的中试。国内新建的 DME 项目大多采用二步法，由甲醇脱水而得，已建装置最大规模为 30 万 t/a，已投入运行。

煤制丙烯（MTP）和烯烃（MTO）是通过煤制甲醇、再经过甲醇脱水获得。此项技术国内外进展水平基本相当，已经完成万吨级中试。我国正在内蒙古和宁夏分别建设 MTO 60 万 t/a 和 MTP 50 万 t/a 的工业示范厂。

此外，通过煤制甲醇还可走以甲醇为中间体的煤基化学品深加工路线，如生产甲醛、醋酸等，国内外生产技术也比较成熟。

6.3.1.4 煤制合成天然气技术

煤制合成天然气实际上是 CO、CO_2 脱氧加氢生产 CH_4 的过程。在 20 世纪七八十年代，德国、南非、美国、丹麦曾建立过试验工厂，同期我国在低热值煤气甲烷化制取城市煤气方面也建立了几套小规模生产厂。世界上唯一运行的大规模煤制合成天然气商业化装置 1984 年在美国大平原合成燃料厂建成，已成功运转 30 多年，产量约 500 万 m^3/a（标态）。我国计划在内蒙古建设一套 40 亿 m^3/a（标态）和一套 16 亿 m^3/a（标态）的煤制合成天然气生产装置，已在开展前期工作。

6.3.1.5 煤制氢技术

煤制氢技术国内外都比较成熟，它是获得廉价氢源的重要途径。世界上最大的煤制氢装置 2007 年在我国建成，制氢能力达 600 t/d，主要为煤直接液化提供加氢气源。随着氢燃料电池、氢燃料及氢动力汽车的开发和大规模应用，氢能将会成为一种重要的清洁能源。

6.3.1.6 CO_2 捕获与储存（CCS）技术

CO_2 的捕获主要有 3 条技术路线，即燃烧前脱碳、燃烧后脱碳及富氧燃烧。燃烧前脱碳实际是通过煤气化制氢的途径，在燃烧前通过湿法脱碳将 CO_2 捕获，技术成熟，碳捕获成本相对较低。燃烧后脱碳由于烟气中 CO_2 浓度较低，如何将烟气中的 CO_2 廉价地富集和脱除，是一个比较大的难题，富氧燃烧实际上是想通

过提高氧化剂的浓度，获得富 CO_2 烟气，以降低 CO_2 捕获成本。

CO_2 封存是指将回收的 CO_2 注入地质结构中封存。用于封存 CO_2 的地质结构包括贫化油田、枯竭气田、地下盐水层、深煤层和海洋等。根据国际能源署（IEA）对地质封存 CO_2 容量的估计，全世界贫化油田的 CO_2 封存容量约 1 250 亿 t，枯竭气田的容量约为 8 000 亿 t，地下盐水层的容量可达 1×10^5 亿 t，深煤层容量约 1 480 亿 t，海洋容量更大。欧、美等发达国已经开展示范试验。我国也正与美国合作，就 CO_2 地质封存进行可行性研究，拟选择适宜的地区和地质条件开展 CO_2 封存试验。

6.3.2　低碳或零碳新能源技术

新能源是相对时间而言的一个相对概念，通过不断地研发，采用先进的新技术和新材料，形成新的技术系统而得到可持续开发利用的能源，如太阳能、风能、地热能、海洋能等，是新近出现或对已有能源技术的变革或正在发展的、对经济结构或能源行业发展产生重要影响的高技术。

低碳背景下的新能源技术既具有低碳技术的基本特征，又具有新兴技术的特征。低碳或零碳新能源技术是指在利用风能、生物质能、太阳能、潮汐能、地热能等能源过程中，CO_2 及其相关物排放很低或为零。

6.3.2.1　生物质能

生物质能是绿色植物通过叶绿素将太阳能转化为化学能而储存在生物质内部的能量。它潜力巨大，经济性好，有良好的社会效益和环境效益，是重要的可再生能源之一。我国正在发展的生物质能利用技术有：

（1）热化学转化技术。热化学转化技术是将固体生物质转化成可燃气体、焦油、木炭等品位高的能源产品。

（2）生物化学转化技术。生物化学转化技术主要指生物质在微生物的发酵作用下生成沼气、酒精等能源产品。沼气是有机物质在一定温度、酸碱度和厌氧条件下经各种微生物发酵及分解作用而产生的一种混合可燃气体。

（3）生物质压块细密成型技术。生物质压块细密成型技术是把粉碎烘干的生物质加入成型挤压机，在一定温度和压力下，形成较高密度的固体燃料，密度为 $1.2 \sim 1.3$ g/m^3，热值在 20 J/kg 左右。

美国学者已发现 30 多种富含油的野草，如乳草、蒲公英等。科学家还发现 300 多种灌木、400 多种花卉富含"石油"。我国科学家利用转基因技术，使油菜籽的生物柴油含量由 10% 提高到 40%，展现了开拓生物质能源全新领域的美好前景（刘博，2009）。

6.3.2.2 地热能

地热能开发包括地热发电技术和地热直接利用技术。用于发电的地热流体要求温度较高，一般要求在 150℃ 以上才比较经济，中低温地热流可利用闪蒸或双循环技术发电，地热发电属于高技术。

世界上已经有地热发电装机容量 9 000 MW，美国、菲律宾、墨西哥、印度尼西亚和意大利排名前 5 位，我国西藏羊八井地热电厂现有装机容量 24.18 MW，排名世界第 15 位，每年发电量约为 1.28×10^8 kW·h。地热直接利用要求的热水温度较低，150℃ 以下的地热水都可以加以利用，如采暖、制冷、干燥、洗浴、医疗、养殖以及温室等。扩大地热利用的主要障碍在于很长的项目开发时间以及勘探好钻探的风险和投入。部分国家政府提出分担热田评估和钻探阶段的投入风险，从一定意义上可缓解过高的融资风险（吴辉，2012）。

6.3.2.3 太阳能

太阳能是太阳内部或者表面的黑子连续不断的核聚变反应过程中产生的能量，对它的利用有光热转换和光电转换。

太阳能热发电技术。是利用太阳能发电的主要途径之一。它是利用聚光集热器把太阳能聚集起来，将一定的工质加热到较高的温度，然后通过常规的热动发电机发电或通过其他发电技术将其转化成电能。太阳能热发电技术已基本完成了实验室探索阶段，正处在逐步实现商业化的过程中。

槽式太阳能热动力发电。它不是通过半导体光伏发电，而是采用太阳能聚光。因为太阳能能量密度比较低，1 m² 不到 1 kW。如果想办法把光聚起来，可以产生高温，推动发动机发电，这种发电技术有可能将成本降低到 5 美分/（kW·h）。美国已经有 35 万 kW 的槽式太阳能电站在运行发电。槽式太阳能热动力发电技术比较成熟，运行温度较低，可靠性也比较好，在中国的西藏有很好的应用前景。

塔式太阳能热发电。高塔上有集热器，地面上全是发射器，用水做介质推动蒸汽轮机发电。全世界已先后建立了 20 余座塔式太阳能热发电示范电站。

碟式太阳能热发电。顶端是集热器，它是分布式的小型能源系统。它的发电成本在逐步下降，美国估计到 2015 年能够降低到 5 美分/（kW·h）以下，有足够的竞争力。

太阳能的另外一个利用是太阳能电池的研制，如单晶硅电池、多晶硅电池、硫化电池、化电池等。美国、德国、日本都将太阳能光电技术列为新能源首位，制造和发电成本已在特殊应用场合有一定的竞争能力，单晶硅太阳能电池转化效率已达到 15%～27%。

6.3.2.4　风能

　　风能的利用主要是以风能作动力和风力发电两种形式。以风能作动力，就是利用风来直接带动各种机械装置，如带动水泵提水等。其中又以风力发电为主，按照风力发电系统电能供给方式不同，可以分为离网型风力发电系统和并网型风力发电系统两种。随着国际上风电技术和装备水平的快速发展，风力发电已经成为技术最为成熟、最具规模化开发条件和商业化发展前景的新能源。

　　从技术成熟度和经济可行性来看，风能最具竞争力。风电产业关键技术日益成熟，单机容量 5 MW 陆上风电机组、半直驱式风电机组开始使用，直驱式风电机组已经广泛应用。国际上主流的风力发电机组已达到 2.5～3 MW，采用的是变桨变速的主流技术，欧洲已批量安装 3.6 MW 风力发电机组，美国已研制成功 7 MW 风力发电机组，而英国正在研制巨型风力发电机组。欧洲规模化海上风电及相关电网布局开始建设，并在知识型产品，如风况分析工具、机组设计工具和工程咨询服务等方面具有明显的国际竞争优势。

6.3.2.5　海洋能

　　海洋能是指潮汐、海浪以及洋流所产生的低碳能源。它通过各种物理或化学过程接收、储存和散发能量，海洋能源存在的形式是多种多样的，包括海浪、海流、潮汐、温差、盐差、海风等，但这些能源技术还处于发展的相对早期阶段。使用海洋能的方式分为：把与海浪相关的潜能和动能转化为电力；利用洋流和潮汐的动能发电；通过建立潮汐水坝电厂和使用成熟的水力涡轮发电技术把潮汐能转化为电力；从海面和大洋深处的海底之间存在的温差中提取能量（海洋热能转化）；使用盐分梯度（如在河流入海位置由于稀释产生的潜热）以及利用海洋生物质。英国研发出一种发电浮标，该浮标被置放于海面下 50 m 深处，以海浪为动力进行发电。世界上第一台商业应用的潮汐涡轮机也开始投入运营，并接入英国高压输电线网。

表 6-2　海洋能应用现状

分类	应用现状
波浪能	已经开发了几个 1 MW 以下的示范项目和少数大型项目。工业界的目标是开发出商业化技术
潮汐流和洋流	建于 1967 年的法国 La Rance 的潮汐能大坝，装机容量为 240 MW；建于 20 世纪 80 年代的加拿大 Annapolis Royal 的电厂，装机容量为 20 MW；还有一个俄罗斯装置

分类	应用现状
潮汐水坝（提高和降低潮汐）	已经开发出 3 个最大 300 kW 的示范项目和少数几个大型项目。爱尔兰 Strangford 湾的 SeaGen 电站，装机容量将有 300 MW
海洋热能转换	少量小于 1 MW 的示范工厂，但是海洋热能转换技术的商业化生存能力仍然存在不确定性
盐分梯度/渗透能	日本已有小型试验电站，美国做了较全面的研究，建立大型电站在技术上具有可行性，但低温差的转换效率必须提高。研发支持力度有待加强
海洋生物质	研究开发活动微不足道

6.3.3　温室气体控制与处理技术

6.3.3.1　改革传统的煤炭燃烧利用方式

（1）O_2/CO_2 循环燃烧技术。O_2/CO_2 循环燃烧技术是针对燃煤电厂特点所发展的 CO_2 减排技术。该技术采用纯氧或富氧燃烧可以改善燃烧速度，提高燃烧温度，从而提高热效率，既能直接获得高浓度 CO_2，又能综合控制燃煤污染排放，再应用比较成熟的 MEA（膜-电极-组装）法可以大幅度降低分离能耗。它是基于被广泛接受的煤粉燃烧技术而发展起来的，是新一代的煤粉燃烧技术，具有确定的价格和风险，容易得到工业界的支持（马倩倩等，2009）。

（2）化学链燃烧技术。以煤气化为核心的煤炭发电技术构成了新一代洁净煤技术主题。煤气化产物的利用方式包括燃气轮机燃烧以及燃料电池利用。除此之外，一种新的燃烧利用技术是化学链燃烧（CLC）技术。该技术具有非常高的能源利用效率，没有 NO_x 释放，而且在使用含碳气体燃料（CO、CH_4 等）时，燃烧产物仅包含 CO_2 和 H_2O，只需经过简单的冷凝就能得到高纯度的 CO_2，从而以较低的能源消耗实现 CO_2 的减排。因此，化学链燃烧技术是实现煤炭高效洁净利用的重要组成部分（郑瑛等，2006）。

6.3.3.2　封存 CO_2

EOR（物理化学法提高原油采收率）法是指将高压 CO_2 注入油田后与原油形成混合物，把原油推入生产油井，CO_2 作为伴气随原油一起采出地面后，经油气分离和与碳氢化合物分离，回收的 CO_2 经压缩、补充后再进入油田使用。在这种完全封闭的系统中，CO_2 不进入大气而是被存储于油田中，这样既可提高原油开采量，又可将 CO_2 驯化使用或使部分 CO_2 存储（固定）在油井中减少了向大气的排放量。

此外，将分离出来的 CO_2 注入深煤层，可置换出煤层气（CBM，主要成分为甲烷）。我国煤层气资源丰富，仅山西晋城矿区可开采量就达 728 亿 m^3，如能用 CO_2 换出煤层气并加以收集，既可减少大气中 CO_2 的浓度，又可为我国提供大量的优质能源，但由于技术原因，我国的煤层气资源未得到有效利用。

6.3.3.3　烟气中的捕获与储存即碳隔离

吸收分离法是利用吸收剂吸收混合气体中的 CO_2 而达到分离目的的方法。可以按照吸收原理不同分为化学吸收法和物理吸收法。

化学吸收法是利用 CO_2 的酸性特点，采用碱性溶液进行酸碱化学反应吸收，然后借助逆反应实现溶剂的再生。典型的吸收剂有单乙醇氨（MEA）、N-甲基二乙醇胺（MDEA）等，适合于中等或较低 CO_2 分压的烟气。采用氨水作为吸收剂脱除燃煤烟气中 CO_2 也是世界各国普遍采用的 CO_2 固定方法。产物是以碳酸氢铵（NH_4HCO_3）为主要成分的混合物，可以作为农作物肥料使用，也可将其中的 CO_2 再生提纯后进行储存（隔离）或转化为其他化学品（黄斌等，2008）。

物理吸收法可归纳为吸收分离、膜分离和低温蒸馏分离。

☞ 在加压下利用有机溶剂对 CO_2 进行吸收。所选吸收剂应对 CO_2 溶解度大、选择性好、沸点高、无腐蚀、无毒性、性能稳定。常用溶剂有环丁砜、聚乙二醇二甲醚、冷甲醇、N-甲基吡咯烷酮、碳酸丙烯酯以及甲醇等，此法较适合高 CO_2 分压的烟气（李庆钊，2007）。

☞ 固体吸附分离是基于气体与吸附剂表面上活性点之间的分子间引力实现的。CO_2 吸附剂一般为一些特殊的固体材料，如沸石、活性炭、分子筛等。吸附过程又分为变压吸附（PSA）和变温吸附（TSA）。PSA 法是基于固态吸附剂对原料中的 CO_2 有选择性吸附作用，高压时吸附量较大，降压后被解吸出来进行的。TSA 法则是通过改变吸附剂的温度来吸附和解吸 CO_2。两种方法综合起来使用就是 PTSA 法（易超等，2004）。

☞ 膜分离法是利用高分子膜分离气体，基于混合气体中 CO_2 气体与其他组分透过膜材料的速度不同而实现 CO_2 气体与其他组分的分离。主要有两种膜技术：气体分离膜技术和气体吸收膜技术。气体分离膜技术是基于气体在膜中溶解和扩散而实现的。分离过程的动力是在膜两侧上气体分压的差别。膜材料对膜中气体的渗透性以及表征一个二组分气体混合物分离程度的选择性，决定了膜的分离性能。膜分离技术已经用于从天然气中分离 CO_2，从 3 次采油（EOR 法）中回收 CO_2，从沼气中除去 CO_2 等（张卫风等，2006）。

➢ 低温分离法是利用 CO_2 在 304 K 和 7.39 MPa 压力下，或在-296 ~ 285 K 和 1.59 ~ 2.38 MPa 压力下液化的特性对混合气体进行多级压缩和冷却，使 CO_2 液化，从而达到分离的目的。此方法优点是 CO_2 分离效率和纯度都很高，但与其他工艺相比，低温分离法经济性较差、设备庞大、能耗高，且由于燃煤电厂烟气中颗粒物的存在会导致系统堵塞。一般很少用于电厂使用，只适用于油田开采现场，提高采油率（杨圣云等，2013）。

6.3.3.4 新技术

（1）离子液体。离子液体（低温熔融盐）曾一直作为溶剂用于气体分离，归因于液体离子间的库仑引力。离子液体由有机阳离子和多种阴离子有机组合而成，如 1-丁基-3-甲基咪唑或 1-丁基吡啶与 $PF_6^-/BF_4^-/NO_3^-/AlCl_4^-$，因而可以根据需要选择性地将某种有机阳离子和某种阴离子结合在一起，设计合成具有适合某种反应或分离特殊需求的离子液体。

（2）CO_2 光催化。光催化是利用半导体在光辐射下进行反应的过程。它包括以下几个步骤：半导体接受能量大于禁带宽度的光子，产生电子（e^-）和空穴（h^+）。激发态 e^-、h^+ 生存期仅几纳秒，在此短时间内便可促进氧化-还原反应。e^- 和 h^+ 在体相和表面相复合产生热能，这对光催化不利。扩散到表面的 e^- 和 h^+ 与吸附在表面上的分子或溶剂进行反应。

由于 CO_2 是碳的最高氧化态分子，十分稳定，是一种低"化学势"分子。使分子活化，历来是一个难题。若要将其转化为其他化合物，必须输入大量能量。若能量来自化石燃料，则又会放出 CO_2，得不偿失。利用半导体光催化技术，可在温和条件下将 CO_2 转化为附加价值较高的物质。这是一种创新工艺，是具有经济和环境潜力的 CO_2 减排方法。已经设计出了各种太阳能光催化反应器。

（3）太阳能转化 CO_2 为燃料。研究证实，在高温或强光下，CO_2 会离解成 CO 和 O_2。CO 可作燃料、化工原料和生产氢气。将太阳能通过反射镜聚焦在转化器上，能提供高能量密度。在高温和强辐射条件下，实现 CO_2 转化为 CO。

（4）其他相关 CO_2 控制技术。美国密歇根大学新开发一种可吸收发电厂或汽车尾气中大量 CO_2 的超级海绵状物质。该物质被称为金属—有机骨架（MOF）混合物，用于净化温室气体，比现有的方法更有效和廉价。MOF 能有效地捕集 CO_2，其能力远远超过其他多孔材料。捕集的 CO_2 稍微加热即可释放出来，用于各种反应的试剂。

美国康奈尔大学研究发现，利用可再生资源和 CO_2 可制取塑料。实验表明，液体 RO-环氧柠檬烷与 CO_2 可生成聚碳酸柠檬酯，其具有生物降解性。日本东北大学多元物质科学研究所和新日本制铁公司，首次开发成功以超临界 CO_2 作抽提分离溶剂的低温己内酰胺合成工艺。该工艺采用一种新开发的离子液体催化剂，可使反应在接近室温下进行，不副产硫氨，也不采用有机溶剂。离子液体通常在室温下是一种盐类，该新工艺采用的是一种 N-甲基咪唑钅翁盐离子液体替代硫酸作为催化剂，在生产过程中不产生任何副产品。

利用生物的光合作用吸收固定 CO_2 技术，由于不需要捕集分离 CO_2，从而降低了封存成本，安全性高，技术基本成熟，而且还可以在碳封存过程中获取具有经济价值的副产品，是碳封存技术领域最具有发展前景的技术之一。微藻吸收 CO_2 后通过光合作用，可有效转化成碳水化合物（糖类）、氢和氧。由于微藻具有光合速率高、繁殖快、环境适应性强、处理效率高以及易与其他工程技术集成等优点，有待开发应用于烟道气中 CO_2 脱除研究。

第7章
低碳能源开发

能源是人类生存和发展的重要物质基础，也是国际社会关注的焦点。能源的可持续发展是国民经济持续快速发展的战略基础。随着工业化的发展，能源需求不断增加，常规能源日益短缺，环境污染问题越加严重。面对严峻的形势，必须减少对常规能源的依赖，破解能源利用瓶颈，重视低碳能源的开发利用。加大低碳能源的开发利用，对于保障能源安全、促进经济社会发展具有重要的战略意义。我国低碳能源储量大、资源基础雄厚，具有发展优势。低碳能源主要包括水能、风能、太阳能、生物质能、海洋能、地热能、氢能等清洁能源。21世纪以来，我国低碳能源的开发和利用已经有了长足进步，从装备、技术到产业化都取得了快速发展，为今后大规模开发利用奠定了雄厚的基础。

7.1 水能开发

水能是清洁的可再生能源，具有技术成熟、成本低廉、运行灵活的特点，世界各国都把水电发展放在能源建设的优先位置。

7.1.1 利用现状

7.1.1.1 中国水电发展历程

1910年开工建设的中国第一座水电站——石龙坝水电站，开创了我国水电发展的历史。新中国成立后，我国水电开始新的发展，截至1978年年底，中国水电装机容量达到1 867万kW，年均发电量496亿kW·h，为后续发展奠定了基础。

改革开放后，我国水电进入了快速发展时期。水电技术全面加速赶超世界先进水平，水电设备制造实现了自主创新的跨越。随着科学技术的不断发展，大批自主研发的具有世界先进水平的新技术、新工艺、新材料等在水电建设中得到广泛应用，水电建设已经达到世界先进水平，一批具有"世界之最"的水电工程建成投产。截至1999年年底，中国水电装机容量达到7 739万kW，年均发电量 2 219 亿 kW·h。

进入 21 世纪，特别是电力体制改革制度的推动，调动了全社会参与水电开发建设的积极性，我国水电进入加速发展时期。2010 年，我国水电装机容量已经突破 2 亿 kW[①]。

中国不但是世界水电装机第一大国，也是世界上水电在建规模最大、发展速度最快的国家，并逐步成为世界水电创新的中心。

7.1.1.2 十三大水电基地

我国水力资源富集于金沙江、雅砻江、大渡河、澜沧江、乌江、长江上游、南盘江红水河、黄河上游、湘西、闽浙赣、东北、黄河北干流以及怒江等 13 大水电基地，其总装机容量约占全国技术可开发量的 50.9%。特别是地处西部的金沙江中下游干流总装机规模 5 858 万 kW，长江上游干流 3 320 万 kW，长江上游的支流雅砻江、大渡河以及黄河上游、澜沧江、怒江的装机规模均超过 2 000 万 kW，乌江、南盘江红水河的装机规模均超过 1 000 万 kW。这些河流水力资源集中，有利于实现流域、梯级、滚动开发，也有利于建成大型的水电基地和充分发挥水力资源的规模效益。

7.1.1.3 装机容量不断增加

2013 年我国水电装机最大的特点是高速增长，总装机达到 2.8 亿 kW[②]，是我国有史以来装机容量增长最快的一年。世界第三大、中国第二大水电站溪洛渡水电站投产，年投产装机容量达 924 万 kW；同时，具有世界最高拱坝的锦屏一级水电站蓄水发电、大坝封顶，首创了世界水坝高度超过 300 m 的新成绩。从 2009 年至 2013 年（图 7-1），水电装机容量从 1.97 亿 kW 增长至 2.8 亿 kW，年均增长 9%，水电装机容量不断增加，发展迅速。

7.1.2 发展潜力

我国水能资源十分丰富，总量居世界第一。我国大陆水力资源理论蕴藏量在 10 MW 及以上的河流共 3 886 条，水力资源理论蕴藏量年发电量为 60 829 亿 kW·h，技术可开发装机容量为 541 640 MW，其中经济可开发装机容量 401 795 MW，年发电量 17 534 亿 kW·h。我国水能资源理论蕴藏量、技术可开发量和经济可开发量均居世界第一，而我国水能资源开发利用程度远远低于发达国家，具有很大的开发潜力。

---

① 新华网：我国水电装机容量突破 2 亿千瓦，http://news.xinhuanet.com/2010-08/25/c_12484016.htm。
② 中国行业研究网：2013 年是我国水电装机容量增长最快年度，http://www.chinairn.com/news/20140213/101045804.html。

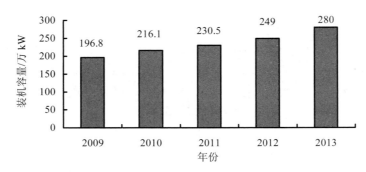

图 7-1　2009—2013 年中国水电装机容量

　　我国河流众多，径流丰沛，落差巨大，蕴藏着丰富的水能资源。我国水能资源的突出特点是河流的河道陡峻、落差巨大，发源于青藏高原的大河流有长江、黄河、雅鲁藏布江、澜沧江、怒江等，天然落差都高达 5 000 m 左右，形成了一系列世界上落差最大的河流，这是其他国家所没有的。中国可能的可开发水能资源分布见图 7-2。

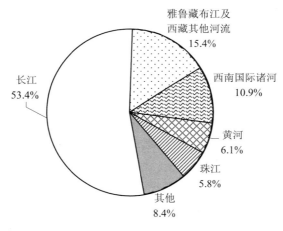

图 7-2　中国可能的可开发水能资源分布

7.1.3　发展重点

　　水电是供应安全、成本经济的可再生绿色能源，替代燃煤发电的安全性、经济性和灵活性都很高，需要放在优先开发的战略位置。加快开发利用丰富的水能资源是有效增加清洁能源供应、优化能源结构、保障能源安全、应对气候变化、实现可持续发展的重要措施。

7.1.3.1　重视水电开发的全面规划

我国水能资源具有西多东少的特点,与经济发展水平及用电需求量存在很大差距,因此,做好水电开发的全面规划,有利于合理利用丰富的水能资源,促进经济社会协调发展。一方面,根据河流河段的水能资源禀赋、环境容量及移民安置的难易程度等,开展我国水能资源开发利用的功能区划,明确不同功能区域的功能定位。另一方面,根据经济社会发展的要求,编制和修订水能资源开发利用规划,确定河流水能资源开发的目标、任务、总体布局、开发方案,促进水能资源的优化配置、合理开发、高效利用和有效保护。

7.1.3.2　大力实施科技创新

发展生态友好的水力发电,离不开科技创新的支撑。水电科技创新具有与特定工程结合紧密的特点,要在政府倡导下,充分发挥水电企业的优势和作用,鼓励进行具有前瞻性、储备性和实用性的科研攻关。坚持技术创新与工程应用相结合,开展关键技术的攻关,解决工程技术难题,研究复杂地形地质条件下的高坝关键技术、超大型地下洞室群的开挖与支护技术、环境保护与生态修复技术、流域梯级水电站群多目标联合运行与实时优化调度技术,提升技术水平。坚持技术创新与引进吸收相结合,增强机电设备制造能力,研制高效、大容量水电机组,研发适宜于我国水电开发建设的设备。

7.1.3.3　推动水电基地建设

① 着重推进大型水电基地建设。重点开发水能资源丰富、建设条件较好的金沙江下游、雅砻江、大渡河、澜沧江、黄河上游、雅鲁藏布江中游等水电基地;对中东部地区已建电站实施扩机增容和改造升级。② 不断推动小水电开发建设。加强中小流域综合治理,因地制宜、有序推进小水电开发,对老旧电站进行改造升级,有序优化新建电站,加快边远离网地区小水电的开发,提高贫困地区小水电开发利用水平。③ 加快抽水蓄能电站建设。按照"统一规划、合理布局"的原则,在全国范围内合理布局一批经济性优越的抽水蓄能电站,保障电网安全稳定运行,着重在新能源发电比例高的电力系统区域内,建设抽水蓄能电站,提高新能源电力利用效率。

7.1.3.4　妥善处理移民安置工作

做好移民安置工作:① 要进一步完善移民安置法规政策,建立健全水库移民法律法规体系。② 进一步完善移民管理体制。在明确政府主导的大方向的同时,要大力培育和引入其他有经验的社会组织参与移民安置过程的管理工作。③ 要进一步研究移民安置新途径,充分重视、切实做好移民安置规划工作,不断总结移民安置经验，研究和开拓新的移民安置途径。

7.1.3.5 高度重视水电工程质量

水能资源的开发关系到人民群众的生命财产安全，因此必须清醒地认识到工程质量安全的重要性，全方位提高设计、施工和建设管理水平。① 要加强水能资源开发的论证、勘测、设计等前期工作。② 扎实做好招标投标工作，选择综合实力强、经验丰富、管理科学的单位进行施工建设。在工程建设过程中，要加强检查管理，以严格的管理保证质量。③ 要加强技术研究，依靠技术升级提升工程质量。

7.2 风能开发

风能是地球表面大量空气流动所产生的动能，是一种可再生、无污染且储量巨大的能源。我国是世界上最早利用风能的国家之一，世界各国对风能的开发利用呈现出不断升温的势头，风能有望成为 21 世纪大规模开发的一种清洁能源。

7.2.1 利用现状

7.2.1.1 陆上风电建设规模不断增大

2013 年，中国（不包括台湾地区）陆上风电新增装机容量 16 088.7 MW，累计装机容量 91 412.89 MW。新增装机容量和累计装机容量均居世界第一。2009—2013 年陆上风电装机容量见图 7-3，在这五年内，年均新增装机容量发展不稳定，但累计装机容量始终保持较快的增长速度。

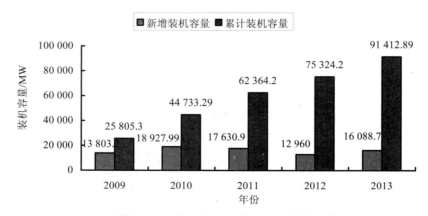

图 7-3　2009—2013 年陆上风电装机容量

7.2.1.2　海上风电建设逐步发展

中国海上风电建设逐步加快发展，2009—2013 年，中国已建成的海上风电项目共计 428.58 MW。2012 年，中国海上风电新增装机 46 台，容量达到 127 MW，其中潮间带装机容量为 113 MW，占海上风电新增装机总量的 89%。2013 年，中国海上风电进展缓慢，仅有东汽、远景和联合动力 3 家企业在潮间带项目上有装机，新增容量 39 MW，同比降低 69%。总的来说，我国海上风电还处在发展初期，技术、管理、政策等方面还不成熟。

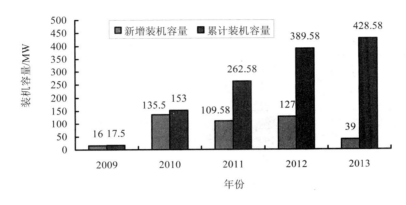

图 7-4　2009—2013 年海上风电装机容量

7.2.1.3　国内风电设备制造能力不断增强

我国风电设备经过 20 多年的发展，从开始学习外国风力发电设备制造技术，到引进技术实现本地化风电机组制造，再到如今的风电设备产业化，已经取得了一定的成果。我国已基本掌握了大型风电机组的制造技术，全国已经生产或准备进入大型风电机组制造的整机生产企业有很多，初步形成了大连华锐、东方电气、金风科技等风电机组制造龙头企业。与此同时，国内已有一批企业进入了风电机组零部件的配套生产，现已可批量生产发电机、齿轮箱、叶片、塔架、控制系统、变桨和偏航轴承等零部件，初步形成了风电设备制造和配套零部件专业化产业链。

7.2.1.4　风电技术取得发展

我国在大型风电机组整机及关键零部件设计、叶片翼型设计等风电关键科学技术领域获得了一批拥有自主知识产权的成果，在风力发电方面，风电机组主要采用变桨、变速技术，并结合国情开发了低温、抗风沙、抗盐雾等技术。在海上风电开发领域，我国自主研究开发了一系列海上风电场设计、施工技术，研制了一批海上风电专用施工机械装备，其中，3 MW 海上双馈式风电机组已经开始应用。

7.2.2 发展潜力

我国位于亚欧大陆的东部,濒临太平洋,强烈的海陆差异,在我国形成世界上最大的季风区,加上辽阔的国土面积、复杂的地形,从而形成我国丰富的风能资源。根据全国 900 多个气象站将陆地上离地 10 m 高度资料进行估算,全国平均风功率密度为 100 W/m^2,风能资源总储量约 32.26 亿 kW,可开发和利用的陆地上风能储量有 2.53 亿 kW,近海可开发和利用的风能储量有 7.5 亿 kW,共计约 10 亿 kW。

表 7-1 中国风能资源较丰富省区（10 m）

省区	风能资源/万 kW	省区	风能资源/万 kW
内蒙古	6 178	山东	394
新疆	3 433	江西	293
黑龙江	1 723	江苏	238
甘肃	1 143	广东	195
吉林	638	浙江	164
河北	612	福建	137
辽宁	606	海南	64

7.2.3 发展重点

7.2.3.1 优化风电开发布局

结合市场需求、电网格局、风力资源条件等,有序推进华北、东北、西北及沿海地区大型风电基地建设,形成多个数万千瓦的风电集中开发区域,加快风能资源的分散开发利用。同时,加快内陆资源丰富区风电开发,加强资源较丰富、电网接入条件好的山西、辽宁、宁夏、云南等地区风能资源评价和开发建设,鼓励因地制宜建设中小型风电项目,就近接入电网,立足本地消纳,使本地区风能资源尽快得到有效利用。

7.2.3.2 积极推进海上风电开发

发挥沿海风能资源丰富、电力市场广阔的优势,积极稳妥地推进海上风电发展,促进海上风电技术和装备进步,促进海上风电规模化发展。

加快开展海上风能资源评价、地质勘察、建设施工等准备工作,积极协调海上风电建设与海域使用、海洋环保、港口交通需要等关系,统筹规划,重点在沿海省份因地制宜建设海上风电项目。

加快海上风电场工程建设。与陆地风电场建设工程相比，海上风电场建设工程的施工周期长，技术难度大，建设成本高，存在风险大。海上风电机组的支撑结构及地基基础具有高耸结构、动力设备结构和海洋工程结构 3 种工程特性，当三者耦合在一起的时候，采用常规的基于极限强度和变形控制的理论不能保证结构的安全，必须提出新的设计原则（贺德馨，2011）。由于海上风电场远离陆地，因此，风电场运行和维护工作显得十分重要。一般采用远程数据采集系统对海上风电场运行进行实时状态检测与故障诊断，并在此基础上提出维护策略，以保证风电场运行的可靠性，并提高经济效益。

7.2.3.3 推进多元化的风能应用模式

风能利用的主要模式是规模化风电场并入电网运行。结合我国的国情，风能利用的模式应该是多元化的，除了集中并网利用模式外，还要发展互补式和分布式风能利用模式。

风能与其他能源组成互补系统是改善风电对电网影响和扩大风能应用的一种技术途径。风电/光伏发电互补系统、风电/柴油发电互补系统技术已成熟。今后，应积极探索风电/水电互补系统、风电/燃气轮机发电互补系统和风能/海洋能发电互补系统等（贺德馨，2011）。

根据我国风能资源分布和电网架构的情况，在一些地区可以发展分布式电源系统和微网系统。发展由大中型风电机组以及与其他能源组成的互补系统与相应规模的蓄电装置组成的分布式电站。

7.2.3.4 加速专业人才培养

风力发电是一项综合性很强的高新技术，涉及众多学科领域。我国风电人才严重短缺，特别急需具有创新能力的复合型技术人才、总体设计人才和高级管理人才。在有一定基础的高等院校，可设置风电专业，加强学科建设，培养优秀专业人才。支持科研院所积极参与工程项目，开展风能研究与开发工作，培育一批专业技术过硬、自主创新能力强的科研团队。鼓励国内科学家参与国际研究计划，加强国际交流和合作，拓展视野。另外，对现有从事风电专业技术人员和设备加工、运行、维护人员进行知识更新培训，鼓励企业与高等院校、科研单位共同建设人才培训基地。

7.2.3.5 促进风能技术升级

随着对风能开发利用的不断加深，对技术的要求也不断提高，我国具有自主知识产权的技术还很少。围绕提升我国风电设备的自主设计能力和风电场设计施工能力，应重点关注风电机组整机和关键零部件设计及制造、风电场开发、海上风电场建设施工等主要领域，集中研究大容量风电机组整机关键技术、风电机组零部件关键技术、风力机翼型族设计关键技术、风电场关键技术、风电并网关键技术、中小型风电机组关键技术、风电应用技术等。

7.3　太阳能开发

太阳能是太阳内部连续不断的核聚变而产生的能，来自太阳的辐射能量，是清洁的可再生能源，开发利用前景广阔。

7.3.1　利用现状

太阳能的利用主要包括太阳能热利用和太阳能发电两个方面。

7.3.1.1　太阳能热利用

太阳能热利用即光热效应利用，把太阳光的辐射能转换为热能，主要方式包括太阳能热水器、太阳房、太阳灶、太阳能制冷与空调等。我国太阳能热能利用发展较为成熟，已形成较完整的产业体系，太阳能光热产业的核心技术遥遥领先于世界水平，其自主知识产权率达到了 95% 以上（王峥等，2010）。太阳能热利用已经商业化，取得了良好的经济效益、社会效益和环境效益。

7.3.1.2　太阳能发电

（1）太阳能光伏发电。太阳能光伏发电是利用光伏效应，将太阳光的辐射能直接转变为电能。20 世纪 90 年代以来，我国太阳能光伏发电保持快速发展，光伏组件生产能力不断增强，已形成以晶硅太阳能电池为主的产业集群，生产设备部分实现国产化。在太阳能发电技术方面，已掌握 10 MW 级并网光伏发电系统设计集成技术，研制成功 500 kW 级光伏并网逆变器、光伏自动跟踪装置、数据采集与进程监控系统等关键设备[1]。由于受到国际国内环境的影响，我国光伏发电产业受到一定影响。但是，在政府政策的支持驱动下，我国光伏发电取得了有效发展。截至 2013 年年底，全国累计并网运行光伏发电装机容量 1 942 万 kW，其中光伏电站 1 632 万 kW，分布式光伏 310 万 kW，全年累计发电量 90 亿 kW·h[2]。

（2）太阳能热发电。太阳能热发电主要是把太阳的能量聚集在一起，加热来驱动汽轮机发电。国家 863 计划"太阳能热发电技术及系统示范"重点项目历时 6 年于 2012 年 11 月成功完成，标志着我国第一座 MW 级塔式太阳能热发电实验电站顺利诞生。项目的成功实施使我国掌握了具有完全自主知识产权的太阳能塔

---

① 国家能源局：国家能源科技"十二五"规划（2011—2015），2011。
② 国家能源局：2013 年光伏发电统计数据，http://www.nea.gov.cn/2014-04/28/c_133296165.htm。

式热发电技术，使我国太阳能热发电技术步入世界先进行列。另外，太阳能热发电技术在槽式热发电和太阳能低温循环发电等方面也取得了重要成果。

7.3.2　发展潜力

太阳能是未来人类最合适、最安全、最绿色、最理想的替代能源。一旦太阳能在全世界范围内得到广泛利用，就能降低因使用化石能源所造成的环境污染，大大地改善环境。科学家预言：未来大规模的太阳能开发利用，有可能开辟新能源领域，从而将人类带出传统的燃火时代。随着时代的发展，人类的探索将使太阳能更完美地展示给世界。

我国幅员辽阔，有着十分丰富的太阳能资源，适宜太阳能发电的国土面积很大。按接收太阳能辐射量的大小，全国大致上可分为五类地区，见表 7-2。一类、二类、三类地区的年日照时数大于 2 000 h，辐射总量高于 5 852 MJ/（m²·a），是我国太阳能资源丰富或较丰富的地区，约占全国总面积的 2/3 以上，具有利用太阳能的良好条件。四类、五类地区，虽然太阳能资源条件较差，但仍有一定的利用价值。

表 7-2　我国太阳能资源五类地区分布

地区分布	日照时数/h	年辐射总量/[MJ/（m²·a）]	包括的主要地区	资源丰富程度
一类	3 200～3 300	6 680～8 400	宁夏北部、甘肃北部、新疆南部、青海西部、西藏西部	最丰富
二类	3 000～3 200	5 852～6 680	河北西北部、山西北部、内蒙古南部、宁夏南部、甘肃中部、青海东部、西藏东南部、新疆南部	较丰富
三类	2 200～3 000	5 016～5 852	山东、河南、河北东南部、山西南部、新疆北部、吉林、辽宁、云南、陕西北部、甘肃东南部、广东南部	较丰富
四类	1 400～2 000	4 180～5 016	湖南、广西、江西、浙江、湖北、福建北部、广东北部、陕西南部、安徽南部	中等
五类	1 000～1 400	3 344～4 180	四川大部分地区、贵州	较差

7.3.3 发展重点

7.3.3.1 太阳能发电

（1）推进太阳能电站建设。按照就近上网、当地消纳、积极稳妥、有序发展的原则，在太阳能资源丰富、具有荒漠化等闲置土地资源的地区，建设一批大型太阳能电站。结合全国各地区资源优势、用电需求等，合理布置规划太阳能电站建设。重点推进柴达木盆地的太阳能电站建设，鼓励青海等太阳能资源丰富的省区开展各种太阳能发电技术的试验示范。重点推动新疆的南疆和东疆地区太阳能电站建设，提高当地优势资源转化利用能力。重点推进河西走廊太阳能电站建设，增加甘肃省电力供应。

（2）分布式光伏发电。积极推广与建筑结合的分布式并网光伏发电系统，鼓励在有条件的城镇公共设施、商业建筑及产业园区的建筑、工业厂房屋顶等安装并网光伏发电系统，支持在大型工业企业的内部电网中接入光伏发电系统。发挥北极星电力分布式光伏发电可直接为终端用户供电的优势，推动光伏发电在经济性相对较好的领域优先得到发展。发挥用户侧光伏发电与当地用电价格较接近、电量可就地消纳的优势，加快推广用户侧分布式并网光伏发电系统。

（3）逐步发展新能源微电网系统。在太阳能、风能、水能、生物质能等可再生能源丰富和具备多元化利用条件的地区，建设多能互补的新能源微电网系统，建立充分利用低碳能源发电的新型供电模式，促进实现节能减排。在我国偏远地区、人口聚居的离岸海岛地区，开展新能源微电网示范工程建设，保障这类地区的用电需求。

7.3.3.2 太阳能热利用

（1）加大政策扶持力度。太阳能热利用对节能减排、环保的作用尤其显著，应作为国家能源发展战略的重要部分，从多方面、多渠道加大政策支持力度。从金融、财政、税收等方面给予该领域企业优惠扶植政策，鼓励新技术、新产品研发；通过示范工程在欠发达地区推广使用太阳能热利用产品，建立太阳能热水器、太阳灶、太阳房等热利用装置的示范区。

（2）推进太阳能热利用在工农业生产领域的应用。太阳能热利用在工农业生产中有广泛的应用需求，能够有效降低工农业生产中的能源消耗，尤其是太阳能热水的应用具有重要的意义。医药、食品、印染造纸等行业中需大量使用中低温热水，该行业企业可以安装太阳能热水系统，能够促进资源节约，降低生产成本。

（3）推动太阳能热利用与建筑的结合发展。随着城市建筑高度和密度的增加，太阳能与建筑的结合显得越来越重要。推动太阳能热利用与建筑的结合发展，主要是加强太阳能热水、太阳能热空气与建筑的结合。太阳能热利用产品与建筑构件结合成一个有机整体，可以达到节约建筑设计和热利用系统建造成本的目的，同时可实现建筑的功能化、太阳能热利用的集约化。

7.3.3.3　提高技术创新能力

（1）制定太阳能技术发展规划。技术创新能力是发展太阳能的重要保障之一，不断提高技术创新能力，才能促进我国太阳能快速持续发展。应从能源战略高度出发，制定太阳能技术发展规划，明确我国太阳能技术发展现状，发现发展过程中存在的问题，明确太阳能技术未来发展方向、发展路径等。

（2）建立多层次技术创新体系。建立以市场为导向、企业为主体、产学研结合的多层次技术创新体系。整合相关科研院所的技术力量，建立国家级太阳能发展实验室，开展太阳能领域发展研究。积极支持行业龙头企业建设国家级工程技术中心，依托技术创新能力较强的企业，开展太阳能技术研发。加强太阳能光伏发电、光热发电设备及产品检测认证能力建设，形成先进水平的新产品测试和试验研究基地。

（3）加强国际交流与合作。加强与国际太阳能行业的交流合作，支持国内创新能力强的科研院所与国际知名科研院所合作，实现资源共享，联合设立太阳能技术研发中心，重点开展太阳能高端、高难度技术领域的联合研发，促进我国太阳能技术的整体进步。

7.4　生物质能开发

生物质能是指直接或间接地通过绿色植物的光合作用，把太阳能转化为化学能后固定和储藏在生物体内的能量。生物质能作为可再生能源，种类多分布广，可保证能源的永续利用。

7.4.1　利用现状

7.4.1.1　技术发展现状

我国在生物质能转化技术方面有很多研究，取得了明显的进步。但是与发达国家相比，还存在一定的差距。我国生物质能利用技术主要表现在以下几个方面：

（1）沼气技术。我国沼气的使用有较长的历史，沼气技术现已比较成熟，进入商业化的应用阶段。在政府政策的支持下，我国沼气应用保持良好的发展势头。

（2）生物质固化技术。我国于 20 世纪 80 年代开始生物质固化成型燃料方面的研究开发，21 世纪以来生物质固化成型燃料技术得到明显发展，生产和应用已初步形成了一定的规模，正大力推广生物质颗粒燃烧技术。

（3）生物质气化技术。我国生物质气化技术有了较大发展，主要突破了农村家庭供气和气化发电，生物质气化发电技术已经达到国际先进水平。全国已经建成 200 多个农村气化站，谷壳气化发电 100 多套，气化利用技术的影响不断扩大。

（4）生物乙醇技术。我国在 20 世纪 50 年代，就开始了利用纤维素废弃物制取乙醇燃料技术的探索与研究，以木薯等非粮作物为原料的燃料乙醇技术正在逐步应用。我国生物质液化也有一定的研究，主要集中在高压液化和热解液化方面，但技术比较落后。

（5）生物柴油技术。国内已成功利用菜籽油、大豆油、米糠油、光皮树油、工业猪油、牛油及野生植物小桐籽油等作为原料，经过甲醇预酯化后再酯化，生产的生物柴油不仅可作为代用燃料直接使用，而且可以作为柴油清洁燃烧的添加剂。

7.4.1.2　生物质能发电发展现状

据前瞻产业研究院分析，2006—2012 年，我国生物质发电装机容量逐年增加，由 2006 年的 140 万 kW 增加至 2012 年的 800 万 kW，年均复合增长率达 33.71%，表明我国生物质发电行业发展较快[①]。但是，生物质发电在我国电力生产结构中占比极小，在我国新能源发电结构中占比仅为 1/10 左右。从装机容量来看，2012 年全国新增核准装机容量 1 156 MW，截至 2012 年年底，全国累计核准容量达到 8 781 MW，其中并网容量 5 819 MW，在建容量 2 962 MW，并网容量占核准容量的 66%。

7.4.2　发展潜力

生物质能一直是人类赖以生存的重要能源，它是仅次于煤炭、石油和天然气而居于世界能源消费总量第四位的能源，在整个能源系统中占有重要地位。生物质能作为唯一可存储的可再生能源，具有分布广、储量大、利用方式多样、综合效益显著的特点。加强对生物质能源的开发利用，是发展循环经济的重要内容，有助于节能减排，是实现低碳经济的重要途径之一。

我国拥有丰富的生物质能/资源，在可收集的条件下，可利用的生物质能/资源主要是传统生物质，包括农作物秸秆及农产品加工剩余物、林木采伐及森林抚育剩余物、木材加工剩余物、畜禽养殖剩余物、城市生活垃圾和生活污水、

---

① 中国电力网：BBS 2014 独家观察：生物质发电崛起之路，http://www.chinapower.com.cn/article/1257/art1257850.asp。

工业有机废弃物和高浓度有机废水等。农作物秸秆及农产品加工剩余物主要分布在华北平原、长江中下游平原、东北平原等 13 个粮食主产区，可收集资源量每年约 6.9 亿 t。林业剩余物主要有薪炭林、林业"三剩物"、林业加工剩余物等，每年约 3.5 亿 t；同时，适合人工种植的能源作物有 30 多种，资源潜力很大。生活垃圾与有机废弃物主要包括城市生活有机垃圾、厨余垃圾、污水处理厂污泥、工业有机废水及畜禽养殖场粪便资源，均具有较大的资源利用潜力。

我国出台了众多有关新能源及生物质能发展的政策法规，为生物质能的开发利用迎来了前所未有的历史机遇，这将全面促进生物质能产业的发展。生物质发电已成为国家重点鼓励和支持的产业。在《可再生能源中长期发展规划》中提出，到 2020 年，我国生物质发电的装机容量要达到 30 000 MW。随着生物质能开发利用产业的发展，技术水平将不断提高，产业领域进一步拓展。在从事生物质能产业的企业中，不再仅仅是中小企业，一些大企业及跨国公司也积极参与进来，生物质能产业呈快速发展趋势。

7.4.3 发展重点

7.4.3.1 优化生物质能发展布局

统筹各类生物质资源，按照因地制宜、综合利用、清洁高效、经济实用的原则，结合资源综合利用和生态环境建设，合理选择利用方式，推动各类生物质能的市场化和规模化利用，加快生物质能产业体系建设。

（1）生物质发电。在粮棉主产区，优化布置生物质发电项目，有序发展秸秆直燃发电，提高发电效率；在重点林区，有序发展林业生物质直燃发电，建设林醇电综合利用工程；合理发展垃圾发电，加快工业有机废水治理和城市生活污水处理沼气发电。

（2）生物质燃气利用。充分利用农村秸秆、生活垃圾、林业剩余物及畜禽养殖废弃物，在适宜地区继续发展户用沼气，积极推动小型沼气工程、大中型沼气工程和生物质气化供气工程建设。

（3）生物质成型燃料利用。鼓励因地制宜建设生物质成型燃料生产基地，在城市推广生物质成型燃料集中供热，在农村推广将生物质成型燃料作为清洁炊事燃料和采暖燃料应用。

（4）生物质液体燃料利用。合理开发盐碱地、荒草地、山坡地等边际性土地，建设非粮生物质资源供应基地，稳步发展生物液体燃料。

7.4.3.2 推动生物质能技术创新发展

发展生物质能，必须加大科技投入，加强生物质技术研发，增强自主创新能力。探索科技贷款贴息、知识产权质押等多种融资方式，加大科技创新投入力度。建立由政府、企业、科研院所共同合作的科技创新联盟，选择有代表性的基础技术、应用技术、关键技术和前沿技术进行跟踪与研究，破解核心技术瓶颈。支持企业技术创新，强化科技创新支持政策，鼓励企业开展技术、设备、工艺以及系统集成的科技创新，并参与示范性项目的建设。积极引进、消化、吸收国外先进技术，坚持消化和创新相结合的发展模式，力争在一些关键性技术上取得突破，增强自主创新能力，努力实现技术和设备的国产化，提高国际竞争水平。

7.4.3.3 提高成套装备制造水平

重视成套装备研发制造，不断提高生物质能产业水平。重点研制非粮料的储运和加工转化、农业剩余物制备生物质燃气及综合利用等成套设备。开发新型高效低能耗生物质固体成型设备，研发适宜生物质固体成型燃料特性的高效抗结渣燃烧装置。支持高效生物质成型燃料加工设备和生物质气化设备研发和产业化，不断改进质量，提高设备效率。

7.4.3.4 完善产业服务体系

在市场作用下，围绕生物质能产业链发展上下游和相关配套产业，整合资源，建立完善的产业服务体系。加快生物质原料作物的种植，开发应用价值高的新品种。完善生物质能产业原料运输流通体系，解决生物质能原料分布广、运输困难的问题，提高运输效率，降低运输成本。完善生物质能产品和技术标准体系建设，建立规范的市场准入制度。

7.5 海洋能开发

海洋能是海洋所具有的能量，主要是以动能、位能、热能、物理化学能的形态，通过海水自身所呈现的可再生能源。海洋能随时空变化，总蕴藏量巨大。

7.5.1 利用现状

7.5.1.1 海洋能利用现状

海洋能是蕴藏于海水中的各种可再生能源的总称，包括潮汐能、潮流能、波浪能、温差能、盐差能等，是清洁环保的可再生能源，海洋能的主要利用形式是发电。

（1）潮汐能利用。中国的潮汐电站建设开始于 20 世纪 50 年代中期，至 80 年代初共建设有 76 个潮汐电站。我国现有 8 座潮汐电站在运行，总装机容量为 3 900 kW，规模居世界第四位。

（2）潮流能利用。我国潮流能研究始于 20 世纪 70 年代末，首先在舟山进行现场实体原理性试验。2002 年，建造了我国第一座 70 kW 的潮流实验电站；2005 年国家"863"科技计划的 40 kW 潮流能发电实验电站在舟山建成并发电成功；2005 年，东北师范大学研制成功放置于海底的低流速潮流发电机；2006 年，由浙江大学研制的 5 kW、叶轮半径为 1 m 的"水下风车"在舟山发电成功。

（3）波浪能利用。中国波浪能发电研究始于 1978 年，取得了一定的发展。主要有分布在广州珠江口大万山岛岸基式电站，小麦岛摆式波浪发电装置的电站，广州汕尾岸式波浪实验电站，青岛大管岛摆式波浪实验电站。

（4）温差能利用。20 世纪 80 年代，我国开始在青岛、天津、广州进行温差能发电研究。1986 年完成开式温差能转换试验模拟装置，1989 年又完成了雾滴提升循环试验研究。温差能发电仍处于研究阶段。

（5）盐差能利用。1989 年，广州能源所建造了两座容量分别为 10 W 和 60 W 的实验台。这项研究仍处在基础理论研究阶段，尚未开展能量转换技术的试验。

7.5.1.2　海洋能开发技术现状

我国海洋能的开发技术已有一定的基础，但技术积累明显不足。潮汐能发电技术相对成熟，达到国际先进水平。已有多个部门正在对潮流能开发利用进行关键技术研究，并取得了一定的突破。波浪能研究已进入示范试验阶段，并取得了一系列发明专利和成果。温差能技术完成了实验室原理试验研究，正在进行温差能发电的基础性试验研究。

7.5.2　发展潜力

我国是一个海洋大国，拥有 300 多万 km^2 的海域、6 900 多个 500 m^2 以上的岛屿、18 000 km 海岸线，海洋能资源总量可达近 30 亿 kW，开发前景十分可观。

我国潮汐能理论蕴藏量达 11 000 kW，可开发的资源量约为 2 200 万 kW，其中潮汐能资源最丰富的地区集中于福建和浙江沿海，占全国 80% 以上。

我国潮流能可开发的资源量约为 1 400 万 kW，其中以浙江沿海最多，有 37 个水道，资源丰富，占全国总量的一半以上，其次是台湾、福建、辽宁等省份的沿海，约占全国总量的 42%。

我国波浪能可开发的资源量约为 1 300 万 kW，沿海波浪能能流密度较大。可开发利用的区域较多，浙江、福建、广东和台湾沿海均为波浪能丰富的地区，山东沿海也有较丰富的蕴藏量。

我国温差能资源蕴藏量在各类海洋能中居首位，可开发的资源量超过 13 亿 kW，其中海域表、深层水温差在 20～24℃，是我国近海及毗邻海域中温差能能量密度最高、资源最丰富的海域（史丹等，2013）。

我国的盐差能蕴藏量巨大，理论功率达 1.6×10^8 kW，主要集中在各大江河的出海处，主要江河河口的理论功率占蕴藏量的 78%（汪建文，2011），同时我国青海省等地还有不少内陆盐湖可以利用。

从总体上看，我国潮流能、温差能资源丰富，能量密度位于世界前列；潮汐能资源较为丰富，位于世界中等水平；波浪能资源具有开发价值。

7.5.3 发展重点

7.5.3.1 制定加快海洋能利用的规划和政策

（1）制定海洋能利用发展规划。能源开发必须坚持规划先行。促进我国海洋能事业的发展，必须要在详细调查的基础上，通过科学论证，制定系统详细的海洋能开发利用规划。一方面，要在全面掌握我国海洋能的类别、分布地点、数量、开发现状、技术现状的基础上，明确进一步开发的重点难点、发展目标、发展方向、发展战略等内容。另一方面，重视规划的可行性，要与国家整体可再生能源规划相衔接。综合考虑海洋能电源整体布局，明确海洋能电源发展模式，发挥海洋能综合利用优势。

（2）制定促进海洋能发展的有效政策。海洋能开发利用具有投资大、风险大、周期长、效益回收难的特点，需要提供有效的政策支持，鼓励促进海洋能开发。根据我国海洋能发展现状，提出一系列促进海洋能发展的政策措施。增加财政专项资金的投入，稳定投资渠道，立足海洋能开发重点领域的突破；加大国家科技研发投入，鼓励创新型人才培养，突破关键技术；提供发展海洋能的税收优惠、贴息贷款政策，提高企业积极性，解决企业资金难题。

7.5.3.2 提高技术创新能力和装备水平

（1）提高技术创新能力。不断提高海洋能开发利用的技术创新能力，为我国海洋能发展奠定技术基础。国家相关研发平台重点支持具有原始创新的海洋能开发利用新技术、新方法，注重攻克关键技术；积极引导科研机构与能源企业合作，共同开展技术研究、享有知识产权和研究成果，努力突破科技瓶颈；利用国际交流平台加强学术交流，参与和联合各国优势力量的科技攻关，引进、学习和消化吸收国外的先进技术，缩短技术进步和技术应用的时间。

（2）提高装备水平。海洋能技术创新能力的提高最终应用于装备制造之中。以自主研制为中心，积极引进国外发达技术，取长补短，逐渐形成一批具有自主知识产权的关键技术和核心装备。在我国技术较成熟的海洋能利用领域，优先推进发电装置的产品化设计和制造，推动技术向装备的转化。重点解决潮汐电站低成本建造、综合利用、提高效益和降低成本等问题；提高百千瓦级新型波浪能发电装置转换效率，开发波浪能液压转换与控制装置；开展兆瓦级潮流发电机组研究，完成技术较成熟的潮流能样机的产品化设计与制造。

7.6　地热能开发

地热能是地球内部蕴藏的热能。地热能具有地区分布差异性、热流密度大、使用方便、安全可靠等特点。

7.6.1　利用现状

7.6.1.1　地热能技术发展现状

经过多年的研究勘探，我国在技术上已经形成了完整的地热资源勘探技术体系、评价方法；在设计和施工方面，已经有相应的先进的设备作为辅助配套，且有专业的制造厂商；在监测仪器上逐渐实现了国产化。另外，作为浅层地热资源开发的关键因素——地源热泵技术，取得了极大进展。

7.6.1.2　地热能发电现状

我国地热发电产业具有一定的基础，但是在地热发电的热利用效率、规模、设备、勘察等方面与先进国家相比还有一定的差距。由于地热发电对地热流体的温度要求非常高，主要是利用高温地热能，所以我国的西藏、云南和四川西部等地区更适合高温地热资源发电。我国地热发电始于 20 世纪 70 年代，在广东建立了第一座地热电站，之后陆续建立了一些利用低温地热水发电的小型试验地热电站，但大多都已经关闭，只有西藏的羊八井利用高温地热发电得到一定的发展。全国现有地热发电的装机总容量为 32.08 MW，其中 88% 在西藏。

7.6.1.3　地热资源的直接利用

地热资源的直接利用主要集中在以下几个方面：

（1）地热供暖。虽然整体上我国地热供暖与国际先进水平还有一定差距，但已经有近 20 年的历史，主要集中在我国冬季气候较寒冷的华北和东北一带。地热能采暖（制冷）利用地热水采暖（制冷），无污染。地热水采暖虽初始投资较高，但总成本只相当于燃油锅炉供暖的 1/4（王小毅等，2013），不仅节省能源、运输、占地等，也可大大改善大气环境，经济效益和社会效益十分明显，是一种比较理想的采暖能源。

（2）地热温室。我国对地热的利用还表现在地热温室对农副业的运用上，在发展潜力较大的花卉方面，地热温室的经济效益非常明显；地热水对农作物的灌溉能够调节水温，解决低温冻害的问题，使农作物早熟增产。随着经济的发展和人民生活水平的提高，对地热温室的应用将会得到更进一步的发展。

（3）地热水疗。地热能除了供暖功能和应用于农业之外，因地热水除温度较高外，还含有一些有益的矿物质，具有一定的医疗效果，因此也常被用于医疗保健和旅游娱乐。

7.6.2　发展潜力

我国地热资源丰富，在可供开采利用的深度范围内，既有广泛分布的中低温地热，又有能够直接发电的高温地热。全国已发现的天然温泉和部分钻孔、矿井等所揭露的水热活动区有 2 500 多处，其分布主要集中于环太平洋地热带和藏滇地热带。环太平洋地热带包括我国台湾、福建、广东及辽东半岛，高温地热田主要分布在台湾省，其余诸省则多是中温热水型地热田。藏滇地热带是我国内陆水热活动最强烈的地区，是地中海-喜马拉雅地热带的重要组成部分，也是全球最大的地热带之一，在这个带上已发现近百处高于当地沸点的水热活动区，是一个高温水热型和蒸汽型地热带。除了上述两个地热带外，我国的中新生代盆地，特别是我国东部也分布有相当多的温泉和地热异常区，但多数为 90℃ 以下的低温地热资源。另外，在板块内部的基岩隆起区和由断裂形成的小盆地与小型裂谷带也分布有规模较小的断裂型中低温地热资源。

我国地热能资源的特点是储量丰富，分布广泛。其资源总量占世界的 7.9%，在地深 3 000～10 000 m 处的沉积量相当于 860 万亿 t 的煤炭资源，而我国对地热资源每年的利用量也领先世界 20 年之久（李瑾，2012）。作为可再生资源，地热能资源的开发利用已经成为社会经济建设的重要资源，对生态城市的建设和节能环保都起到了十分重要的作用。

7.6.3　发展重点

7.6.3.1　全面开展地热能资源勘察评价

在全国开展地热能资源勘察与评价，摸清地热能资源的地区分布和可开发利用潜力。规范地热资源勘察评价方法，不断提高资源勘察准确度，完成全国地热能资源的普查勘探和资源评价；进行全国地热资源区划，开展适合发电的地热资源调查研究，确定具有经济开发价值的地热资源重点分布地区，统筹地热能开发利用；建立地热能资源信息监测系统，提高地热能资源开发利用保障能力。

7.6.3.2　加快发展地热发电

综合考虑地质条件、资源潜力及应用方式，在高温地热资源分布地区，在保护好生态环境资源前提下，启动建设若干"兆瓦级"地热能电站，满足当地经济社会发展需要。在中低温地热资源富集地区，因地制宜发展中小型分布式中低温地热发电项目。开展深层高温干热岩发电系统关键技术研究和项目示范，注重对干热岩的研究利用。

7.6.3.3　促进浅层地热能利用

积极推进浅层地热能开发利用，鼓励推广利用热泵系统，提高热泵系统在城市供暖和制冷中的普及率。根据我国各地区的气候环境特点，合理开发利用浅层地热能。在保护地下水资源的前提下，鼓励在东北、西北等冬季严寒地区，加快推进浅层地温能供暖；在黄淮海流域、汾河流域、渭河流域等冬季寒冷以及长江中下游、成渝等夏热冬冷地区，鼓励开展浅层地温能供暖和制冷；在两广、闽东南、海南岛等夏热冬暖和云贵高原气候温和地区，鼓励推进浅层地温能夏季制冷。

7.6.3.4　加强政策支持力度

加快我国地热产业发展，需要国家政策的支持。① 我国还没有专门针对地热能的规划，需要从国家层面上将地热能资源的开发利用提高到与风能、太阳能开发利用相同的高度，制定专门的、系统的地热能发展规划。② 制定优惠扶持政策。从资金投入、税收优惠等方面支持地热资源的开发利用，对照风能、太阳能的扶持政策，给予地热能开发在上网优惠、价格补贴等方面激励机制和扶持政策。

7.6.3.5　提高技术创新能力

建立产学研相结合的技术创新体系，不断提高地热能利用技术创新能力和核心竞争力，逐渐具备具有自主知识产权的研发技术。① 依托科研院所建立国家地热开发利用研发试验中心，利用全国优势力量，加强人才引进和培养，加强对地热能关键技术的研发。② 鼓励行业龙头企业积极建立企业研发中心，重点对地热能资源评价技术、发电技术、热泵技术等关键技术进行攻关。③ 以国家财政和企业投入相结合的方式设立国家地热能利用示范项目，开展大规模的地热能开发利用示范工程，加快地热能利用技术产业化进程。

7.7　氢能开发

氢能是指通过氢气和氧气反应所产生的能量，是清洁高效的二次能源。

7.7.1　利用现状

氢能作为我国中长期科学和技术发展战略的重点之一，得到了众多科研机构和企业的重视。我国在制氢储氢技术、氢能利用等方面已取得了重要进展，在氢能领域拥有一些知识产权。

7.7.1.1　制氢方法

采用的制氢方法主要有以下几种：① 化石燃料制氢。以煤、石油、天然气为原料制取氢气是制氢的主要方法，这种方法比较成熟。但是由于使用一次能源作为原料，不利于可持续发展。② 电解水制氢。电解水制氢是应用较广且比较成熟的方法之一。在水资源丰富的条件下，可以采用电解水制氢，充分利用水力发电。但是，在复杂的能量转化之后，相较于其他方法，总效率偏低。③ 生物及生物质制氢。生物及生物质制氢具有成本低、效率高的特点，是大规模制氢的有效方法。我国生物质制氢还处于刚刚起步阶段，相关研究还比较欠缺。④其他制氢技术。主要包括太阳能制氢、核能制氢等，这些制氢技术开始受到关注。

7.7.1.2　储氢方法

氢气储存的主要方法有高压气态储氢、液化储氢、金属氢化物储氢和碳质吸附储氢，不同的使用场合要求不同的储氢技术。高压气态储氢是广泛使用的方式，环境污染小，经济性好；液化储氢主要应用于航天部门等高科技领域；金属氢化物储氢质量较大、成本较高；碳质吸附储氢还处于初期发展阶段，但是具有一定的优越性。

7.7.1.3　氢能的利用

氢能的利用主要有两种方式：电化学放热和燃烧放热。尽管最终产物都是水，但因为电化学放热是在高温下释放能量，过程可能伴随少量氮的氧化物生成，会对环境造成污染；而燃烧放热是在常温下释放能量，产物只有水，是对环境没有任何污染的零排放过程。

7.7.2　发展潜力

氢是自然界最普遍的元素，资源无穷无尽。水是氢的大"仓库"，如果把海水中的氢全部提取出来，将是地球上所有化石燃料热量的 9 000 倍。

氢能燃烧热值高，每千克氢燃烧后的热量，约为汽油的 3 倍，酒精的 3.9 倍，焦炭的 4.5 倍。并且氢能燃烧的唯一产物是水，没有任何其他污染物和温室气体排放，可以实现零排放无污染，是世界上最干净的能源。

氢能作为一种清洁、高效、安全、可持续的新能源，具有清洁、无污染、效率高、重量轻和储存及输送性能好、应用形式多样等诸多优点，被视为 21 世纪最具发展潜力的清洁能源。

7.7.3 发展重点

氢能是公认的清洁能源，其来源广、资源丰富，最有希望在未来替代化石燃料。然而，作为新型能源，其开发利用仍存在着许多问题，严重制约了其发展前景。因此迫切需要研究和开发氢气的技术及大量生产工艺，经济及安全储存与输送方法，安全及无公害燃烧方法等一系列问题，其中氢的制备和储存是最为重要的问题。

7.7.3.1　重视制氢方法的研究

氢能开发利用首先要解决的是廉价的氢源问题。从可持续发展的角度出发，从非化石燃料中制取氢气才是正确的途径。在这方面电解水制氢已具备规模化生产能力，研究降低制氢电耗有关的科学问题，是推广电解水制氢的关键。光解水制氢的能量可取自太阳能，这种制氢方法适用于海水及淡水，资源极为丰富，是一种非常有前途的制氢方法。

7.7.3.2　不断加强氢的储存技术开发

氢的储存技术是开发利用氢能的关键技术，如何有效地对氢进行储存，并且在使用时能够方便地释放出来，是该项技术研究的焦点。

储氢技术是氢能利用走向实用化、规模化的关键。根据技术发展趋势，采用金属氢化物储氢是最有前景的发展方向。储氢研究的重点在新型高性能规模储氢材料上。国内的储氢合金材料已有小批量生产，但较低的储氢质量比和高的价格仍阻碍其大规模应用，因而廉价储氢材料的开发仍是今后氢能利用过程中很关键的一环。

第 **8** 章
低碳能源应用

　　要在日常的生产、生活中广泛倡导低碳的生产、生活方式，应大力倡导低碳建筑，提高能源利用效率，最大限度地保护环境、节约资源和减少污染，为人们提供健康、实用的使用空间；大力发展低碳交通，减少能源消耗、CO_2 排放；积极倡导低碳生活方式。

8.1　低碳建筑

　　在日常生活中，70%的人类活动发生在建筑物中，而为了提高现代建筑物的舒适性，不得不增加诸多高耗能设备。尤其是公共建筑物，甚至提供 24 小时的冷气、全天候的热水以及不间断运作的电梯，使建筑物成了能源的最大消耗者。中国每建成 1 m^2 的房屋，就释放出约 0.8 t 碳，城市里碳排放有 60%来源于建筑。如何在不降低舒适性的同时，避免能源浪费、提高能源使用效率，发展零能源大楼（Zero Energy Building，ZEB）和低能源大楼（Low Energy Building，LEB）成为现代建筑革新的重点。

8.1.1　建筑耗能现状

　　我国正处于向中等收入国家过渡的阶段，建筑行业总体规模扩张迅猛，建筑业增加值占国内生产总值的比重从 1978 年的 3.8%增长到了 2010 年的 10%，建筑业产值增长了 20 多倍。从建筑业总体规模来看，截至 2011 年，全国房屋施工规模达 103.7 亿 m^2，同比增长 17.2%。建筑总量约 460 亿 m^2，年均增长 16 亿～20 亿 m^2，增量和总量均居全球第一。随着城市化进程的加快，预计到 2020 年，我国还将新增建筑面积约 300 亿 m^2。

　　庞大的建筑总量必然造成能源的大量消耗。建筑能耗从广义上讲，指建筑物全生命周期中的总能耗；狭义上讲，指建筑的运行能耗，即人们的日常用能，包括照明、空调、采暖等。其中，建筑材料和建筑过程所消耗的能源一般只占总能源消耗的 20%，大部分能源消耗发生在建筑使用过程中。

从建筑物全生命周期来看，直接能耗占全社会能耗的近 30%，此外还包括建材的生产能耗 16.7%，用水占城市用水量的 47%，钢材使用量占全国用钢量的 30%，水泥占 25%，与建筑相关的空气污染、电磁污染、光污染等占了全社会总污染的 34%，建筑垃圾占 40%，且为维持建筑物功能所耗能源排放的 CO_2 占了全国总碳排放量的 25%。

单从建筑运行耗能来看，我国城镇民用建筑（非工业建筑）运行耗电量占我国总发电量的 22%～24%，北方地区城镇供暖消耗的燃煤占我国非发电用煤量的 15%～18%。其中，北方城镇民用建筑供暖面积约为 65 亿 m^2，按 20 kg/m^2 标煤计算，北方地区供暖能耗占了建筑总能耗的 56%～58%。除供暖外的住宅能耗，如照明、空调、家电、热水等，以城镇住宅总面积 100 亿 m^2 来算，折合用电量为 10～30 kW·h/（m^2·a），占总建筑用能的 14%～16%。而大型公共建筑（大型购物中心、酒店、写字楼等）虽然建筑面积不足民用面积的 5%，但单位面积用电量高达 100～300 kW·h/（m^2·a），为住宅用电量的 10 倍，其各类能耗之和占了民用建筑总能耗的 12%～14%，是节能减排的重点关注目标之一。

8.1.2　低碳建筑内涵

8.1.2.1　低碳建筑内涵

低碳建筑（LCB）是以碳排放量为基础来定义的，由于对低碳排放的量化标准还没有达成全球共识，因此学界对低碳建筑也还未形成明确的定义。英国建筑研究院从使用过程碳排放量的角度认为，低碳建筑的基准指标是每年每平方米 CO_2 排放量低于 160 kg，而每年每平方米 CO_2 排放量低于 10 kg 的为"零碳屋"（姚德利，2012）。联合国全球永续发展宣言：在经济与环境两个问题中有效率地利用仅有的资源并提出解决方法，进一步改善生活的环境。

国内学者对低碳建筑也有不同的理解，李启明等人参照低碳经济等相关概念，认为低碳建筑就是在建筑全生命周期内，通过实现低能耗、低污染、低排放实现最大限度的温室气体减排，使得人类的使用空间达到合理舒适度。粟庆则认为：低碳建筑就是在整个生命周期内，能够最大限度地减少化石能源的使用，并提高能源的利用效率，尽可能减少 CO_2 排放量。而我国《绿色建筑评价标准》（GB/T 50378—2014）将绿色建筑定义为在建筑的全寿命期内，最大限度地节约资源（节能、节地、节水、节材）、保护环境、减少污染，为人们提供健康、适用和高效的使用空间，与自然和谐共生的建筑。

8.1.2.2 低碳建筑特点

低碳建筑是应对温室效应、保护环境与资源、实现人类社会可持续发展的关键措施，是未来建筑的发展趋势。与一般建筑相比，低碳建筑具有以下特点：

（1）低碳建筑实现了从前期的设计、施工、使用到最后的报废回收全生命周期的低碳化。低碳建筑不仅考虑建筑在使用过程中的能源消费，还考虑到所用材料是否低碳、交通运输是否高效、如何实现自然采光和自然通风、建筑报废后材料是否可以循环利用等问题，整个过程减少了对化石能源的使用，降低了 CO_2 排放量。

（2）低碳建筑广泛利用了可再生能源。利用小型风力发电机解决日常用电问题，太阳能实现热水供应，利用地热能供热（制冷）等。对这些取之不尽、用之不竭的清洁能源的有效利用，使建筑物基本实现了"零能耗"和"零排放"。

（3）低碳建筑遵循"因地制宜"的原则。低碳建筑在设计时，就要考虑到建筑基地自然环境的特征，包括光环境、风环境、能源环境、地质特征等，这样才能控制室内通风、采光、空气质量、隔音、湿度、温度以及合理利用当地建材和能源，在提高居住舒适度的同时降低不必要的资源浪费。

（4）低碳建筑初期成本高。低碳建筑从设计开始就需要由专业人士进行整体规划，加上低碳技术还不成熟，所以其建造成本相对于普通建筑来说较高。但因其有效地利用了自然条件改善了室内外环境、降低了能源消耗，不仅提高了人们的生活品质，还保护了自然环境，从长远角度来看，效益大于成本。

8.1.3 低碳建筑发展现状

8.1.3.1 发达国家低碳建筑发展现状

发达国家低碳建筑的发展较中国早，不管是政策、资金、低碳建筑实践还是民众低碳意识的普及都取得了实质性进展。英国政府 2007 年颁布了"可持续住宅标准"，在具体操作方面要求对所有房屋节能程度进行"绿色评级"，节能等级低的房屋屋主可向绿色住家服务中心申请改造帮助。2009 年，英国政府发起"Low Carbon Buildings Program"计划，由政府拨款 70 万英镑，其中 25 万英镑投资低碳供暖方案，45 万英镑投资小型建筑新能源技术研发（谢庆，2011）。英国政府规划从 2016 年起，所有的新建住宅达到使用过程零碳排放的高标准，2018 年实现公共建筑零碳化，2019 年实现其余非住宅建筑零碳化，2030 年实现建筑全生命周期零排放。位于伦敦南部的贝丁顿零排放社区，是世界上第一个完整的生态村，被誉为人类的"未来之家"。

德国《能源节约法》规定，房屋在出售或出租时，屋主必须向购买者或租客提供房屋能耗证明，明确告知消费者该住宅每年的能耗。德国还有一些鼓励公民节能减排的激励措施，例如政府发起的"现场顾问"投资项目，为大众提供经济适用的房屋节能减排方案；该国信贷机构推出的"CO_2 建筑改建项目"也针对节能项目提供低息贷款。德国巴斯夫的"3 升房"是德国低碳建筑的代表之一。所谓"3 升房"，指的是巴斯夫的一所有 70 年历史的老建筑在改造后，其每年每平方米的采暖耗油量不超过 3 L。"3 升房"已成为全球建筑节能改造的典范。

欧盟于 2007 年开始实施低碳政策，提出了"3 个 20%"目标，即在 2020 年以前，温室气体的排放量在 1990 年水平上降低 20%，建筑能效提高 20%，可再生能源的应用量提高 20%，为实现该目标，英国、法国、瑞士等都制定了相应的能源规划与政策。

美国环保局对有利于节能的建筑材料授予"能源之星"标志，且采购法规定政府必须采购"能源之星"认证产品。此外，政府还对安装使用可再生能源的家庭进行成本补贴。美国 AIA 建筑师成立的非营利组织"建筑 2030"，提倡美国于 2030 年实现建筑零碳排放。白宫在 2009 年 1 月 25 日发布了《经济振兴计划进度报告》，并于当年内对 75%的联邦建筑物和 200 万所住宅进行了节能减排翻新改造（谢庆，2011）。

8.1.3.2　中国低碳建筑发展

2009 年的哥本哈根气候大会使节能减碳、保护环境再次成为全球热点。日本宣布 2015 年把住宅能耗降低到 1990 年能耗水平的 60%，瑞典宣布 2020 年把住宅能耗降低到 1990 年水平的 80%。我国也承诺 2020 年将建筑能耗降低到 1980 年的 65%。

我国的低碳建筑发展始于 20 世纪 80 年代，主要关注建筑节能。在建筑节能专家和政府的提倡下，首先在哈尔滨和北京等北方地区开展了试点工作。90 年代初，北京等城市开始强制推行节能建筑。在此基础上，北京、天津等地率先于 2006 年开始实行新建民用建筑节能设计标准，节能率为 65%。住房和城乡建设部从新建筑节能监管、北方采暖地区改造、国家机关建筑和大中型建筑改造、可再生能源应用、推动新型材料应用 5 个方面展开了建筑减排工作（王瑢，2010）。房地产商和建筑专家、建筑评估机构合作，在推动低碳建筑方面进行更多尝试。2008 年 11 月 30 日，中国住交会（CIHAF）举办的第四届中国绿色建筑与节能论坛暨中国之家国际研讨会围绕"低碳营造，生态人居"的主题展开，与会人员就低碳建筑设计营造运行等方面的经验进行了交流。"CIHAF 中国之家"正在对低碳排放的产品供应链与能源系统设计，以及解决室内湿热环境的低碳技术体系等方面展开努力探索。位于上海宝山工业园区核心地块的印象钢谷，引入"低碳建筑设计先行"的理念，由混凝土、钢和玻璃三元素组合建造，是我国低碳办公建筑的示范样本（姚德利，2012）。2010 年 3 月 29 日，住建部科技发展促进中心与万科集团签署了框架协议，意在建立战略合作伙伴关系，共同促进建筑业低碳化发展。朗诗国际、当代节能、锋尚国际等一批优秀的地产公司也都积极实践低碳地产项目。

在节能工作稳步推进的同时，节能立法和节能标准体系也在不断完善。早在 1986 年，我国就颁布了第一部建筑节能设计标准《民用建筑节能设计标准（采暖居住建筑部分）》（JGJ 26—86），规定了建筑节能率要达到 30%；于 1995 年修订后，将节能率提高到 50%。之后，建设部先后颁布和修订了《民用建筑节能管理规定》，从 2004 年起，将节约能源资源作为我国的一项基本国策。随后又颁布了 2007 年的《节约能源法》、2008 年的《民用建筑节能条例》和《公共机构节能条例》。2005 年，我国颁布的《公共建筑节能设计标准》（GB 50189—2005），首次提出公共建筑节能 50% 的标准。2010 年 8 月 1 日起实施的《严寒和寒冷地区居住建筑节能设计标准》（JGJ 26—2010），将采暖居住建筑的节能目标由 1995 年的 50% 提高到 65%，原《居民建筑节能设计标准（采暖居住建筑部分）》（JGJ 26—95）同时废止（王崇杰，2010）。

随着全球低碳经济的发展，我国低碳建筑的标准也在随之提高，住房和城乡建设部设定到 2020 年，通过深入推广绿色节能建筑，使全社会建筑的总能耗达到节能 65% 的目标。按照现在的建筑节能设计标准执行，预计到 2020 年，每年可节约标煤 2.6 亿 t 和电能 4 200 亿 kW·h，减少 CO_2 排放 8.46 亿 t（宿敏，2012）。

8.1.4　低碳建筑评价

大量研究工作集中在建立健全建筑环境性能的评估系统上，评估因素除了基本的能源消耗和 GHG 排放问题外，还应该包括资源消耗、环境负荷、服务质量、经济因素等，目的是以此准确评估建筑物整个生命周期内的各方面性能。然而各国对于能源消耗、污染物排放等数据的计算方式以及性能参数的定义存在差别，因此国与国之间要交换性能方面有价值的信息还存在一定困难。

绿色建筑概念自 20 世纪 60 年代产生之后，英国最先于 1990 年颁布了世界首个绿色建筑标准——英国建筑研究组织环境评价法（BREEAM）。随后，又出现了加拿大和瑞典联合开发的 SBTOOL、日本的 CASBEE、美国的 LEED、澳大利亚的 NABERS、法国的 ESCALE、韩国的 KGBC 等绿色建筑评估体系。

8.1.4.1　BREEAM

1990 年，英国建筑研究所、能源部门、工业部门、环境顾问部门共同合作研发出了世界上第一个绿色建筑标准——建筑研究所环境评估方法（Building Research Establishment Environment Assessment Method），目的在于减少建筑物对地球及区域环境的污染与负荷量。从单一针对新建办公大楼的评估方法演变至今，已可以评估办公建筑、超级市场、新建住宅、工业单位、已有建筑、翻新建筑等。由于此评估工具在建筑物设计规划阶段就可以提供建设活动及建筑物本身对环境的冲击，以及开发费用和成本效益的关系等资料，因此，它除了作为环境影响评估工作之外逐渐成为了设计师考量如何在减小环境影响下兼顾开发费用的辅助工具。

BREEAM 共有九大评估项目，即管理（整体的政策和规划）、健康和舒适（室内和室外环境）、能源（耗能和 CO_2 排放量）、运输（基地规划和运输时 CO_2 排放量）、水（水资源消耗与基地保水性）、原始材料（自然材料选择及对环境的影响）、土地使用（绿地使用率与被污染地使用率）、地区生态（基地生态多样性价值）、污染（空气污染和水污染）（徐子苹，2002）。在这九大评估项目中，又有若干子项目对核心部分（建筑结构和服务）、建设实施和管理运作这 3 个方面进行评估。

申请 BREEAM 评估必须由至少两位经过 BRE 专门培训并持有 BREEAM 注册评估师来完成。① 确定被评估建筑需要评估的部分，如核心部分或者设计实施部分或全部；② 根据需评估项目计算该建筑在各个环境表现分类中的得分，及其占此分类总分数的百分比；③ 上一步骤得到的各个分类得分乘以分类的权重系数就得到了被评估建筑在各个分类的得分，这些得分累加即得到总分；④ 根据总分给予通过（PASS）、好（GOOD）、很好（VERY GOOD）和优秀（EXCELLENT）4 个评定等级，并由 BRE 颁发正式的"评定资格"（CERTIFICATION）。需要说明的是，BREEAM 采用的权重系统系数是以"共识"为基础，由政府决策人员、专家学者、建筑工程专业人员、环保组织、开发商等共同探讨下决定的。BREEAM 权重系统不是用于每一条评估条款，而是用于每个评估类别，以便反映出不同评估类别在不同地区相对于其他因素的重要性，同时减少评估过程的复杂化和评估结果的主观性。

据统计，全球有超过 11 万幢建筑完成了 BREEAM 认证，另有超过 50 万幢建筑已申请了评估。包括联合利华英国总部、普华永道英国总部、汇丰银行全球总部、德国中央美术馆购物中心、伦敦斯特拉大厦、巴黎贺米提积广场等在内的一大批全球知名地标建筑都采用了 BREEAM 评估体系绿色建筑评估认证①。

---

① 百度百科 http://baike.baidu.com/view/6336221.htm。

8.1.4.2 LEED

1993 年美国绿色建筑委员会 USGBC 成立，并从 1995 年开始研究能源与环境设计先锋（Leadership in Energy & Environment Design，LEED），意在满足美国建筑市场对建筑评估的要求，以提高建筑环境和经济特性。该评估系统针对不同的项目类型具有不同的细分评估体系，例如新建建筑的 LEED-NC、现有建筑的 LEED-EB、商业内部装修的 LEED-CI、租户和业主共同发展的 LEED-CS、零售商店的 LEED-S、住宅的 LEED-H、社区的 LEED-NC 等。

LEED 从建筑生命周期各个阶段评估建筑物对周遭环境的影响，主要有六大评估项目，每项下又分若干子项目，具体评估项目有基地永续性（侵蚀和沉积、建筑选址和城市再开发、降低对场地的扰动、降低热岛效应的园林景观和外部设计等 8 个子项）、有效利用和保护水资源（节约景观设计、节约生活用水、新的废水处理技术 3 个子项）、高效利用能源和保护环境（可再生能源和绿色电力、禁止使用含氟氯烃类化合物和哈龙产品等 6 个子项）、原材料就地取材和资源的循环利用（建筑和建筑资源的再利用、就地取材等 4 个子项）、良好的室内环境品质（加强 CO_2 检测、施工现场室内空气品质管理方案、天然采光和开阔的视野等 7 个子项）、创新设计（卜增文，2004）。总分为 110 分，评估合格者按得分分为 4 个等级，分别是铂金级（81 分及以上）、金级（60～79 分）、银级（50～59 分）和合格（40～49 分）。另外，每年参加评选的建筑中得分最高者还将获得美国绿色建筑协会授予的年度最佳绿色建筑奖项及荣誉。

LEED2003 年进入中国市场以来，我国已有一批建筑通过了 LEED 认证。2013 年 6 月，BMW 北京星德宝 5S 店荣获美国建筑设计及环境先锋奖（LEED）金级认证。2013 年 8 月，北京 CBD 核心区 Z3 项目获 LEED 核心与外观设计预认定铂金奖，这是继北京万通中心、杭州万通中心、上海万通中心、天津万通中心荣获 LEED 金级预认证后，万通物业的又一次突破。同月，由苏州工业园区金鸡湖城市发展有限公司开发建设的苏州中心 H 地块通过美国 LEED-CS 预认证证书。

8.1.4.3 SBTOOL 与 CASBEE

GBTOOL（Green Building Tool）是由 IISBE（International Initiative for a Sustainable Built Environment）所主导的 GBC（Green Building Challenge）项目中建立的国际合作发展整体建筑环境评估工具。从 1995 年到 2005 年，超过 20 个国家参与其中。为加强其普适性，在 2002 年的可持续建筑国际会议（SB02）中进行了各国案例探讨，完善后的评估体系适用于不同国家不同的地理条件。此评估体系现更名为 SBTOOL，意在强调其包含了各种社会经济参数（socio-economic variables）。瑞典、法国、意大利、西班牙、美国、加拿大、日本、韩国、澳大利亚、巴西等全球 26 个国家已经翻译成符合各地基准的修正版本，通过完整评估计算表，评估过办公建筑、学校建筑、医疗机构、公共建筑、旅馆、零售商店、集合住宅等不同类型的建筑物。

SBTOOL 的评估操作方式大致分为 4 个步骤。① 输入被评估建筑的基本信息，包括建筑物名称、国家（城市、地址）、使用类别、楼层数、预期使用年限等，并由专家团队决定各个指标的加权值。② 由专业设计者输入具体数据，包括基地环境、建筑构造、设计构造、技术及材料、设备及能源系统等。③ 对以上数据进行专业评估审查后，将得到"绝对结果"与"相对结果"。前者即该建筑物的评估报告书与计算值（ESI），后者即未加权的评估结果与加权后的评估结果。④ 根据加权后的评估值，采用−2～5 的分级制度进行判断。5 分表示最佳 SB 技术操作方案，但未考虑成本因素；1～4 表示不同等级的 SB 方案，其中 3 分为最好 SB 方案（考虑成本因素），0 分表示基本 SB 方案；而负分则表示不符合 SB 方案。

SBTOOL 有七大评估指标，包括 R 资源消耗（建造及更新过程中对土地、能源等自然资源的消耗）、L 环境负荷量（整个生命周期内所排放的温室气体、废弃物等对环境造成的负荷）、Q 室内环境品质（音、光、空气等环境）、S 维修及服务品质（建筑物适应维修的能力）、E 经济（生命周期内产生的成本）、M 先前经营管理（建造及日常使用阶段的管理计划）、T 交通运输（生命周期中因运输而产生的温室气体）（周伯丞，2005）。除 7 个大项目有其权重值外，各项的子项目也有各自的权重值。

表 8-1　GBTOOL 评估项目表

评估项目	内容	评价得分	各项平均得分	权重值
R：资源消耗	能源	−2～5	−2～5	20%
	土地生态	−2～5		
	水资源	−2～5		
	建筑物再利用	−2～5		
	材料再使用与生态建材	−2～5		
L：环境负荷量	排放温室气体	−2～5	−2～5	25%
	排放破坏臭氧层物质	−2～5		
	排放酸性物质	−2～5		
	排放光气化物质	−2～5		
	固体废物	−2～5		
	基地内水排放	−2～5		
	更新或拆除产生之危险物	−2～5		
	对邻近地区环境冲击	−2～5		

评估项目	内容	评价得分	各项平均得分	权重值
Q：室内环境品质	IAQ	−2～5	−2～5	20%
	温热环境	−2～5		
	光环境	−2～5		
	音环境	−2～5		
	电磁环境	−2～5		
S：维修服务品质	弹性与适应性	−2～5	−2～5	15%
	系统控制	−2～5		
	维修性能	−2～5		
	景观与日照品质	−2～5		
	环境舒适	−2～5		
	对邻近地区服务品质冲击	−2～5		
E：经济	成本	−2～5	−2～5	10%
M：先前经营管理	营建计划	−2～5	−2～5	10%
	工作协调性	−2～5		
	建筑维护管理计划	−2～5		
T：交通	排放废气	−2～5	−2～5	0%
各项加权后之平均评价得分			−2～5	

8.1.4.4　CASBEE

CASBEE 是由日本政府与学术单位在 SBTOOL 的基础上，从本国实际情况出发，共同建立的建筑环境综合性能评估系统（Comprehensive Assessment System for Building Environment Efficiency）。可于规划设计、施工完工、使用更新分阶段评估新旧建筑。其与 SBTOOL 相比，还可评估单栋住宅，且其评估流程有较大不同。① 由专业设计者或其他评估者输入建筑的基本信息，包括建筑用途与建筑面积。② 依据建筑用途（住宅或非住宅）确定得分基准值的评估方式，输入评估细项后得到评估分数，并根据内定的加权系数得到各评估项目的总得分 Q 值（Quality 表示建筑物环境品质和性能）及 L 值（Loading 表示建筑物的外部环境负荷）。其中 Q 包括 $Q1$：室内环境，$Q2$：服务性能，$Q3$：假想封闭区域范围内的室外环境；L 则包括 $L1$：能源，$L2$：资源与材料，$L3$：假想封闭区域范围外的 3 个评估项目。以上各项加权后，用 Q/L 得出评估结果，以 1～5 分级制，用 BEE 分析表示。

表 8-2　CASBEE 评估项目表

评估项目	评估内容	评价得分	各项权重值/%	各项平均得分	权重/%
Q：建筑环境品质与性能				1～5	100
Q1：室内环境	音环境	1～5	15	1～5	50
	温热环境	1～5	35		
	光环境	1～5	25		
	空气品质 IAQ	1～5	25		
Q2：服务品质	服务能力与舒适度	1～5	40	1～5	35
	耐久性与安全性	1～5	25		
	弹性与适应性	1～5	35		
Q3：室外环境	生态的建构与维护	1～5	45	1～5	15
	城市景观	1～5	35		
	地区文化及独特性	1～5	20		
L：降低建筑物对环境负荷				1～5	100
L1：能源	建筑日照	1～5	30	1～5	50
	自然能源利用	1～5	20		
	建筑系统的效能	1～5	30		
	操作性能	1～5	20		
L2：资源及材料	水资源利用	1～5	15	1～5	30
	生态建材	1～5	85		
L3：基地外环境	空气环境	1～5	25	1～5	20
	噪声及臭气	1～5	10		
	风害	1～5	20		
	光害	1～5	10		
	热岛效应	1～5	25		
	当地基础设施负荷	1～5	10		
BEE=Q/L				BEE＜5	

8.1.4.5　我国的"公共建筑节能设计标准"

2006 年 3 月我国颁布第一部绿色建筑国家标准《绿色建筑评价标准》（GB/T 500378—2006）。该标准在借鉴国外经验的基础上结合我国人均资源短缺、高速粗放发展的国情，提出了以下 6 个评价点：节地与室外环境、节能与能源利用、节水与水资源利用、节材与材料资源利用、室内环境质量、运营管理。六大指标下有分项指标，其中住宅建筑的分项指标为 76 项，公共建筑的分项指标为 83 项。分项指标又分为控制项、一般项和优选项，其中控制项是绿色建筑必须满足的条件，一般项和优选项是划分绿色建筑等级的可选项，且优选项是实现难度较大、绿色度较高的可选项。《绿色建筑评价标准》规定，住宅建筑和公共建筑必须满足全部控制项，然后再根据其满足一般项和优选项的程度将其划分为一星级、二星级和三星级。

由于我国幅员辽阔，各地区在气候条件、地理环境、自然资源、经济社会发展水平和民俗文化等方面具有较大差异，同一要求不同地区的建筑不可能都满足。因此设计师在对照《绿色建筑评价标准》中的各分项要求确定绿色建筑目标的时候，应按因地制宜的原则选择有可能满足的一般项和优选项。

8.1.5 低碳能源在建筑领域的应用

8.1.5.1 地热能

地热能（Geothermal Energy）是由地壳抽取的天然热能，来自地球内部的熔融岩浆和放射性物质的衰变，还有大约5%来自于太阳，以热力形式存在。通过地下水的深度循环和地球极深处的岩浆侵入到地壳，热量被从地下深处带至近表层，从而得以被人类开发利用。地热能一般集中分布于构造板块边缘，即火山和地震多发地区。据估计，每年从地球内部传到地面的热能相当于100 PW·h，只要热量提取的速度不超过补充的速度，地热能将可永久再生。

根据温度高低，地热能可分为高温地热（150℃以上）、中温地热（90～150℃）和低温地热（低于90℃）。高温地热可用于发电，其发电原理同火力发电相同，都是利用蒸汽的热能在汽轮机中转变成机械能，从而带动发电机发电。不同的是，地热发电不需要庞大的锅炉，也不消耗燃料，是种节能环保的发电方式。中温地热可用于供暖，对于高寒地区来说尤为重要。低温地热应用广泛，可用于温室种植、水产养殖、温泉、医疗等领域。而在建筑领域，地热能应用方式中最具潜力和代表性的要属地源热泵技术。

（1）热泵技术。所谓热泵（Heat Pump），就是一种将低温热源的热能转移到高温热源的装置，如同水泵将水从低位抽到高位相似，热泵是把从低温热源中获取的低品位热能，经过电力做功，把它转化成高品位热能。常见的低温热源包括空气、海水、地下水、地表水、城市污水、中水等，也可以是从工业生产设备中排出的肋工质，这些肋工质通常与周围的介质具有相近的温度。由此可见，热泵能够充分利用可再生的自然资源（空气、海水等），减少对化石能源的依赖。同时，热泵技术也是减少CO_2排放量的有效手段。据统计，全球约有1.3亿台热泵在运行，总供热量约为每年47亿GJ，每年减少CO_2排放量约为1.3亿t（朱则刚，2013）。随着热泵技术的改进，采用热泵技术供热约可减少全球15%的CO_2排放量，也是实现建筑低碳化的关键。

（2）空气热泵。根据热源的不同，热泵技术的应用可分成空气源热泵和水源热泵。其中，空气源热泵以室外空气为低温热源，经系统高效集热整合后成为高温热源，用来供暖和制冷。空气是一种取之不尽、用之不竭的可再生能源，空气源热泵利用可再生的空气能，辅以清洁二次能源电能，运行过程中不产生任何污染。主要产品包括热泵空调器、商用单元式热泵空调机组和风冷热泵冷热水机组。

它的缺点是在高温的夏天和寒冷的冬天，空气源热泵的供热能力和制冷能力大大下降。冬天的室外空气温度低，热泵可以获得的热量少，对室内空气的供暖效果差。当室外空气温度低于热泵工作的平衡点温度时，就需要其他辅助热源对空气进行加热，这样就会额外消耗大量能源。而且在供热工况下，用作间接换热的蒸发器上会结霜，需要定期除霜才能维持热泵的正常运作，这在寒冷和高湿地区成为了空气源热泵普及的最大技术障碍。因此，空气源热泵一般仅适用于最低温度在 $-10℃$ 以上的地区。

（3）水源热泵。水源热泵是以地球水体所储藏的太阳能资源为冷热源，进行转换的空调技术，又可分为水源热泵和地源热泵。其中，水源热泵的低温热源包括地下水、河流、湖泊、海洋等水体，这些水体吸收了太阳辐射能量，再利用低温位向高温位移动的原理，通过少量电能或其他高品位能源，实现水源热泵的供暖与制冷。且水源温度比较稳定，波动范围远远小于空气，使得热泵运行更加可靠，不存在空气源热泵冬季除霜难的问题。

理论上一切水资源都可以作为水源热泵的低温源，但在实际的应用中却受到水资源的诸多限制。水源热泵利用方式中包括闭式系统和开式系统。水温、水量、清洁度都符合要求的地下水直接进入热泵换热的方式称为开式系统，能否找到合适的水源就成了使用此类热泵的限制条件。因此在实际的工程中更多采用的是闭式系统，即采用板式换热器把地下水和通过热泵的循环水分隔开，以防止地下水中的泥沙和腐蚀性杂质对热泵的影响。此类热泵虽然对水源的质量没有提出要求，但成本较高，而且容易产生管道和阀门的腐蚀损坏。

即使有合格的水源，我们还必须考虑到使用地的地质结构。① 地下水的水位不能太低，不然除了打井的费用会大大增加外，还会加大运行过程中的耗电量、降低系统效率。② 保证用后尾水的回灌可以实现。按常规计算，$10\ 000\ m^2$ 的空调面积每小时需要 $120\ m^3$ 的地下水量。对于大型项目来说，如果地下水无法回灌到原来的地下水层，那么不仅会影响热泵的正常运行，严重的还会破坏地质环境。

与水源热泵相似，地源热泵（Geothermal Heat Pump）的低温热源更广、限制更少，它是以浅层地热能源（包括地下水、土壤、地表水等）为低温热源，通过输入少量的高品位能源（如电能），实现低品位热能向高品位热能转移，从而实现制冷和供热。就空调系统来说，冬季通过热泵把大地中的热量升温后对建筑供热，而降温后的大地就形成了冷量供夏季使用；夏季通过热泵把建筑物中的热量传输给大地，对建筑物降温，而从室内被抽取的热量在大地中储存以供冬季使用。

地源热泵技术是一种可再生能源利用技术。地源热泵以浅层地热资源（小于400 m 深）为冷热源，进行能量转换的供暖制冷空调系统。这些浅层地热资源主要是由地表土壤、地下水、河流湖泊等天然太阳能集热器所吸收的太阳辐射能量，每年可收集约 47%的太阳能，是人类每年所耗能量的 500 多倍。地表浅层地热资源几乎无处不在，也可无限再生，因此，地源热泵技术是一种对可再生能源的利用技术。

地源热泵是一种有效的节能技术。土壤或水体的冬季温度为 12～22℃，比环境空气温度高，热泵循环的蒸发温度提高，能效比也提高；土壤或水体的夏季温度为 18～32℃，比环境空气温度低，制冷系统冷凝温度降低，使得冷却效果好于风冷式或冷却塔。与一般的空调系统相比，地源热泵空调系统可节约 30%～40%的运行费用。通常地源热泵消耗 1 kW·h 的能量，用户就能获得 4 kW·h 以上的热量或冷量。也就是说，地源热泵的 COP 值（Coefficient of Performance，循环性能系数）可达到 4 以上。此外，与空气源热泵相比，地源热泵的电力消耗仅为前者的 60%，是电供暖的 30%。

地源热泵供暖空调系统主要由地能换热系统、地源热泵机和室内采暖空调末端系统三部分组成。地能换热系统作为低温热源环路，免去了传统空调系统所需的冷却塔（室外机），同时用热泵取代了锅炉，减少了对建筑空间的占用，也避免了对建筑外观的破坏。同时，地源热泵系统在运行过程中产生的污染物排放少，比空气源热泵减少 38%以上，比电供暖减少 70%以上，不会对环境造成过多负担。

虽然地源热泵系统的前期投入较大，但其不仅可以作为制冷供暖的空调系统，还可以提供生活热水，一套系统可以替代传统的锅炉加空调的两套系统，每年的运行费用明显降低。尤其对于酒店、商场、写字楼、学校等大型公共建筑来说，大规模利用更能体现其节能环保的效果。而且地源热泵系统的机械部件非常少，且都安装于地下或室内，避免了恶劣气候的破坏，减少了维护费用；其使用寿命长达 50 年，比普通空调高出 35 年左右。

中国是世界上地热资源最丰富的国家之一，西藏羊八井、云南西部以及台湾地区都蕴藏着大量地热能。尽管我国对地热能的开发利用还处于起步阶段，但市场潜力巨大。从 2009 年起，我国地源热泵开始进入快速发展阶段。据国土资源部统计，到 2010 年年底全国利用地热供暖面积达到 3 500 万 m²，利用浅层地温能供暖（制冷）面积达到 1.4 亿 m²。加强对地热能的利用，将是实现建筑低碳化的关键方法。

8.1.5.2 太阳能

太阳能是由太阳内部连续不断的核聚变所产生的能量，每年到达地球表面的太阳能约为 800 000 亿 kW。也就是说，太阳每秒钟照射到地球上的能量相当于燃烧了 500 万 t 煤所释放的热量。将其中 0.1% 达到地球表面的太阳能来发电，每年发电量可达 5.6 GW·h，相当于全世界每年能耗的 40 倍（刘旭光等，2010）。太阳能是一种可再生、无污染的能源，将其运用于建筑领域，必定能取得显著的节能减排效果。

（1）太阳能建筑。太阳能建筑是指通过建筑与太阳能利用设备一体化设计，使其可以收集、蓄存和使用太阳能，进而以太阳能为主要能源的节能建筑。按照应用方式，可以将太阳能建筑分为被动式和主动式。被动式太阳能建筑是指对太阳能的基础利用，一般通过建筑物的朝向与周围环境的合理配置以及选用合适的建筑材料和建筑结构，依靠房屋本身来利用太阳能的热辐射，代表技术是太阳能蓄热房和太阳能蓄热墙，通常简称为太阳房和太阳墙。主动式太阳能建筑是指运用光热、光电等可控技术利用太阳能，代表技术是太阳能热水器和太阳能光伏发电。

太阳能建筑必须充分考虑当地自然环境、气候环境和地理特征。在被动式太阳能建筑中，要最大限度地利用太阳能，就要从建筑对气候的适应性出发。建筑适应性设计就是从整体观出发，通过不断调整建筑自身构成要素适应客观外部条件的系统行为。例如，当地的日照时间较短，那么就要加大向阳面玻璃的使用面积，把对日照要求相对较低的房间布置在背阳面；而在冬冷夏热的地区，如果建筑不进行适应性设计，那么夏天用于降温的构造在冬天就会造成室内热量的散失，而冬天用于供暖的构造又会造成夏天室内温度过高（韦亮等，2008）。

太阳能建筑必须考虑建筑和太阳能一体化，即在不破坏建筑原本的外观和结构的情况下，最大限度地利用太阳能。我国的太阳能热水器基本处于小型、散装、家庭使用状态，绝大部分建筑在设计施工时并未考虑太阳能热水器的后期安装，不仅造成了住户的安装困难，住户自行粗放的安装方式也大大破坏了建筑的美观度，致使很多小区禁止住户安装太阳能热水器。而太阳能建筑对太阳能热水器采用同步设计、同步施工安装的方式，一次安装到位，避免后期安装对住户造成不便和对建筑外观的破坏。

尽管被动式太阳能建筑技术要求少、建筑成本低，但它对太阳能的利用效率也低，效果随季节和天气的变化波动大，无法持续为人们提供舒适的室内环境。

加上集热体的面积大，浪费建筑空间，不适用于多层及高层建筑。在这样的情况下，主动式太阳能建筑成了重点推广对象。

（2）太阳能热水器。太阳能热水器是将太阳光能转化为热能，从而把水从低温加热到高温。按其结构形式可分为真空管式和平板式。国内市场上，95%为真空管式太阳能热水器。以家用真空管式太阳能热水器为例，它由集热管、保温水箱、连接管道、支架及控制部件等组成。真空管有内管和外管，当太阳辐射透过真空管的外管后，由于两层管之间是真空隔热的，热量无法外传，只能沿内管壁传递给管内的水。当管内的水吸热升温后，比重减小而上移至保温水箱的上部，同时温度较低的水沿管的另一侧不断补充。如此循环往复，直至整箱水都升至预设的温度。

太阳能热水器发展较为成熟，在太阳能利用领域占主导地位。我国已成为太阳能热水器最大的生产国和最大的太阳能热水器市场，并维持着20%的增长速度。但大部分太阳能热水器在安装使用时还存在以下问题：① 太阳能热水器一般安置于屋顶，所以它的管道可长达十几米，每次在出热水之前，管道里原有的冷水就会被浪费。② 一般太阳能热水器需要一整天充足的日照才能把储水器里的水全部晒热，这样上午和光照不足的阴雨天就很难保证有热水可以使用。③ 太阳能热水器的集热板一般都是固定的，但太阳辐射角度会随着季节的变化而变化，夏季阳光入射角度较高，集热板与基座的角度可以小一点，冬季则相反，而固定不能调整角度的集热板在集热效果上会大打折扣。④ 由于太阳能热水器并不能保证稳定供热，因此需要加装补热装置。而这些装置一般在水温低于设置值时就启动加热，十分费电。这些都是在未来的发展道路上需要进一步攻克的难题，只有这样，太阳能热水器才能真正做到低碳节能。

（3）太阳能光伏发电。太阳能光伏发电是通过光电效应产生电能，所发的电能通过逆变器把直流电转换为交流电，再由控制器对电能进行调节和控制。以家用太阳能发电系统为例，白天太阳能电池组接收太阳光输出电能，一方面把整压整流后的电能送往建筑内的用电负载，另一方面将多余的电能经过防反冲二极管向蓄电池（组）充电；晚上或阴天所发电能不够满足建筑自身负载需要时，直流系统经过控制器将蓄电池（组）输出的直流电供直流负载使用，交流系统则经过逆变器把蓄电池（组）通过控制器输出的直流电变换成交流电供交流负载使用（李苗洪，2009）。而在另一种模式中，多余的电通过控制器与市政供电系统并网，当晚上或雨天所发电能不够时，控制器又并网市政供电系统，保证用户的正常用电。

将太阳能发电应用于建筑的代表性方法是太阳能屋顶。所谓太阳能屋顶，就是安装于房屋顶部的太阳能发电装置。德国是世界上利用太阳能发电最成功的国家。德国太阳能工业协会 BSW 的数据显示，2011 年德国太阳能发电量比 2010 年增长了 60%，达到 180 亿 kW·h，占德国全国总发电量的 3%，其 2020 年的目标是太阳能发电量占全国发电量的比例达到 10%。为实现这一目标，德国通过法律要求电网公司必须全额收购太阳能发电的上网电量；同时颁布太阳能光伏发电上网的固定价格并维持 20 年不变；此外，德国还提前设定电价每年下降 9%，并根据规模进行微调，以降低居民用电成本。从 1998 年起，德国实施了"十万太阳能屋顶计划"，计划在 16 年内安装 10 万套光伏屋顶系统，总容量在 300～500 MW，每个屋顶 3～5 kW。通过以 0.53 欧元的高价收购居民的太阳能电力入网，使居民使用太阳能电力的价格与普通电价持平；另一方面通过贷款优先并贴息 3%的政策，使居民购买安装太阳能发电设备的积极性大增。

我国幅员辽阔，太阳能资源十分丰富，年日照在 2 200 h 以上的地区占了国土面积的 2/3，年辐射总量为每平方米 3 340～8 360 MJ，相当于每平方米 110～250 kg 标煤的能量。我国应充分利用优越的自然条件，大力发展太阳能建筑。

8.2　低碳交通

8.2.1　交通耗能与碳排放情况

随着经济社会发展和城市化进程的加快，我国的交通运输业也向着规模化、机动化快速发展。从国家统计局的数据来看，截至 2011 年年底，我国机动车保有量已达到 2.25 亿辆。民用汽车（包括三轮汽车和低速货车）保有量也从 1995 年的 1 040 万辆，增加到了 2011 年的 9 356.32 万辆，增长了 8 倍。其中私人汽车保有量 7 326.79 万辆，并保持着接近 20%的年均增幅。交通部预计 2020 年，民用汽车的数量将增加到 1 亿～1.3 亿辆。中国汽车工业协会发布的消息显示，2010 年我国汽车销量达 1 806.19 万辆，居世界第一。而从航空运输业来看，1990 年的定期航班航线里程仅 5 万 km，2011 年接近 35 万 km，年载客人数超过 29 317 万人。此外，铁路和公路的运营里程也从 2007 年的 7.8 万 km 和 358.37 万 km，增长到了 2011 年的 9.32 万 km 和 410.64 万 km。截至 2012 年年底，全国交通运输用地达 2.5 万 km^2，较 2000 年增长了 31.6%。

庞大的交通系统在解决社会日常运作之外，也大量地消耗着能源、排放着 CO_2 等温室气体及其他污染物。国际能源署 2010 年的报告指出，2008 年全球交通用油占全球石油总消耗量的 61.4%，总量达 21.50 亿 t 标油，交通部门已经成为全球石油消耗量最高和增长最快的部门。同年全球交通部门排放 66.05 亿 t CO_2，占能源火电 CO_2 排放量的 22%。其中，全球道路运输排放 48.48 亿 t CO_2，占交通部门排放量的 73.4%，因而道路运输是交通 CO_2 减排的核心主体。IEA《运输、能源与 CO_2：迈向可持续发展》（2009）报告指出，交通运输业每年消耗着全球一半以上的液态化石燃料，同时也排放了近 1/4 的与能源相关的 CO_2。亚洲发展银行可持续发展报告《反思交通和气候变化》也指出，交通所排放的温室气体占全球温室气体总排放量的 13%，其中全球 23% 的 CO_2 来自于交通相关的燃料燃烧。预计到 2030 年，交通造成的 CO_2 排放量将增加 57%（刘细良等，2013）。

我国交通运输、仓储和邮政业耗能 1990 年为 4 541 万 t 标煤，2010 年就达到了 26 068 万 t 标煤，占全国能源消耗总量的比例也从 4.6% 上升到 8%。而由交通运输引起的 CO_2 排放量每年以超过 8% 的速度增长着，2008 年达到 6.3 亿 t。2010 年《第一次全国污染普查公报》统计显示，我国机动车空气污染排放量占城市空气污染总量已高达 30%。在交通拥堵相对严重的城市，这一比重甚至高达 40%～60%。中国要兑现在哥本哈根气候大会上做出的承诺：到 2020 年中国单位国内生产总值 CO_2 排放比 2005 年下降 40%～45%，交通运输业是重点突破领域。2011 年 7 月 29 日的低碳交通运输体系建设城市试点推进会上，交通运输部副部长高宏峰再一次提出，要把握目标、突出特色，稳步推进低碳交通运输体系建设城市试点，转变交通运输发展方式是现阶段交通运输发展的主线，节能减排、建设以低碳为特征的交通运输体系是实现行业发展方式转变的重要抓手。

8.2.2　低碳交通内涵

1987 年，世界环境与发展委员会发表的《我们共同的未来》报告中首次提出了"可持续发展"这一概念，并将其定义为"既满足当代人的需求又不危及后代人满足其需求的发展方式"。在可持续理念的指导下，越来越多的人开始从环境质量、社会生活、节能减排等方面探索可持续发展的实践途径。1996 年，世界银行出版的《可持续城市交通：政策变革的关键》一书中，首次提出了"可持续城市交通"概念，并从经济与财务、环境与生态、社会的可持续性 3 个方面进行了阐述。基于"环境和生态的可持续是前提和根本"这一观点，以环境保护为主要目标的"绿色交通"应运而生。绿色交通以缓解交通堵塞、降低环境污染、促进资源合理利用为目的，以平等性、协调性、平衡性、延续和以人为本为原则。其本质是建立维持城市可持续发展的交通体系，以满足人们的交通需求，同时注重节约资源、保护环境和社会公平，是一种与环境、资源、社会 3 个方面相和谐的交通，是实现交通可持续发展的一种有效手段（黄玖菊等，2012）。

　　低碳交通是低碳经济的产物，同时也是一种绿色、可持续的交通运输发展方式。自低碳交通这一概念提出以来，各界学者、研究机构、政府规划部门等从不同角度论述了低碳交通的内涵。有学者从出行方式上把低碳交通归结为公共交通以及与之接驳的慢行交通；有学者从土地利用与交通系统的互通关系上论证了土地功能划分对交通碳排放量的影响；也有学者从低碳技术角度提出低碳交通的实现需要依靠新能源低碳技术对交通工具的改造。综合上述观点，我们可以将低碳交通运输（Low Carbon Transportation）定义为通过合理引导运输需求、优化运输装备、运输结构与用能结构，提高运营与能源效率，并从政策导向、技术创新、社会伦理文化培育等方面，共同减少碳排放总量，最终实现交通运输全周期、全产业链的低碳发展。低碳交通运输以高能效、低能耗、低污染、低排放为特征，其核心在于提高交通运输的能源效率、改善交通运输的用能结构、优化交通运输的发展方式，目的在于使交通基础设施和公共运输系统最终减少以传统化石能源为代表的高碳能源的高强度消耗（陆礼，2012）。

　　低碳交通运输是一个体系化的概念，广义的低碳交通运输，不仅涉及交通运输系统的规划、建设、维护、运营，还包括交通工具的生产、使用、维护以及相关技术支持和制度保障，而且实现低碳化的手段也是多样的，包括技术性减碳、结构性减碳和制度性减碳等。低碳交通运输就是用最少的能源消耗、最高的能源使用效率、最少的 CO_2 排放来满足社会运作的交通需求，力求在交通的各个环节实现低碳化直至无碳化。

8.2.3　低碳交通发展

　　发达国家较早实现城市化、现代化和机动化，也较早出现交通拥堵、环境恶化等问题。在解决此类问题上，发达国家积累了丰富的经验，对正处于低碳交通建设起步阶段的我国来说，具有重要的指导意义。

　　英国是世界上第一个提出"低碳经济"的国家，一直以来都是倡导并实践控制温室气体排放的榜样国家。据统计，英国国内温室气体排放量中有 21% 来自交通，伦敦地区 66% 的 CO_2 排放与路面交通相关，其中汽车和摩托车所排放的 CO_2 量占 45%，道路运输排放的 CO_2 占 21%（张细良等，2013）。2009 年 7 月，英国制订了一份国家战略方案——《英国低碳转型计划》，同时提出了《低碳交通：更环保的未来》计划作为其重要组成部分，目标从现在起至 2020 年，通过使英国人的出行方式更环保，实现每年减排 20%；2050 年前，道路交通和铁路交通将在很大程度上实现去碳化，航空和海运将大大提高能效。

　　为实现 2050 年碳排放量较 1990 年至少下降 80% 的碳减排目标，伦敦政府将交通减排作为重点，采取了一系列措施。在《伦敦未来能源战略》报告中规划了低碳交通的发展方面，首先要加大对低碳环保机动车辆的财政投入和购买力度，力争到 2020 年伦敦电动车辆保有量达到 10 万辆。同时，伦敦也加入了英国"充电场所"（Plugged-In Places）计划，目标到 2015 年新建 25 000 个电动车辆充电站，确保市民能在 1 km 内找到充电站，辅助电动车的加速推广。此外，根据私人汽车 CO_2 排放量征收差别化停车费和制定不同的停车许可制度，鼓励市民选择低碳交通出行方式。从 2012 年 1 月 3 日起，伦敦开始建立低碳排放区，汽车在低碳排放区内行驶时，其中的固定和移动摄像头会读取车牌登记号码，如果该车辆不符合低排放区的排放标准（大型货车和小型巴士可吸入颗粒物 PM 排放为欧 III 标准，3.5 t 以上的货车、公共汽车和客车的可吸入颗粒物 PM 排放为欧 IV 标准），则该车辆须支付每日应缴款，逾期将额外罚款。由此遏制了特定地区的交通污染，改善了空气质量。

日本是《京都议定书》的发起国，在全球低碳建设中一直处于领先地位。加之日本国土面积小，能源资源匮乏，节能和开发新能源始终是其建设低碳社会的战略重点。2006 年 6 月，日本出台了《国家能源新战略》，提出在 2030 年前使日本的整体能源使用效率提高 30%，并加快太阳能、风能、生物质能等可再生能源的利用。2008 年 7 月，日本政府启动了"低碳社会行动计划"，提出在 2020 年前大幅提高电动汽车等新能源汽车的普及度，并建立半小时即可完成充电的快速充电设施。

作为日本海陆空交通枢纽的东京地区，城市发展进入成熟阶段，人口密集，为维持社会的日常运作需要消耗大量的资源能源，排放的温室气体及其他废弃物对环境造成了重大威胁。解决大都市庞大的交通需求、打造低碳城市交通，东京政府制定并实施了一系列合理有效的低碳交通政策。为减少人们日常出行对机动车的需求，东京的城市空间按照同心圆形状分布，环形城市轴将其 23 个特别区和 27 个市连接成有机整体，充分利用广域干线道路网和铁路网以及各种汽车、地铁、轻轨等交通工具构成的公共交通网络，确保了人和物资的顺畅流动。此外，东京政府重视轨道交通的发展，将铁路车站及周边地区建成社区中心，减短人们到铁路车站的距离，提高轨道交通的便捷性。同时，发展轻轨电车，实行公交汽车 1 小时内无限次换乘的优惠政策，鼓励人们乘坐公共交通工具。

纽约是美国人口最多的城市，也曾面临严峻的交通拥堵问题，为此纽约政府采取了众多行之有效的方法，大大增强了交通便捷性和低碳性。纽约拥有世界上最长的地铁线，由市中心曼哈顿向四周辐射，几乎覆盖了纽约 5 个行政区的所有地方，490 个地铁站、24 小时全天候运行。在曼哈顿，70%的区域在小于 500 m

的半径范围内必有一个地铁站或火车站。除轨道交通外，纽约的公共交通也非常发达，244 条公交线路、300 多公里的行驶里程、昼夜运营，大大提高了市民乘坐公共交通出行的效率和可达性。此外，纽约交通部在 3 年内修建了 322 km 的自行车专用车道，新建了 7.9 km 与机动车车道相分离的自行车车道，20 个自行车停靠点和 3 100 个自行车停放架。交通部还致力于完善自行车共享系统，为慢行交通的推广做出了巨大努力。

法国从 20 世纪 90 年代开始对城市低碳交通策略进行探索，最具代表性的成果是《城市交通出行规划》，简称 PDU。PDU 是一种综合的政策工具，不仅重视不同交通系统之间的衔接与互补，还充分考虑交通系统和用地规范之间的整合联系，并将慢行交通和公共交通作为低碳城市建设的主要抓手。1996 年，《大气保护和节能法》出台，对各城市的交通规划提出了 6 个方面的基本要求，包括降低小汽车的交通量、发展公共交通和低污染的节能型交通方式、合理分配现有的道路空间以满足不同交通方式的需要等，不同城市可按照自身情况有所侧重。

《大气保护和节能法》规定，常住人口超过 10 万人的城市聚居区必须编制PDU，而巴黎由于首都的特殊性质，一开始并未在 PDU 编制范围内，直到 1996年 LAURE 法才将大巴黎地区纳入必须编制的对象范围内。1997 年法国签订《京都议定书》后，巴黎出台了《大巴黎地区交通出行规划》（PUDIF 2000—2005），该规划对大巴黎地区 5 年内在交通领域需要达到的目标制定了详细的量化指标，例如大巴黎城市地区小汽车交通量总体减少 3%，公共交通使用率提高 2%，步行出行的比例增加 10% 等。在后续的实施中，较具代表性的两项措施是绿色街区和公交线路等级化。绿色街区一般面积为 10 hm^2 左右，主要是在城市居住区。在绿色街区内，机动车行驶速度不得高于 30 km/h（个别地段更低），低速行驶不仅提高了道路安全，还可以更好地与步行和自行车等慢行交通方式和谐共存（张良等，2007）。通过拓宽人行道、开辟自行车道和公交专用道、减少道路停车数量、增加绿化空间和道路景观等方式，不仅减少了机动车能耗，还改善了街区内的环境质量。而公交线路等级化是将众多的公交线路分为骨干线路和普通线路。其中，骨干线路注重市区与市郊之间的沟通，以及与地铁等其他路面交通方式之间的衔接，并通过减少停靠点数量、开辟专用车道、采用大容量车型等方式提高运营效率。

21 世纪以来，我国也开始重视交通领域的低碳化建设。交通运输部自 2009年开始，陆续出台了与交通节能减排相关的政策，包括《资源节约型环境友好型公路水路交通发展政策》《建设低碳交通运输体系指导意见》《建设低碳交通运输体系试点工作方案》《公路水路交通节能中长期规划纲要》等。《公路水路交通运输节能减排"十二五"规划》中制定了能源强度指标和 CO_2 排放强度指标，为

"十二五"期间交通运输业节能减排工作设立了明确的目标。其中能源强度指标如下：与 2005 年相比，营运车辆单位运输周转量能耗下降 10%，其中营运客车、营运货车分别下降 6%和 12%；营运船舶单位运输周转量能耗下降 15%，其中海洋和内河船舶分别下降 16%和 14%；港口生产单位吞吐量综合能耗下降 8%。CO_2 排放强度指标如下：与 2005 年相比，营运车辆单位周转量 CO_2 排放下降 11%，其中营运客车、营运货车分别下降 7%和 13%；营运船舶单位运输周转量 CO_2 排放下降 16%，其中海洋和内河船舶分别下降 17%和 15%；港口生产单位吞吐量 CO_2 排放下降 10%。

在各政策的支持下，2011 年 2 月底，交通运输部率先启动了天津、深圳、杭州、厦门、重庆、武汉、贵阳、保定、南昌和无锡 10 个首批低碳交通体系建设试点城市，意在 2011 年 7 月到 2013 年 10 月期间，从交通运输结构、运输装备改进和提升、智能交通发展、出行方式引导和选择等 6 个方面探索低碳交通运输体系建设的规律和途径。2012 年 1 月，又选定北京、昆明、西安、宁波、广州、沈阳、哈尔滨、淮安、烟台、海口、成都、青岛、株洲、蚌埠、十堰和济源 16 个城市作为第二批试点城市，在借鉴第一批试点城市经验的基础上，结合自身特点，在建设低碳交通基础设施、推广应用低碳型交通运输装备、优化交通运输组织模式及操作方法、建设智能交通工程、完善公众信息服务、建立健全交通运输碳排放管理体系 6 个方面，开展试点研究工作。

此外，2012 年 8 月 16 日，交通运输部科技司组织对重点软科学研究项目《交通运输行业碳排放统计监测及低碳政策研究》进行评审验收，该项目涵盖了低碳交通运输有关理论和方法研究、碳排放现状和目标测算、统计监测与考核体系研究、重大政策与技术分析等低碳基础研究内容。该项目为明确我国交通运输业现状、节能减排潜力、具体实施途径等提供了数据、技术、理论等多方面的支持，对我国继续开展低碳交通建设具有重大指导意义。

2013 年 5 月 28 日，交通运输部印发了《加快推进绿色循环低碳交通运输发展指导意见》（交政法发〔2013〕323 号），提出将生态文明建设融入交通运输发展的各方面和全过程的理念，以"加快推进绿色循环低碳交通基础设施建设、节能环保运输装备应用、集约高效运输组织体系建设、科技创新与信息化建设、行业监管能力提升"为主要任务，以"试点示范和专项行动"为主要推进方式，到 2020 年，基本实现绿色循环低碳交通运输体系。

除了政策保障外，2011 年，财政部联合交通运输部设立了交通运输节能减排专项资金，金额高达 7.5 亿元。通过确定交通运输节能减排优先支持范围和领域，开展专项资金申请和审核工作。两年来，中央财政通过了对 413 个项目的"以奖代补"，拉动了 200 亿元的交通运输节能减排投资，形成了年节约能量约 15.8 万 t 标煤，替代燃料 26.2 万 t 标准油，减少 CO_2 排放 69.9 万 t 的规模。同时也加快了交通运输装备制造业、信息化产业的技术进步，充分发挥了节能减排专项资金对社会经济发展的拉动作用，并引领了交通运输节能减排的工作。

8.3 低碳生活

低碳生活（Low-Carbon Life）是伴随着低碳经济发展而来的新概念，指的是尽量减少生活作息所消耗的能量，从而减少 CO_2 排放量，以减少大气污染，缓解生态环境恶化。它代表的是一种更健康、更安全、更自然的人与自然的互动方式。2008 年世界环境日的主题是"戒除嗜好！面向低碳经济"，也就是说，低碳经济不仅仅是淘汰落后产能、调整产业结构，更要从改变公众习以为常的、铺张浪费的消费习惯入手（孙智萍等，2010）。

淋浴 10 min 约排出 CO_2 1.8 kg，如果每人都将淋浴时间减半，碳排放也将相应减半；将一张纸双面打印，相当于挽救了半片原本将被砍掉的树林；用传统的发条式闹钟代替电子钟，每天可减少 48 g CO_2 排放量；洗衣后不用甩干机而选择自然晾干，可减少 2.3 kg CO_2 排放量（杨冰梅，2012）。每个公民的生活碳排放量看似微小，但乘以我国庞大的人口数，那就是一个可怕的碳排放基数。低碳生活是一种可持续的绿色生活方式，践行低碳生活方式是我们每一个人的责任。

8.3.1 低碳饮食

8.3.1.1 低碳饮食的概念

低碳饮食（Low Carbohydrate Diet）这一概念，最先由阿特金斯医生于 1972 年在其撰写的《阿特金斯医生的新饮食革命》一书中提出。其含义为低碳水化合物饮食，即减少碳水化合物的摄入，提高蛋白质和脂肪摄入的一种饮食模式，目的在于鼓励美国众多的肥胖者减肥。

随着社会与自然环境的变化，"低碳饮食"也被赋予了新的定义，即通过改善饮食习惯，减少 CO_2 排放量，减缓地球变暖速度。食物的碳排放主要来自生产与加工过程，因此低碳食物就是指从田头到餐桌的整个食品体系链中产生温室气体较少的食品。

联合国粮农组织报告显示，全球畜牧养殖排放的温室气体约占整个农业排放温室气体总额的 78%，也就是说，肉类、奶制品、水产品等在生产过程中会产生较大碳排放量，属于高碳产品。一个每天都吃肉的人，其每年产生的碳排放量是素食者的两倍。而在肉类中，红肉（牛肉、羊肉、猪肉等）又较白肉（鸡肉、鸭肉、鱼肉等）高碳。研究发现，生产 1 kg 牛肉需要谷物 7 kg，而生产 1 kg 鸡肉只需谷物 2 kg。因此，低碳饮食提倡少肉多素，少红肉多白肉。

从加工环节来看，精细加工的食物一般较多地添加了色素、防腐剂、增香剂等多种食品添加剂，还存在多盐、多油、多糖等健康隐患，营养价值大量流失，过多摄入会损害人体健康。从环保角度来看，食品在加工、包装、运输、储藏等环节需要消耗大量资源，造成 CO_2 排放量增加。此外，烹饪过程也会产生 CO_2 排放，尤其是烧烤、油炸等烹饪方式，不仅破坏食物本身的营养，其消耗的食用油及其产生的油烟、废油等垃圾对环境也是一大污染。因此，低碳饮食提倡蒸、煮、炖、凉拌等烹饪方式。

8.3.1.2 低碳饮食的实践

改革开放以来，人们的生活条件有了较大改善，国人的饮食习惯也在发生明显的变化。在物质生活日益丰富，消费选择愈发多样化的同时，不合理的饮食习惯、饮食文化、消费心理也在不断滋长。在生态环境日益脆弱的现代社会，通过实践低碳饮食，减少 CO_2 排放，实现人与自然的和谐共生显得尤为重要。

（1）选择低碳食物。① 多素少肉。"无肉不成席"是中国餐桌文化的一部分，然而联合国粮农组织的《牲畜的巨大阴影，环境问题与选择》报告表明，肉类产生的碳排放量占全球温室气体总量的近 1/5，比汽车和飞机的碳排放总量还高。《全民节能减排手册》指出，每人每年少吃 0.5 kg 猪肉，全国每年可节约 35.3 万 t 标煤，CO_2 减排 91.1 万 t。每人每年吃素一天就可以减排 CO_2 4.1 kg，相当于 180 棵树一天 CO_2 的吸收量。肉食者年碳排放量相当于车行 4 758 km，素食者的碳足迹则至少减少一半。按照中国人的体质特征，中国营养学会推荐每人每天进食 250～400 g 谷类、薯类及杂豆，这种饮食习惯不仅健康营养，而且也符合低碳饮食的要求。一亩耕地用于种植大豆，可获得 60 kg 蛋白质，满足一个人 85 天的蛋白质需要；如果把种植来的同等粮食做成饲料喂养猪，获得的猪肉中仅有 12 kg 蛋白质，仅能满足一个人 17 天的蛋白质需要。此外，畜牧养殖还会产生大量粪污和废水，这些都会造成环境污染。② 我们应该尽量选购当地、当季食材。一方面，反季节蔬果需使用温室大棚等高能耗设施，且需要施用大量化肥、催生剂等。另一方面，从外地引进的食品增加了包装和物流等成本，且在运输途中易造成损耗。食物里程是指食物从原产地运送到消费者口中的距离，距离越远，消耗能源越多，CO_2 排放量越多。③ 选择完整的、少人工添加物、无化学肥料、无农药、天然形态的天然食物，减少加工程序和一些化学添加剂的使用，不仅保留了食物的原有营养，还减少了加工环节的碳排放。

（2）减少粮食浪费。中国素有饭局文化，大部分人际交往、商业洽谈、情感沟通都发生在餐桌上。可悲的是，铺张浪费、炫耀性消费、面子性消费似乎也已成为我们的饭局文化之一。2012 年，央视对粮食浪费现象进行了调查，调查发现，每个家庭或每家餐厅每天要浪费 10%左右的粮食。一家餐厅一天产生的剩菜可以达到 100 kg，全国每年浪费粮食 800 万 t，足够 2 亿人吃一年。另外还有数据显示，少浪费 0.5 kg 千克粮食就能节约 0.18 kg 标煤，相应减少 CO_2 排放 0.47 kg。

（3）避免污染性消费。随着生活节奏的加快，外出就餐的上班族越来越多。一次性餐具带来方便之余，也带来了资源浪费与环境污染。虽然我国已明确停止使用泡沫塑料餐具，由纸制品或可降解塑料制品替代。然而，纸质餐具需要消耗大量的木材，且造纸过程会带来水污染。而可降解塑料餐具在生产过程中添加了多种物质，由于技术原因，现有的可降解塑料制品还无法完全降解，部分添加物也难以回收利用，对环境的潜在危害仍然存在。美国每年丢弃的塑料袋等于消耗了 1 200 万桶石油，而我国每年使用塑料袋的数量也已超过惊人的 1 万亿个。"限塑"的意义不仅仅在于遏制白色污染，还在于节约塑料的来源——石油资源，减少 CO_2 排放。各式灌装饮料的生产也会带来 CO_2 排放量的成倍增加。例如一瓶 550 ml 的瓶装水的生产就伴随着 44 g CO_2 的排放，是普通白开水排放量的 500 倍。因此，低碳饮食提倡外出就餐自备餐具，环保的同时也节约了资源。

（4）避免破坏性消费。现在有部分人热衷于稀缺性的、奢侈性的食物，比如鲍鱼、鱼翅、野生小黄鱼等，这些食物不仅价格昂贵，营养价值一般，而且捕捞成本大，需要耗费大量人力、物力和资源，过度捕捞还会造成物种濒临灭绝，破坏大自然的生态平衡。更有甚者，出现了非法出售、食用珍贵野生动物的现象，羚羊、黑熊、穿山甲等成了人们的盘中餐，这样的捕杀猎食行为不仅破坏生态平衡，也容易造成病毒传播，甚至造成稀有物种的灭绝（岳婷，2012）。

在全球低碳浪潮席卷之下，树立低碳饮食理念，践行低碳饮食生活方式成了各个国家共同努力的方向。我们每个公民都有责任和义务，做到合理适度消费，杜绝浪费，为地球的节能减碳贡献自己的一份力量。

8.3.2　低碳服装

根据"全民节能减排潜力量化指标研究"显示，如果全民按照其 36 项日常生活行为指标生存（包括衣、食、住、行、用）积极参与节能减排，每年可节能约为 7 700 万 t 标煤，相当于减排 CO_2 2 亿 t（张俊华，2012）。可见，大力发展基于低碳理念的现代服装产业，是顺应全球低碳经济发展的必然选择。

8.3.2.1　低碳服装的概念

低碳服装是一个宽泛的服装环保概念，泛指可以让我们每个人在消耗全部服装过程中产生的碳排放总量更低的方法，其中包括选用总碳排放量低的服装，选用循环利用材料制成的服装及增加服装利用率、减小服装消耗总量的方法等。

每件衣服都有其生命周期，从还是庄稼地里的棉花、亚麻或者是从石油开始，然后变成棉线、化纤、面料，经过漂染、裁剪、缝纫、运输、出售到消费者使用、洗涤、熨烫，到最后被焚烧、降解，每一个环节都会消耗能源，都会排放 CO_2。国外相关环保机构就服装生产和使用过程产生的碳排放量做了一系列调查，结果表明，一件约 400 g 的 100%涤纶裤子在其生命周期内全部耗电量约为 200 kW •h，排放 CO_2 47 kg，相当于裤子本身重量的 117 倍。英国剑桥大学在类似的研究中发现，一件 250 g 的纯棉 T 恤，从原材料提供到最后的回收或焚烧，消耗的电量约为 30 kW • h，排放 CO_2 7 kg。国内相关研究表明，按腈纶衣服的能耗标准为每吨 5 t 标煤，则少买一件重 0.5 kg 的衣服至少能减少标煤 2.5 kg，减排 5.7 kg CO_2。

2009 年 9 月 20 日世界地球清洁日当天，在由环保机构珍古道尔（北京）环境文化交流中心、李宁公司、帝人集团等机构共同组织的关于"低碳服装"研讨会上，创造性地提出了"衣年轮"的概念。基于对树木年轮的理解，衣年轮提出用服装的碳排放指数，衡定每件衣服的使用年限、生命周期内的碳排放总量及年均碳排放量，号召公众加入穿着"低碳服装"的队伍中来。

8.3.2.2　低碳服装的实践

低碳服装的推广需要政府、企业、消费者的共同努力。企业负责选用低碳面料、创新低碳技术、实现低碳销售；政府部门要加强低碳服装的宣传工作，完善对低碳服装企业的激励和保障政策；这样消费者才能树立低碳服装消费意识，才会愿意买又买得到低碳服装。

（1）企业的低碳服装实践。从企业角度来讲，在原材料方面尽量选择低碳面料。常见的环保面料有麻纤维、有机棉、彩色棉、大豆蛋白纤维、竹纤维、莫代尔等。这些原材料从天然动植物中提取，其中有机棉在生产过程中不使用任何化学制品，以有机肥、生物防治病虫害、自然耕作管理，由于在种植和纺织过程中要保持纯天然特性，现有的化学合成染料无法对其染色，只能用纯天然的植物染料进行染色；而彩色棉是通过现代生物工程技术培育出来的，是一种在吐絮时就带有天然色彩的新型纺织原料，减少了后续染色的程序；竹纤维以竹为原料，具有较好的天然抗菌效果及环保性，属于绿色产品；大豆蛋白纤维属于可降解再生植物蛋白纤维，被誉为"21 世纪健康舒适型纤维"；麻纤维从各种麻类植物中提取，麻和亚麻纤维表面光滑，吸收性和透气性好，越来越受消费者的欢迎；莫代尔是以榉木为原料提取的纤维，纯天然可降解，集天然面料的华美纹理和合成纤维的实用性于一体。棉、麻等天然植物与由石油等原料人工合成的化纤类面料相比，消耗的能源和产生的污染物相对较少。墨尔本大学的研究表明，大麻布料对生态的影响比棉布少 50%，用竹纤维和亚麻做的布料也比棉布在生产过程中更加节水。而一件纯棉衣服在其生命周期内排放 CO_2 约 7 kg，而同样一件化纤衣物则高达 47 kg。因此，选择原生态的、可循环利用的天然纤维是践行低碳生活的最好选择。

除了采用天然纤维材料外，服装的生产过程也要做到低碳，优选设备、技术、精简工艺、缩短时间、利用低碳技术等是实现低碳生产目标的有效措施。在裁剪环节采用 CAD 系统，精确计算布料宽度，面料排版尽可能紧凑，减少裁剪损失；被丢弃的边角料可以再利用，降低余布率，省料的同时也相当于减少了 CO_2 排放。印染是纺织工业的重要组成部分，也是产生能耗与污染的主要环节。我国印染企业的单位产品资源消耗量高于发达国家数倍，无法达到低碳环保要求。在低碳经济下，部分企业开始淘汰落后产能，引进先进染整设备，采取符合安全标准和生态服装产品生产需要的高效、安全和环保的染化剂（张俊华，2012）。

销售过程的低碳化主要包括宣传、包装、运输等环节。低碳服装不只是物质产品，更是一种绿色时尚文化，我国的低碳服装产业还处于成长阶段，一个好的广告创意可以引导消费者对低碳服装的认识，刺激大众低碳服装购买需求，从而提高消费者的低碳生活意识。而产品的包装要力求精简，包装材料选择可回收、可多次利用、对环境友好的材料，避免过度包装和过度浪费。就运输方面来说，尽量采用本地生产本地销售，减少物流带来的碳排放。

国内的李宁、日本的 UNIQLO、美国的 Pantagonia 等企业已纷纷加入了这场产业革命，在不久的将来，服装产业必然进入低碳时代。

（2）消费者的低碳服装实践。消费者是低碳服装的最终使用者，如果没有消费者的参与，低碳服装也将是空谈。消费者应积极接受低碳服装的理念，树立低碳生活意识，主动购买节能减碳的低碳服装。此外，还要少购买服装、提高服装使用率。如果每人每年能少买一件不必要的衣服，相当于节约 2.5 kg 标煤，相应减排 6.4 kg CO_2。如果全国有 1 亿人可以做到这一点，那么每年节约的标煤可达 25 万 t，减排 CO_2 64 万 t。在选购时，最好选择浅色、白色、无印花的衣服，这类衣服较少使用染色剂等化学物质，既环保又健康。

在衣服的使用过程中，尽量用手洗代替机洗。数据显示，手洗代替机洗一次可减排 0.26 kg CO_2，全国的洗衣机每月少洗一次，则一年可减排 55 万 t CO_2。此外，降低洗涤温度、使用环保洗涤剂、自然晾干代替烘干、减少熨烫等也是节能减碳的环保方法。旧衣可以翻新改造，也可以转赠他人，或者用作抹布、旧物回收，既避免了衣物被闲置或者被作为垃圾焚烧，又增加了衣物利用率，从而也能减少碳排放。

（3）政府的低碳服装实践。政府是低碳服装产业的宏观规划者，也是最有力的推动者。一方面，政府可以投资建立一些低碳服装研发中心，加快低碳面料和低碳生产技术的开发，尽早解决低碳服装成本和售价偏高的问题。另一方面，政府需要制定相关政策，与企业进行互动、相互影响，形成低碳发展的长效机制。将政策转换成经济信号，准备专项资金鼓励企业低碳创新，全面调动整个服装产业低碳化发展。

我国尚未出台服装业的碳排放标准、最低能耗或者节能认证，但随着低碳服装理念的深入，政府必须加快低碳服装的评价标准，进一步健全服装企业的低碳考核和检测监督机制，将低碳指标纳入企业经济核算体系和单位领导的政绩考核。对于已生产出来的产品，政府要加强低碳认证。"碳标签"是把商品在生产过程中所排放的温室气体排放量在产品标签上用量化的指标标示出来，以标签形式告知消费者产品的碳信息，以引导消费者选择更低碳的商品。但"碳标签"主要针对出口产品，国内还没有正式推行。将"碳标签"应用于服装商品，加强信息透明度，既有利于消费者更快掌握衣服的环保性能，也更利于服装界环保事业的健康发展。

8.3.3 低碳旅游

据世界旅游组织预计，我国到 2020 年将成为世界最大的旅游目的地国家和世界第四大游客来源国，旅游业将成为我国经济发展的重要支柱产业。然而在繁荣背后，人类旅游活动消耗了大量的资源，排放了大量污染物，对生态环境造成了严重影响。因此，发展低碳旅游，实现人与环境的良性互动，才是我国旅游业发展的正确方向。

8.3.3.1 低碳旅游内涵

低碳旅游是低碳经济发展的产物，其核心也是强调在旅游过程中，尽量减少 CO_2 的排放。"低碳旅游"一词最早见诸世界旅游组织与世界气象组织、联合国环境规划署以及哈佛大学联合出版的《气候变化与旅游业：应对全球挑战》的报告中，首次提出了"走向低碳旅游"的旅游应对气候变化战略。随后的 2009 年哥本哈根气候变化世界商业峰会上，世界旅游组织联合世界经济论坛、国际民用航空组织、联合国环境规划署等其他组织机构正式呈递了题为《迈向低碳旅游业》的报告。此后，"低碳旅游"的概念逐渐被业界所认知。2009 年 11 月 7 日，斐济旅游局制定了"低碳旅游，清洁旅游"的发展目标，成为全球第一个提倡低碳旅游的国家。2009 年 12 月，在深圳"2009·两岸三地旅游行业发展高峰论坛"上，我国学者首次明确提出"发展低碳旅游"的口号。

国际上对低碳旅游还没形成一致的定义，有学者从旅游者角度将其定义为旅游者在旅游过程中，将各种旅游消费行为的碳排放量控制在合理的水平，并尽量减少碳排放量的一种新型旅游方式。有学者从低碳经济角度认为：低碳旅游是低碳经济的有机组成部分，是以低能耗、低污染为基础的新型旅游发展方式。也有学者从旅游活动角度出发，将其定义为在低能耗、低污染、低排放的基础上开展相应的旅游活动，尽可能减少碳足迹与温室气体的排放，从而使游客的旅游体验质量与旅游的经济、社会、环境效益获得共同提高。

8.3.3.2　旅游产业的碳排放

旅游产业碳排放指的是为旅游者提供"食、住、行、游、购、娱"等旅游服务过程中所产生的直接和间接的碳排放量，也就是住宿业、餐饮业、交通业、零售业等各行业和各部门的碳排放中与旅游相关的碳排放，覆盖范围较广，便于从宏观角度全面把握旅游碳排放水平。

世界旅游组织在 2007 年和 2008 年发布的两份报告中分析了全球旅游活动产生的碳排放的总量及其结构。报告显示，2005 年旅游业带来的 CO_2 排放量占全球总排放量的 4.9%，未来全球旅游活动碳排放量的绝对水平将继续呈现上升趋势。对于旅游业碳排放的测度方法，国际上尚未达成共识，但已有不少学者在这方面取得了一定成果，主要包括旅游产业碳排放测度和旅游地碳排放测度。

Susanne Becken 等（2006）运用实证研究法对新西兰旅游产业碳排放进行了测度。一方面，将旅游产业分为交通、住宿、旅游吸引物/旅游活动三项，每项再进一步细分为若干子项，通过实证调查法测算每个子项的能源密集度与 CO_2 排放系数。其中，交通分为国内航空、私人汽车、长途汽车、火车、库克海峡轮渡等，住宿分为酒店、家庭旅馆、背包客栈、露营等，旅游吸引物/旅游活动分为建筑物、自然吸引物、空中活动、机动水上活动、探险休憩等。另一方面，搜集旅游者选择的交通方式和行驶里程数、选择的住宿方式及留宿时间以及浏览各类旅游吸引物的游客人数。结合两方面的数据，就能得到整个旅游产业的碳排放量。

从旅游地角度对旅游碳排放量进行测算的研究中，具有代表性的是 Joe Kelly 等（2007）对加拿大化学旅游胜地威斯勒的能耗与碳排放进行的研究，该研究将旅游地的能耗与碳排放分为三部分进行估算。第一部分是旅游地内部的能耗与碳排放，包括由建筑物、基础设施和交通等消耗的能量所排放的 CO_2 以及旅游地内部固体废物垃圾处理所产生的碳排放量。第二部分是旅游地从业人员通勤过程中使用各种交通工具所消耗的能源和碳排放。第三部分是旅游者从客源地到旅游地的交通过程中的能耗与碳排放,与第二部分相似,这部分的数据主要是估算出游客的总出行里程数、游客人数,再与其所选交通方式进行结合。

减排措施的制定需要碳排放的定性分析做依据,而我国对旅游景区、旅游者、旅游交通等的碳排放测定仍是空白。尽管以上两种碳排放测算方式不一定符合中国国情,但仍然对我国建立碳排放测量体系的建立有着重要的参考意义。

8.3.3.3 低碳旅游的实践

低碳旅游主要包括低碳旅游景区(低碳旅游设施、低碳旅游吸引物、碳汇旅游体验环境)、低碳旅游交通以及低碳旅游者。

(1)低碳旅游景区。低碳旅游景区是以旅游吸引物为依托,采用低碳化建设和经营方式,以满足旅游者参观游览、休闲度假等需求的独立空间区域。低碳旅游景区又可分为绝对型和相对型。绝对型低碳景区是指从景区的前期建设、中期运营、后期管理等全过程严格低碳化;相对型低碳景区是指提供休闲体验型旅游项目、节能型住宿设施、环保型出游工具、轻便化旅游装备等有限低碳旅游服务的旅游景点(侯文亮等,2010)。低碳旅游景区不限于新建旅游景区,传统旅游景区通过低碳改造也可以成为低碳旅游景区。

要成为低碳旅游景区,可采取以下3种措施:

☞ 发展低碳旅游设施:低碳旅游设施是指使用低碳技术所建造的或改造的、用于提供旅游接待服务的基础设施和专用设施,包括交通设施、卫生设施、住宿餐饮设施、购物娱乐设施等。①景区内实行交通管制,鼓励步行和自行车;景区内配备电动车、新能源汽车等低碳交通工具,负责接送旅客在各个景点间移动。②可使用循环污水处理系统,建设生态厕所,使用环保垃圾桶;利用太阳能、风能等低碳能源负责景区照明系统、冷气系统、供暖系统等的能源需求;利用低碳建筑技术,建设低碳旅游住宿、餐饮、购物、娱乐设施;景区内的商店不使用一次性餐具、垃圾分类回收、不主动提供塑料袋、优先使用当地食材。

☞ 营造低碳旅游吸引物:旅游吸引物是指对游客产生强烈吸引作用的一切有形的、无形的、物质的、非物质的、自然的、人工的低碳旅游吸引要素,如自然景观、建筑景观、文化活动等。森林、湿地、海洋、湖泊等是具有高碳汇能力的自然旅游资源,应科学地充分挖掘提升这类自然旅游吸引物的质量;开发低能耗、低排放的低碳旅游活动产品,如运动休闲、文化体验等;除新开发外,还可通过生态化的技术手段,修复受损湿地、受损土地,恢复生态景观,营造自然与人工结合的综合型低碳旅游吸引物；将低碳产业园区、低碳社区以及低碳港区、低碳校区、城市绿地等人工碳汇资源包装成低碳旅游吸引物。

☞ 培养碳汇旅游体验环境：政府通过推行旅游碳汇机制，制定碳汇旅游体验环境的评估指标和监督机构，激励旅游企业根据碳汇旅游评价机制，打造具有较高碳汇能力的旅游景区，通过绿化工程、新能源工程等消除碳排放的消极影响，培育高品级的碳汇旅游体验环境；旅游社区要积极参与旅游环境的建设与维护，实施低碳社区行动，构建和谐畅爽的低碳旅游社区环境；旅游者要自觉规范自身的旅游行为，树立"碳中和"的旅游消费观念，实行"碳补偿"或"碳抵消"的旅游消费方式（谢园方，2012）。

（2）低碳旅游交通。根据世界旅游组织对旅游部门 CO_2 排放量的统计数据，飞机的碳排放量占总量的 40%，汽车占 32%，其他交通占 3%，也就是说，旅游交通部门的碳排放量占旅游部门碳排放总量的 75%（谢园方，2010）。Paul Peeters 等（2007）分析了欧洲旅游交通对环境的影响，认为降低旅游航空与洲际旅游对环境的影响是降低欧洲旅游外部成本的重点。因此，控制旅游交通的碳排放量是实现低碳旅游的关键。

要降低旅游交通的碳排放量，主要通过缩短旅游里程和使用低碳交通工具。对短途旅行来说，旅游者可以使用节能的陆运交通来代替飞机。如果用步行代替自驾出行，每 100 km 可节油 9 L；公共交通出行代替自驾出行，每 100 km 可以节油 5/6。对于长途旅行来说，旅游者可以选择节能、环保和直航的航线，因为飞机起降次数越多，产生的碳足迹也就越多。同时尽量减少随行行李，以一架从欧洲飞往澳大利亚的航班为例，每增加 1 kg 行李，就会增加 2 kg CO_2 排放量。当达到旅游目的地时，选择公共交通、租用节能汽车、步行或者使用自行车等低碳交通工具，尽量在各个阶段都做到低碳出游。

（3）低碳旅游者。低碳旅游者是指以旅游活动零碳排放或低碳排放为标准，主动承担旅游业节能减排社会责任，资源选择能耗少、污染小旅游体验过程的旅游者。Paul Peeters 等（2009）研究发现，旅游者对全球 CO_2 的排放负有 4.4% 的责任，根据预计，在 2005—2035 年的 30 年间，这一影响会继续按照每年 3.2% 的速度增长。Susanne Beckena 等（2003）研究发现，旅游业能源消耗量与旅游者行为有着很强的相关性，旅游者选择不同的出游方式、不同的住宿设施甚至是饮食方式等都影响着旅游过程的能源消耗（侯文亮，2010）。

旅游者是旅游活动的真正参与者，其是否愿意接受低碳旅游产品及服务是低碳旅游能够切实运行的关键所在。要成为一名低碳旅游者，首先应尽量选择入住绿色酒店。绿色酒店是指运用环保健康安全理念，坚持绿色管理，坚持清洁生产、倡导绿色消费，保护生态环境和合理使用资源的饭店。在确保服务品质的前提下，比普通酒店节电15%、节水10%，同时减少污染物和废弃物的排放（谢园方，2012）。入住后，自觉做到节约用电、节约用水，把空调温度调到26℃。优先考虑当地当季的绿色食品和生态食品，拒绝使用一次性餐具，适度点菜，杜绝浪费。在选择旅游目的地和旅游活动时，优先选择自然观光、运动休闲等低碳排放的旅游体验互动。在旅游景区自觉爱护环境，自带垃圾袋，将自己产生的垃圾带走处理。在选购旅游纪念品时，适度购买，避免盲目购物。

低碳生活提倡低能耗、低污染、低排放，是一种健康的、自然的、可持续的生活方式。低碳生活方式不仅有助于改善我们的生活环境，还能提高我们的生活质量。践行低碳生活方式、珍惜资源、保护环境，是我们每一个公民应尽的义务。

第 **9** 章

低碳能源发展的体制、机制与政策

发展低碳能源是中国实现可持续发展的必然选择。为实现这一目标，必须加强对发展低碳能源体制、机制的研究，用政策去改变经济社会活动规则、方式及其组织结构。中国低碳政策主要以行政手段和指令控制为主，在管理体制、技术手段、执行能力方面还存在诸多障碍，亟须构建和完善低碳能源法律体系和监管体制，以市场为主导构建良好的低碳能源市场机制，从政策系统的角度对产业、财政金融、公众参与、科技、消费、人力资源管理等政策适时适度进行创新，创造性地探索新的社会经济机制和政策手段去应对低碳经济的要求。

9.1 低碳能源法律体系

我国已构建了由国内低碳能源立法和参与的相关国际协定、宣言构成的低碳能源法律体系，但仍不完备，梳理和借鉴国际低碳能源法律体系是完善我国现行法律体系的重要途径，从国情出发完善我国低碳能源法律体系对我国发展低碳能源意义重大。

9.1.1 中国低碳能源法律体系现状

9.1.1.1 关于发展低碳经济的立法

与我国发展低碳经济有关的法律主要有：《循环经济促进法》《节约能源法》《可再生能源法》《环境影响评价法》《清洁生产促进法》《大气污染防治法》《煤炭法》《电力法》《环境保护法》等。除上述全国人大常委会的立法外，国务院制定了一些相关行政法规，国务院各部委制定了一些相关的部门规章，有立法权的地方人大及其常委会制定了一些相关地方性法规，有立法权的地方政府制定了一些行政规章。另外，我国还制定并实施了《节能中长期专项规划》《可再生能源中长期发展规划》《核电中长期发展规划》《中国应对气候变化科技专项行动》《2000—2015 年新能源与可再生能源产业发展规划要点》《新能源与可再生能源产业发展"十五"规划》《能源发展"十一五"规划》《中国应对气候变化国家方案》《中国应对气候变化的政策与行动》《"十二五"节能减排综合性工作方案》《"十二五"节能减排全民行动实施方案》等规划与政策，这些规划与政策虽然本身不是法律，但却对法律、法规、规章的制定有着十分重要的指导意义（王祥修，2012）。

国际层面上，除了加入《联合国气候变化框架公约》《京都议定书》之外，我国已与多个国家签订了相关的协定、宣言，如《中国和欧盟气候变化联合宣言》《中华人民共和国和法兰西共和国关于应对气候变化的联合声明》《中华人民共和国国家发展和改革委员会和挪威王国外交部气候变化合作与对话框架协议》《中华人民共和国政府和澳大利亚政府关于进一步密切在气候变化方面合作的联合声明》《中华人民共和国政府与美利坚合众国政府关于加强气候变化、能源和环境合作的谅解备忘录》等。签订这些条约，对于我国国内碳排放权交易的发展以及我国在国际应对气候变化合作上发挥应有作用都起到了很好的推动作用。

9.1.1.2 发展低碳经济立法的不足

我国虽然为发展低碳经济制定了诸多法律法规，但是我国仍处于发展低碳经济的起步阶段，相关法律体系仍存在一些不足之处，主要集中于以下几个方面：

（1）低碳经济法律体系不完善。我国对于低碳经济发展方式的规定来自于诸多繁杂的法律法规和政策条例加以调整的。到 2014 年为止在全国人大制定的基本法中，还没有一部专门引导和发展低碳经济的法律。在现有的全国人大常委会制定的法律与其他法规、规章中，法律之间、法律与法规、规章之间存在不协调的现象。

（2）综合性能源基本法缺失。我国已经施行《电力法》《煤炭法》《节约能源法》《可再生能源法》等能源单行法律。在能源问题日渐成为关系国家安全的领域，非常有必要制定一部系统的、综合规范能源开发利用和管理行为、反映低碳理念的基本法。能源基本法的出台将健全中国能源法律体系，为能源领域单行法律的制定和修改提供法律依据，同时也有助于解决能源单行法之间以及能源单行法与其他法律之间的协调问题。

（3）现行有关低碳经济法律缺乏可操作性。我国现行相关的低碳经济的法律条文大多是原则性的规定，条例规定范围较为宽泛，在具体细则上缺乏可操作性，对低碳经济发展过程中出现的具体问题缺少有效规范、调整和解决的作用。

（4）现有低碳经济法律内容相对滞后。随着我国发展低碳经济的要求以及我国经济社会发展的条件发生改变，《煤炭法》《电力法》《矿产资源法》《环境影响评价法》《环境保护法》等有关低碳经济法律内容的规定已经滞后于现实需要和发展基础（王祥修，2012）。

（5）低碳经济立法进程缓慢。从开始的控制气候变化，到现在发展低碳经济，我国相继展开了这方面的试点及具体工作部署。从 2007 年的《中国应对气候变化国家方案》的出台，到 2011 年都没有对相关法律进行相应的修改，也没有进行专门的立法。低碳经济在短短几年时间里如火如荼地进行着，所产生的法律关系出现了无法可依的现象，立法缓慢是造成这一现象的原因之一（申瑞娟，2012）。

9.1.2　国际低碳能源法律体系

9.1.2.1　有关发展低碳经济的国际公约与协议

与低碳经济发展密切相关的国际性法律主要有两个：一个是《联合国气候变化框架公约》，另一个是《〈联合国气候变化框架公约〉京都议定书》。

（1）《联合国气候变化框架公约》。《联合国气候变化框架公约》（以下简称《公约》）是世界上第一部全面控制 CO_2 等温室气体排放的国际公约，《公约》主要目的是应对 CO_2 等温室气体排放引起全球气候变暖给人类经济和社会带来不利影响。《公约》于 1994 年 3 月 21 日生效，中国政府于 1992 年签署了《公约》，1993 年 1 月 5 日中国批准了《公约》。《公约》由序言、26 条正文和两个附件组成，正文中规定的"目标、原则和承诺"是《公约》的核心内容。《公约》第二条规定，"本公约以及缔约方会议可能通过的任何相关法律文书的最终目标是：根据本公约的各项有关规定，将大气中温室气体的浓度稳定在防止气候系统受到危险的人为干扰的水平上。这一水平应当在足以使生态系统能够自然地适应气候变化、确保粮食生产免受威胁并使经济发展能够在可持续进行的时间范围内实现。"《公约》第三条规定了各缔约方为实现最终目标和履行《公约》各项规定而应遵循的五项基本原则：公平原则或共同但有区别责任的原则；应当充分考虑发展中国家缔约方的具体需要和特殊情况的原则；预防原则；促进可持续发展原则；国际合作和开放经济体系原则。《公约》第四条规定了各缔约方应作出的承诺即应承担的义务。

（2）《〈联合国气候变化框架公约〉京都议定书》。1997 年 12 月 1 日至 11 日，在日本京都召开的缔约方会议第三次会议上，各缔约国协商一致通过了《〈联合国气候变化框架公约〉京都议定书》（以下简称《议定书》）。《议定书》是《联合国气候变化框架公约》的补充条款，其目标是"将大气中的温室气体含量稳定在一个适当的水平，进而防止剧烈的气候改变对人类造成伤害"。《议定书》于 2005 年 2 月 16 日正式生效，中国于 1998 年 5 月签署了该《议定书》，于 2002 年 8 月核准了该《议定书》。《议定书》共 28 条，主要内容是明确规定了定量减排指标，规定了履行《议定书》的灵活机制等。

9.1.2.2 有关发展低碳经济的外国立法

西方发达国家在低碳经济法律制度建设方面走在世界前列，这和它们承担了国际公约中的约束性减排义务不无联系，相关国际公约因此也成为低碳经济法律规制的重要依据。自低碳经济提出以来，受到各国不同程度的重视，很多发达国家为发展低碳经济制定了一系列法律保障措施，并取得了很大的成效。

（1）英国低碳经济立法状况。英国是率先发起"低碳模式"并积极主动进行相关实践的国家，其低碳经济发展思路清晰，措施多样而切实可行，低碳经济法律体系较为完整，立法层次清晰。英国积极履行《京都议定书》的减排义务，制定税收和激励措施以降低碳排放和提高能源利用效率。随着国内控制和削减温室气体排放的经验积累和条件成熟，英国开始考虑通过立法明确规定其减排目标，引入法律机制以应对气候变化的挑战。2006 年 10 月发表的"斯特恩报告"分析了气候变化所产生的财政、社会和环境的影响，指出低碳经济，行动越早，花费越少。"斯特恩报告"推动了英国对气候变化进行专门立法。而国际社会进行的多边气候变化谈判，推动了英国气候变化法的尽快出台。2007 年 3 月，英国公布了世界上第一部规定了强制减排目标的立法文件——《气候变化法》草案。承诺到2020 年削减 26%～32%的温室气体排放，2050 年实现温室气体的排放量降低 60%的目标。草案提出成立气候变化委员会，专门负责就英国在碳减排方面的政策机制、投入等问题向英国政府提出建议。草案还制订了未来 15 年的计划，为促成碳减排这一重要目标的实现，确保企业和个人向低碳科技领域投资，提供了一个明确的框架。该草案经过公示、修正后于 2008 年通过了《气候变化法》。其以法律的形式规定了英国政府在降低能耗和减少碳排放量方面的目标和具体工作。2009年，英国政府发布了《英国低碳转换计划》的国家战略文件，内容涉及能源、工业、交通和住房等多个方面。同时出台了配套方案《英国可再生能源战略》《英国低碳工业战略》和《低碳交通战略》等（龙健梅，2011）。

（2）美国低碳经济立法状况。美国虽然没有像其他发达国家一样积极引导、甚至参与到全球碳减排，但是在政策措施上，一直积极倡导并推动新能源产业，以保障美国能源安全，以此来应对低碳经济的发展趋势。美国各州先行将低碳经济视为清洁能源发展的动力，由下至上进行低碳经济转型。美国低碳经济的法律保障形成了自身的特点，并取得了相当的成效。《美国气候安全法》在参议院进行讨论。《低碳经济法案》更是以低碳经济为名，明确促进零碳和低碳能源技术的开发与应用，并通过制度安排为其提供经济激励机制。《低碳经济法案》提出控制美国的碳排放总量，目标是到 2020 年碳排放量减少至 2006 年的水平，到 2030 年减少至 1990 年的水平；法案还提出建立限额与交易体系，鼓励碳捕集与封存技术开发等多项具体措施来发展低碳经济。

奥巴马上台之后，美国政府明确以保证美国在国际政治中的地位和能源安全出发，力求在技术领域引导全球的节能减排行动，并主张以市场化手段解决气候问题。其多次明确提出通过积极发展替代能源来减缓气候变化、实现能源独立的立场和主张，大力推动新能源法案，提出了旨在降低美国温室气体排放、减少美国对外石油依赖的《美国清洁能源与安全法案》，经过磋商，美国众议院在 2009 年 6 月通过了《美国清洁能源与安全法案》，用立法的方式提出了建立美国温室气体排放权（碳排放权）限额交易体系的基本设计。规定了温室气体排放控制量和可再生能源发展的具体目标，并规定其主要实现手段为配额交易制。划出 10 亿 t 的国际碳补偿贸易空间，但在国际碳补偿贸易的准入资格方面作了限定，碳关税概念出现。该《法案》是美国第一个应对气候变化的一揽子方案。美国发展低碳技术与低碳经济的思路以及相应的国家战略转型，已经得到了美国政府众多高层人士的重视，低碳经济在美国已发展成 16 个州、20 个公共机构，支持太阳能、风能、生物质能、燃料电池等清洁能源项目和企业。美国低碳经济蓬勃发展的趋势与法律保障不无关联。

美国现已有 40 个州执行了削减温室气体排放的法规，如新泽西州通过了《对抗全球变暖法案》，成为美国首个通过立法强制大幅削减温室气体排放量的州。加利福尼亚州自 2006 年开始通过州一级立法来鼓励减缓温室气体排放。加州通过法律明确到 2020 年使温室气体减少至 1990 年的水平，大约实现现有水平 25%的减排，成为美国第一个对碳排放采取限制性措施的州。加州政府制定并实施了能效标准特别是建筑标准，每年大约节省 60 亿 kW·h 的电，相当于减少了 24 座电厂的建设，而且节省能源和资金（邓莹，2011）。

（3）日本低碳经济立法状况。为了建设低碳社会，日本首先通过立法来保障低碳经济的发展，其国内有关低碳经济的立法活动主要包括根据国际国内的形势对现有的能源环境立法进行修改完善、颁布新的法律法规两个方面。1979 年，日本政府颁布实施了《节约能源法》，该法对能源消耗标准作了严格的规定，惩罚十分明确。为了适应国内外能源发展形势，不断对其进行修订。1998 年日本制定了《地球温暖化对策促进法》明确指出实现温室气体减排目标是政府和全体民众的共同责任，以此明确低碳经济人人有责。1991—2008 年，日本还先后通过了《关于促进利用再生资源的法律》《合理用能及再生资源利用法》《关于促进新能源利用等基本方针》《可再生能源标准法》《新能源法》《能源合理利用法》修正案和《推进地球温暖化对策法》修正案等法规，这些法案对环境保护和能源开发再利用都作出了相当明确的规定。

2008 年日本首相福田康夫以政府的名义发表了题为《低碳社会与日本》的低碳革命宣言，提出了包括应对低碳发展的技术创新、制度变革及生活方式的转变，作为防止气候变暖的对策，也是日本低碳战略形成的重要标志。"福田蓝图"提出后，日本国会为了给其中设定的减排长期目标提供法律依据，又出台了《研发力强化法》和《低碳社会形成推进基本法》，通过立法把加快技术创新、构建低碳社会作为国家发展战略。日本低碳经济的发展已经形成以基本法、综合法和专项法为架构，基本法统领综合法和专项法完整的法律保障体系。日本还根据各种产品的性质制定各种专项法律法规。这些法律法规种类齐全，规定详细、明确，具有很强的可操作性，有效保障了低碳经济的稳步推进。据相关资料介绍，日本创造 1 美元 GDP 所消耗的能源只有美国的 37%，是发达国家中最少的。在政府的倡导下，在法律体系的保障下，日本建设低碳社会已深入人心，低碳社会计划正在稳步推进。

（4）澳大利亚低碳经济立法状况。澳大利亚的低碳经济法律制度以碳排放控制作为其发展低碳经济的突破口，确立起富有本国特色的"碳捕获与封存"法律制度体系，通过确认以碳为基础的碳财产权与碳获取权等方式，以此推动相关领域的市场化运行，促进本国低碳经济的发展。

2007 年在新政府推动下，澳大利亚颁布《2007 年国家温室气体和能源申报法》，该法确立起澳大利亚全国的温室气体及能源申报制度，建立起国家温室气体和能源申报系统。在可再生能源立法方面，澳大利亚自 2000 年出台了《2000 年可再生能源（电力）法》以后，便不断加大对该法的修订，依据该法，自 2001 年 4 月 1 日起，国家实行强制性可再生能源发展目标计划，要求可再生能源电力供应所占电力结构比例在原来 10% 的基础上提高到 12%，加大可再生能源在国家能源结构中的比例。2008 年，澳大利亚又完成了《2008 年可再生能源（电力）修正（强制上网电价）议案》的制定，旨在完善可再生能源电力供应机制，并提出设计一个向可再生能源电力生产商提供支付的平台等。以上立法及其修正案推动了澳大利亚可再生能源发展，通过立法鼓励更多的可再生能源电力生产、确保电力部门碳减排，为本国经济的低碳化发展提供了制度支持。并且，澳大利亚还是少有的几个出台碳税立法的国家之一，2011 年 10 月，其议会通过了碳税法，从而使之成为运用碳税收杠杆治理碳排放的国家之一。

纵观澳大利亚低碳经济立法，碳捕获与封存立法占据了其低碳立法的重要地位，立法的显著特征是将"碳捕获与封存"通过立法形式确定为一种和石油开发类似的财产权利。以最重要的联邦立法《2006 年近海石油与温室气体封存法》为例，该法是在《2006 年近海石油法》中增补"碳捕获与封存"相关内容，并经历

《2008 年近海石油修正（温室气体封存）议案》的修订，最后形成。该法以近海石油开发权利为参照，创制了和油气开发权利类似的一系列"碳捕获与封存"权利，它们以许可证制度为特征，涵盖温室气体从释放源（如火电厂）进行收集、管道运输、地质注入、地质封存等各个环节。在地方层面，各州很早就以 2005 年《碳捕获与地质封存规章性指导原则》为依据，结合本州实际推动本州的"碳捕获与封存"立法，这些立法主要以单行立法和"陆地碳封存"立法为主（张剑波，2012）。

9.1.3　建立健全低碳能源法律体系的必要性

9.1.3.1　传统的资源配置模式无力保障低碳经济有序运行

　　21 世纪以来，国家和地方积极开展低碳经济试点，探索推进低碳经济的具体途径和方法，保障低碳经济的推进，并在一些行业和地区取得了相关成效。在市场经济体制下，市场手段作为资源配置的重要形式，低碳经济作为一种经济发展模式，不同于传统的高能耗、高产出、高排放经济增长模式，其以低能耗、低污染、低排放为特征，要求采用资源节约型、环境友好型技术和能源，而这种新型技术或能源的发展不是一朝一夕就有成效，而在以追求利润、追求利益最大化的资本运作中，新型技术或能源意味着大量的资金投入和较长的时间成本，这就使得传统的市场手段资源配置模式在应对低碳经济，发展低碳经济的过程中，存在难以克服的市场失灵，表现为导致社会主体在从事低碳经济的过程中，往往缺乏一种积极性和主动性。在社会主体的社会责任体系还没有建立的情况下，这就使得仅仅依赖于社会主体的自身道德约束或所谓的良心，以及传统的资源配置模式不足以保障低碳经济的有序运行，这就需要我们通过一种强有力的长效的外部保障以及适当的政策诱导和倾斜保障低碳经济的有序运行。

　　自"二战"后，各国在发展经济的过程中，鉴于市场在某些领域的失灵，政府职能逐渐由公共管理向公共服务和公共产品提供转移。低碳经济这一经济发展模式在形成的过程中，由于其目的具有公益性的特征，也需要政府提供一定的公共服务和公共产品来保障其有效地进行，这也就需要政府的公权力在低碳经济形成过程中对其进行干预，通过外部调节手段加以解决。所以，宏观调控对维持经济的健康发展发挥着重要作用。宏观调控的手段主要有经济手段、行政手段和法律手段。低碳经济作为一种新兴事物，在其发展的初始阶段，由于碳减排意味着人类对现有生存方式在一定程度上强制性的发生改变，而低碳经济在国家社会经济发展中的地位不明确，缺乏推进低碳经济发展的统筹规划，政府、市场、企业和公众等主体的权利义务关系规定不清晰等诸多问题的产生，通过道德约束和社会舆论监督等自律保障手段从内部解决低碳经济发展问题，无法形成良性运作，而社会保障等外部保障手段也没有形成。因此，迫切需要我们引进外部压力机制迫使社会主体履行低碳经济发展的要求。法律手段因自身固有的强制性和引导性的特点，因此，法律保障手段是为解决低碳经济发展的问题采取外部压力机制中最为有效和强势的一种方法（吴雪梅，2012）。

9.1.3.2　法律的强制性可以促使低碳经济模式的形成

历史上任何一种经济模式的健康运行都离不开符合该经济理念的法律体系保障。通过对低碳经济保障手段的分析也可得出，法律保障是保障低碳经济稳定发展的必然选择。

从法律与经济的关系来看，必须以法律作为低碳经济的主要保障手段。① 法律对经济具有引导作用。低碳经济涉及面广、影响大，而低碳发展需要全社会的广泛参与，需要政府主管部门的支持，需要不同领域、学科专家的参与，但是广大公众对于气候变化、低碳经济的认识还不足，特别是缺乏选择低碳经济这种生活方式的自觉意识。通过法律对低碳经济进行规定和倡导，可以转变人们的思想观念，提高大家应对气候变化的认知和低碳意识，逐步达成关注低碳消费行为和模式的共识，进而采取联合行动，共同抵御气候变化可能带来的风险，更好地促进低碳经济的发展。② 法律保障具有强制性。发展低碳经济对社会主体提出的新要求使得社会主体非自愿遵从低碳经济的要求，通过法律对发展低碳经济的方针予以明确，对各社会主体的权利义务关系作出强制性规定，从而为低碳经济的发展提供有效的法律保障。③ 法律保障对发展低碳经济有支撑和推动作用。发展低碳经济是对传统伦理观和发展观的重新审视，也是对传统经济模式、生产方式的全面变革。尽管我国已经开展了低碳经济的宣传推广和试点工作，使得低碳经济理念日趋深入人心，但低碳经济在我国还是一个新兴事物，其发展还存在着社会、经济等方面的障碍。法律因其自身固有的引导性特点，对低碳经济进行观念表达、价值判断和行为规范，可以形成低碳经济的统一标准、发展环境和推广氛围。相关的法律制度对低碳经济的发展提出明确的要求，对违反低碳经济法律规定的行为进行惩处，并在全社会起到威慑作用，进而使其成为一种深入人心的行为规则（吴雪梅，2012）。

9.1.4　完善低碳能源法律体系的思考

9.1.4.1　根据我国现实国情，坚持合理的立法理念

环境法的基本理念是一个与环境立法目的相关联的概念，它是指环境立法思想或观念的出发点。由于其具有间接性和抽象性，使其可能在立法中与目的性规

范相重合，有时则表现在法的基本原则之中。环境法的基本理念是确立环境法指导思想和基本原则的理论基础。

（1）改变"人本主义"立法理念。通过研究各国环境立法的目的，从理论上可以把环境法的目的分为两种：① 基础的直接目标，即协调人与环境的关系，保护和改善环境；② 最终的发展目标，又包括保护人群健康和保障经济社会持续发展两个方面。结合我国《环境保护法》的立法目的，发现其立法在指导思想上仍为传统伦理观所左右，人本主义与现代环境伦理观和地球生物圈中心主义相对立的传统法律伦理观仍然在立法者的头脑中占据着统治地位。根据各国的立法目的的不同分为"目的二元论"和"目的一元论"。前者首先是保护人的健康，其次是促进经济社会持续发展；后者就是保护人群健康。无论是一元论还是二元论的环境立法，都是一种狭隘的人类利益中心主义思想的产物，其已经不能适应现代环境思想发展的需要，因为环境自身的价值和利益被忽视在外了。

（2）树立环境优先的理念。自 20 世纪 90 年代开始，从各国特别是发达国家制定和修改新的环境基本法和确立新的环境政策目标来看，在实施可持续发展战略的过程中，各国环境立法将保护目标扩大到生物圈，在环境利益和经济利益发生冲突方面，采用"环境优先"的战略思想。众所周知的环境库兹涅茨曲线，是对人均收入与环境污染指标之间的演变进行模拟，说明经济发展对环境污染程度的影响。在这条倒 U 形曲线中可以清晰地看到，随着一个国家人均收入的增加，环境污染程度由低趋高，当经济发展达到一定水平时，即到达某个"拐点"，此后，随着人均收入的进一步增加，环境污染程度又由高趋低，逐渐减缓。但是，这个"拐点"会不会出现，对一个国家的发展来说面临多种可能。坚持可持续发展的立法理念，是促进经济发展和保护环境的明智之举。1992 年后，国际社会就确立了可持续发展的人类发展观，日本通过制定环境基本法将此观念贯彻到国内环境立法中，加强了对生态保护、环境损害赔偿、加重环境责任的相关规定。日本在"拐点"前后进行了深度的法制变革和法律修改。并且经过修改，环境基本法的目标更加清晰：早期，单纯地从环境污染角度出发来考虑环境问题，修改后，将环境保护与经济发展相结合，并且充分体现环境的优先性。这个观念既符合环境保护的要求，又与国际相接轨，在低碳经济立法中应充分体现，在控制温室气体排放的同时发展经济。

（3）树立《环境保护法》作为基本法的理念。《环境保护法》是由全国人大常委会制定通过的，其与《大气污染防治法》《固体废物污染环境防治法》的立法机关是一样的，不具有"小宪法"的位阶效力。但是，根据《环境保护法》的实际效用，应当提高其法律位阶。许多发达国家都把环境法视为基本法并赋予其两重含义：① 针对的对象不再仅是公民、企业，也包括政策的制定者、实施者；② 它事实上的效力应当更高，更为人们所重视。在我国，应当将《环境保护法》作为基本法，来引领我国环境法律体系的构建，对低碳经济的法律体系建立起到指引作用。

9.1.4.2 加快我国低碳经济政策法律化进程

（1）政策法律化的科学性。对于低碳经济的相关政策不能盲目的法律化，因为，从法理上讲，在政策和法律之间，有些政策只能是政策，有些政策可以转化为法律，有些又同时具有政策性和法律性。为了保证在政策法律化后能够保障低碳经济的顺利推行，必须注意其科学性。不能效仿我国《可再生能源法》的做法，在政策法律化过程中，不仅要从程序上法律化，而且要从内容、文字和文本等方面进行立法转换，并且符合法律规范的特征，避免出现政策式立法。

（2）以政策为导向，完善法律规范。我国关于低碳经济的指引方针，大多限于政策的规定，政策具有灵活性和应变性强的优点，同时也有自身的局限性，它属于政府行政决策范围，是一种行政意志的体现，不具有稳定性、长期性和规范性。因而，在低碳经济方面，仅依靠相关政策进行规范，难以达到预期的效果。要将对低碳经济法律关系的调整上升到法律层面，相关的政策必须纳入到法治的轨道。在初期阶段，对于低碳经济相关的法律规范进行完善，可以根据已经成熟的政策措施来进行修改。

9.1.4.3 加快科学立法，建立低碳经济法律体系

在《环境保护法》的基础上，针对相关环境法中与低碳经济发展要求不一致的内容进行修改，对存在法律空白的部分制定相应的单行法。例如，对《煤炭法》《电力法》《节约能源法》及相关政策进行修改，强化清洁生产，鼓励低碳技术的研究，支持低碳能源的开发利用；修订《大气污染防治法》；针对石油、天然气、原子能等制定专门的单行法，对能源进行合理的配置。

（1）修订大气法律保护体系。低碳经济提出的根源在于气候危机，因此，首先修订《大气污染防治法》，完善以大气污染防治为核心的法律法规体系，加强我国应对气候变化的能力，完善低碳经济法律保障体系，为低碳经济的发展提供保障。《中华人民共和国大气污染防治法》于2000年颁布，至今已实施了十多年，在防治大气污染方面起到了重要作用。然而随着社会经济的不断发展，许多地方大气环境质量下降，对大气的污染防治提出了新的需求。其中部分条款已不能适应经济社会发展的需要，也不能适应日益严峻的大气污染防治任务的需要，应当根据新形势的需求，根据低碳经济发展的需要，从以下几个方面提出修订意见：① 完善排污许可证制度，《大气污染防治法》第十五条关于排污许可证的规定存

在一些问题，主要有：许可对象范围过窄，地方政府作为核定主体操作难，关于总量控制区的区域限制已经与节能减排的要求不相符。在实践中核定企事业单位的主要大气污染物排放总量和核发大气污染物排放许可证的工作实际上都是由环保部门承担，地方政府很少介入。《大气污染防治法》的规定应与新《水污染防治法》等现行法律制度衔接。可以参照新《水污染防治法》的规定将许可对象明确化，并将管理权限直接赋予环保部门，同时取消区域限制。② 增加排污权交易制度，我国虽已在江苏、浙江、天津、湖南、湖北、内蒙古等10省有排污权交易试点，但在立法上仍存在空白。因此，应立法规定排污权交易基本原则、程序和制度。③ 完善排污收费制度。将排污收费制度作为一项对排污行为进行全面控制和管理的制度，总量控制的污染物排放和浓度控制的污染物排放都需要申领许可证。规定总量控制许可证根据国家和地方的污染物总量控制计划发放，浓度控制许可证则在申请者经过环境影响评价审批和"三同时"验收后，按照浓度控制和其他法律要求发放。④ 建立明确的经济刺激制度。在《大气污染防治法》中明确规定对优先采用清洁生产工艺的企业给予税收减免，政府补贴。对优先采用能源利用效率高、污染物排放量少的清洁生产工艺的企业在政策上倾斜，激励企业自觉选择低碳技术。

（2）完善能源法律体系。水电和核电的使用可以减少 CO_2 排放，有效地促进低碳经济发展，对气候变化也起到良好作用。《煤炭法》《电力法》的制定时间久远，不能适应现在的发展需要，为了建立低碳经济的法律体系，必须对其进行修订，避免日后法律之间的冲突。

低碳经济是在气候变化的背景下，实现低碳经济必须从能源结构体系入手，减少碳排放量，因此发展低碳经济的核心在于减少化石能源的消耗、开发利用可以利用的清洁新能源，实现能源资源的可持续发展。我们发展低碳经济一个重要的目的在于缓解能源危机，保障能源安全，但在我国法律体系中，虽然能源立法经过数十年的努力，在能源的开发利用方面虽然已出台多部相关的单行法，如《煤炭法》《电力法》《矿产资源法》《节约能源法》《可再生能源法》，但是缺乏全面性、系统性安排，而且很多单行法缺乏配套的实施细则，导致相关单行法缺乏足够的操作性，甚至成为一纸空文。国家的能源战略、能源结构调整、能源安全问题、环保问题等，因缺少相应的法律法规，不能很好地保障其有效实施，国家重大的能源政策也因缺少法律的确认而得不到很好的贯彻实施。能源法的出台，以保障能源安全、能源效率和环境保护，发展低碳经济、实现能源、经济和社会的可持续发展。

能源法从一定意义上讲就是对能源开发利用过程中各利益权衡利弊的法律机

制，它通过对利益的确认、保护和调整来实现社会整体福利。我国能源开发利用中的利益冲突客观存在，可以分为环境利益与经济利益、个人利益与社会利益之间的冲突。能源法的设置，必须考虑到利益冲突的客观存在，对各利益主体进行分析，协调好各方利益。我们制定法律的目的在于执行法律，法律得不到执行就成为一纸空文，毫无意义，因此制定法律过程中，我们应当注意法律的可操作性问题，摒弃我国"宜粗不宜细"的传统，细化法律权利和责任，并加快制定配套法规和实施细则，使能源法具有较强的操作性，从现实意义上对能源的开发利用起到协调与监控作用，引导人们节约能源并转向使用清洁新能源。

当然在制定能源基本法的同时，根据我国能源发展的新形势，完善相应的单行法，对于存在不适宜低碳经济发展的法律法规进行修改和完善，如对煤炭法的规定我们应当明确责任机制。同时对于石油、天然气、新能源行业，我们应加快制定石油法、天然气法、新能源法等专项立法，以填补法律空白，适应我国能源发展的新形势（吴雪梅，2012）。

（3）加强财政金融立法。要充分利用财政金融的作用，推动低碳经济的发展。发达国家通过运用市场机制，实施开征碳税、提供财政补贴、发展碳金融等措施，将低碳发展外部问题内部化，有效激励企业和个人参与低碳经济建设。这既是实现低碳经济发展的重要保证，也能对发展低碳经济起到较好的激励作用，体现法律功能的进步意义。为此，在低碳经济立法中，不仅要加大财政资金投入力度，建立相应的资金保障机制，还要充分激发市场活力，研究试行开征 CO_2 税，逐步完善碳交易体系，积极构建起以碳保险、碳证券、碳基金等一系列创新金融工具为组合要素的中国特色碳金融体系。

（4）加强科技立法。科技进步是解决日益严重的生态环境和能源危机的根本出路。通过科技立法表明支持什么、反对什么、发展什么、限制什么，可以建立起有效的科研工作机制，保证低碳科学技术活动的高度组织化和规范化，从而为低碳经济的发展提供有力的科技支撑。英国为发展低碳技术建立了有效的低碳技术资金投入、开发、成果转化与扩散机制。德国推出世界上第一个涵盖所有政策范围的《德国高技术战略》，加强科学技术的研发。我国的低碳科技基础立法状况不佳，部分领域科技立法内容稍显滞后，这对于我国低碳科技的发展无疑具有重大影响。为此，要加强低碳科技基础领域立法建设，通过进一步明确低碳科研院所的法律地位、科技规划的主要步骤，构建多元化科技投入体制，完善国际低碳技术合作与交流立法工作等，建立起促进低碳科技发展的基本法律体系。

（5）加强消费立法。低碳经济的发展不仅需要生产方式向低碳转型，更需要引导大众的生活消费理念和方式向低碳转型，使低碳消费模式成为协调经济发展和保护气候的一条基本有效途径。发达国家在发展低碳经济的过程中,通过立法对消费行为加以规范和引导,使人们的消费行为朝着有利于环境保护、节约资源的方向转变。如欧盟各国注重运用税收手段对消费者的过度消费与奢侈消费行为进行调整;荷兰等国对生活消费垃圾征税;德国对回收率低的饮料瓶实行押金制度,等等。为促进我国低碳消费模式长效机制的建立,要进一步健全低碳产品认证标志制度,不断完善我国生态消费税制度,适当提高汽油、柴油的税负水平,进一步拓宽奢侈品和奢侈行为消费税的征收范围,继续完善政府采购制度,建立政府绿色采购的立法及实施机制等。

9.2　低碳能源管理和监管体制

我国的能源产量跃居世界前列,基本满足了国民经济对能源的需要。同时,能源工业也成为我国工业部门中效益最好、发展速度最快的行业之一。但是,能源行业也存在着许多问题,如能源管理、行业监管等方面,如何加快能源管理和监管体制改革是值得认真思考的问题。

9.2.1　中国能源管理和监管体制现状

9.2.1.1　我国能源管理体制现状

改革开放 30 多年来,能源管理体系多次改革。改革开放时能源产业有四大部门:石油部、煤炭部、核工业部和电力部。1980 年成立国家能源委员会,两年后撤销。1988 年,石油部、煤炭部、核工业部变为三家总公司,其政府职能加上电力行业成立能源部。1993 年撤销能源部,成立煤炭部。1998 年煤炭部降格为煤炭工业局。2001 年撤销煤炭工业局。2005 年 5 月,国家能源领导小组办公室成立,作为国家能源工作的高层次议事协调机构。

2008 年,我国进行了第六次政府机构改革,能源领域的主要改革是成立国家能源局和能源委员会,撤销国家能源领导小组及其办事机构,将国家环境保护总局改成环境保护部。我国现行的能源管理体制框架如图 9-1 所示。

各级管理机构的具体职责如下所述:

(1)国家能源委员会。它是能源行业的最高议事协调机构,其主要职责是:负责研究拟定国家能源发展战略、审议能源安全和能源发展中的重大问题、统筹协调国内能源开发和国际能源合作的重大事项。国家能源委员会办公室是能源行业管理的办事机构,具体工作由国家能源局承担。

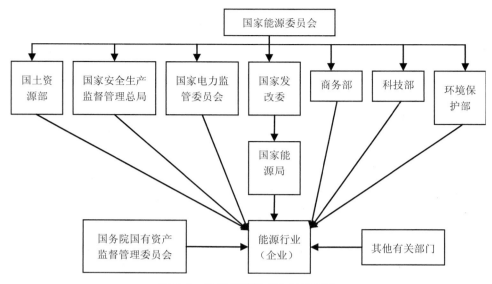

图 9-1　现行能源管理体制框架图

（2）国家能源局。它是我国能源行业的综合管理机构，其主要职责包括：研究提出能源发展战略、拟定能源发展规划和年度指导计划、提出能源发展政策和产业政策，提出能源体制改革的建议；推进能源可持续发展战略的实施，组织可再生能源和新能源的开发利用，组织指导能源行业的能源节约、能源综合利用和环境保护工作；履行政府能源对外合作和管理的职能；负责衔接平衡能源重点企业的发展规划和生产建设计划，协调解决企业生产建设的重大问题；负责指导地方能源发展规划，衔接地方能源生产建设和供求平衡；负责国家石油储备工作。

（3）国家其他相关主管部门。能源安全生产管理、能源资源管理、能源企业国有资产管理、能源运销管理、经济运行管理和价格管理、能源行业信息预警和信息引导、能源科技管理、电力监督管理、能源企业生产经营中的环境监控和核安全管理、行业中介服务职能，分别由国家安全生产监督管理总局、国土资源部、国资委、国家发改委、商务部、科技部、国家电监会、环境保护部和能源行业协会等有关部门行使（李婷等，2011）。

（4）地方能源主管部门。负责对当地能源资源的开发利用、能源节约和具体生产经营活动进行管理。我国能源管理体制还是属于较为分散管理的模式。没有统一的国家能源管理部门和完善的能源管理体制，管理分散。我国的能源管理涉及众多部门，如能源资源开发涉及国土资源部；能源技术创新离不开科技部；能源补贴牵涉财政部等。职能过于分散，造成能源管理体系被肢解，越位与缺位现象并存。

9.2.1.2　中国能源监管体制现状

监管是由行政机构制定并执行的直接干预市场配置机制和间接改变企业和消费者供需决策的一般规则或特殊行为。监管能够解决市场失灵问题，是市场有效运作的基本保障。因而，构建完善的监管体系是实现市场化改革的重要组成部分。

我国设有国家能源委员会，并在国家能源局设办公室管理和协调全国的石油、天然气、煤炭和电力等行业的能源问题，但并没有设立全国统一的能源监管机构。各行业监管职能既有独立又有交叉。

9.2.1.3　中国能源管理和监管体制存在的不足

随着国内外形势的变化以及能源产业的快速发展，现有能源管理体制的不足和不适应主要体现在以下 3 个方面：

（1）综合协调能力不强。主要是不同层次政府之间，以及政府财政、税收、投资、价格、贸易、城市建设、交通、国有资产管理等诸多职能部门之间，存在目标和步调不一致、眼前利益和长远利益不一致的问题。以电力行业为主，由于电力监管机构没有投资准入监管权和价格监管权，使得电监会对于一些没有取得电力业务许可证就进入的电力项目，在开展电力业务之前，无权干预。

（2）重审批、轻监管。政府监管的重点集中在项目审批环节，项目中及项目后监督与管理则相对较弱，导致社会性监管不足。政府将监管的重点放在投资准入、产品和服务价格、产品和质量服务、生产规模等经济性监管，而对资源保护、安全、环境、质量等外部性问题的社会监管相对薄弱。法律依据不足，缺乏严格的能源监管标准和科学的监管手段，监管方式单一（史丹，2013）。

（3）中央与地方的政策目标不一致。能源关乎一个国家和地区经济增长，财政、就业、收入分配、社会稳定等各个方面，由于中央政府与地方政府存在短期目标与长期目标的不一致，导致中央政府与地方政府在能源管理目标、手段、程度等方面都难以保证上下一致。一个典型例子就是中央与地方政府在经济型汽车的政策上存在明显的不一致。

（4）监管职能不到位，存在一定的监管真空。国外经验显示，监管职能的相对集中有利于监管政策的统一性和执行力，而中国能源监管处于分散状态，监管机构面临职能缺失和监管真空问题，如电监会始终缺乏价格、准入等核心监管手段。

9.2.2　国际能源管理和监管体制

20 世纪以来，各国政府都根据不同的能源状况及发展实际，建立了自己的能源供应、消费与管理体系。不少国家在能源主管机构的设置、职能的划分、监管体系的建立等方面进行了积极探索，并采取有效措施来完善，形成了比较稳定的能源管理和监管体系。能源监管体系的建立与能源管理体制密切相关。世界上主要存在四种能源管理模式（表 9-1）。

表 9-1　国际社会主要能源管理模式

典型模式	模式设置	代表国家
高级别集中型管理模式	设有国家统一的能源管理部门和监管部门	美国、加拿大、韩国、俄罗斯
低级别集中型管理模式	在国家经济部门中设立能源管理部门统一管理国家能源问题	日本
高级别分散型管理模式	设有统一的国家能源管理部门，但在地方能源管理上的职能比较分散	印度
低级别分散型管理模式	在国家发展和改革委员会等政府部门中设立不同类别的能源管理部门，管理职能比较分散	中国

9.2.2.1　美国能源管理模式和监管体系

美国实行的是国家高级别集中型能源管理模式，即由国家的相关主管部门对全国的能源实行集中统一管理。能源部是美国联邦政府的能源主管部门，主要负责建立和实施国家综合能源战略和政策。除能源部外，美国联邦政府内政部下属的矿产管理局、联邦环保署、劳工部及运输部等其他政府部门也负有部分油气资源管理的职责[①]。

美国实行政监分离的能源监管体制。联邦能源监管委员会是一个独立的能源监管机构。该委员会的主要职责是负责依法制定联邦政府职权范围内的能源监管政策及实施监管。主要关注电力和天然气的跨区传输，并且主要监管电力设备、水电工程项目、石油、天然气管道以及各种天然气的生产和分装公司。此外，监管委员会还就监管事务进行听证和争议处理、协调议会、政府、企业和公众的关系等。

美国的能源监管权分属于联邦政府与州政府，它们各自在法律规定的范围内行使职权。联邦能源监管委员会和各州公用事业监管委员会主要通过市场准入监管和价格监管、受理业务申请和处理举报投诉、行使行政执法和行政处罚权力等

[①] 潘小娟：外国能源管理机构设置及运行机制研究，http://theory.people.com.cn/GB/100787/7040188.html。

监管手段，实施对资源、市场的有效监管[①]。

9.2.2.2　加拿大能源管理模式和监管体系

加拿大实行的是资源所有权、处置权和管理权基本一致的管理体制。自然资源部是加拿大联邦政府的能源主管部门。其使命是确保能源发展与环境、社会目标的协调，促进可持续和可替代能源的发展，构建全面的能源监管体制框架。为了确保国家能源政策的落实和能源的有效利用，加拿大联邦政府早在 1959 年就建立了国家能源委员会，负责对加拿大联邦政府职责范围内的石油、天然气、电力行业实行监管，是一个相对独立的机构，不受自然资源部的行政领导，自然资源部各职能部门不得干预其工作。

加拿大能源管理体制在纵向上表现为联邦和省两级管理。联邦政府主要负责协调国家能源政策，监督省际及与其他国家的贸易，为能源开发提供帮助，对能源部门提出总体发展框架等。省政府主要负责本省区内的资源管理、各种能源的开发及具体政策的制定。联邦政府和省政府的能源主管部门及监管部门之间不存在行政等级关系，它们各自在法律授权的范围内行使职权。但为了更好地行使监管权力，避免漏管或重复监管，联邦政府与省政府之间建立了沟通、协作关系。

9.2.2.3　韩国能源管理模式和监管体系

韩国实行的是国家集中型能源管理模式。产业资源部是韩国政府的能源主管机构，负责对全国能源政策的制定、国内外能源开发、市场运行、节能、替代能源、能源安全等进行专门管理。主要职责是制定综合性的能源政策及与能源、资源相关的计划。

产业资源部下设的能源资源政策总部、能源资源开发总部、能源产业总部分别主管韩国能源的政策制定、勘探开发和产业运营。此外，产业资源部还设立了一些专门性的委员会，承担能源政策与技术的审议和研究工作。

除产业资源部外，韩国国家能源委员会、科技部、韩国能源管理公团和一些隶属于产业资源部的大型国有能源企业也具有部分能源管理职能。国家能源委员会是韩国能源管理的最高议事机构，由总统担任委员长。韩国能源管理公团是韩国主要的能源服务机构，其服务宗旨是促进提高能源效率和能源安全[②]。

9.2.2.4　俄罗斯能源管理模式和监管体系

俄罗斯实行的是国家集中型管理模式，俄罗斯联邦工业和能源部负责全国工业、国防工业、燃料能源综合体和其他工业领域中国家政策的制定和法规调节。

---

① 崔晓利：全球主要国家能源监管现状梳理，http://www.cpnn.com.cn/zdcmyqjc/mtdj/201307/t20130730_597099.htm。

② 潘小娟：外国能源管理机构设置及运行机制研究，http://theory.people.com.cn/GB/100787/7040188.html。

2008 年 5 月，俄联邦能源部从俄联邦工业和能源部剥离出来并被正式纳入普京新政府机构之列。能源部须依据俄联邦宪法、联邦法律、俄联邦总统和政府的命令、俄联邦签署的国际契约以及现时章程开展自身活动。能源部负责制定燃料能源领域的国家政策和法规，包括电力、石油开采和加工、天然气、煤炭、油页岩和泥炭工业、油气油品干线管道、可再生能源，产品分成协议下的油气田开发，石油化工行业以及燃料能源生产和使用领域提供国家服务和进行国有资产管理等。

9.2.2.5　日本能源管理模式和监管体系

日本政府对能源实行低级别集中型能源管理模式，能源管理工作主要由政府内设机构来承担。经济产业省是日本政府的能源主管部门。日本经济产业大臣负责能源管理工作。经济产业省下设若干职能部门，如资源和能源厅、核能和工业安全厅等，分别管理与能源相关的某一和某些方面的事务。厅下再设若干部、处负责管理相关的具体事务。

除了专门的管理机构之外，日本政府还设立了能源管理协调机构，如能源咨询委员会、新能源和工业发展组织、日本核能安全委员会等。另外，日本政府还通过一些行业监管机构行使能源方面的监管职能。

9.2.2.6　印度能源管理模式和监管体系

印度实行的是能源高级别分散型管理模式。能源发展任务由中央政府和各邦政府共同承担。印度能源发展的决策部门包括规划委员会和内阁特别小组，执行部门包括电力部、煤炭部、新能源和可再生能源部、石油和天然气部以及原子能部五大部门。2004 年，规划委员会在总理的指示下成立了专家委员会，承担制定印度综合能源政策的前期准备工作，并对相关部门进行监管。政府通过减少行政干预，利用法律、金融、市场等宏观调控手段促进能源，特别是油气的生产、管理与消费[1]。

9.2.3　加快能源管理和监管体制改革的必要性

从新制度经济学角度看，政府监管是交易合同中第三方强制性实施的一种机制，它同法庭、自律组织等其他第三方合约执行机制具有相同的作用和不同的成本，成为市场经济制度体系的有机组成部分。因此，监管问题的本质，是政府与市场的关系。

能源行业是网络型产业，容易产生自然垄断性。而能源产品又与国民经济和

---

[1]　崔晓利：全球主要国家能源监管现状梳理，http://www.cpnn.com.cn/zdcmyqjc/mtdj/201307/t20130730_597099.htm。

人民生活有着密切的关系，因此，对能源行业的监管直接影响能源安全和国民经济的可持续发展。

从国际经验来看，美国式的监管机构，由国会授权，独立于政府行政部门。监管规则、监管程序和组织架构拥有专门的立法，其运行有专门的机构、专业人才、工作透明的程序。同时建立一定的制约机制，保障监管机构不会被利益集团收买，成为被监管者的俘虏。这种监管保证了产业发展和服务供给，证明是现代经济发展的一个必要手段。

改革开放之前，我国是计划经济国家。20 世纪 80 年代后，我国开始探索建立社会主义市场经济体制，能源管理和监管体制也不断进行改革。近些年来，中国政府进行持续的机构重组或成立新的机构，但仍然不能满足迅速发展的能源部门对监管的需求。而且，我国能源管理和监管中依然存在市场主体不健全、市场竞争不充分、能源价格未理顺、管理欠集中等问题，迫切需要的是完善能源管理和监管体系，切实提高能源政策执行效率和力度。

（1）市场主体不健全，政企不分的问题没有根本解决。呼吁近二十年的天然气总公司迟迟没有组建起来；国有能源企业受体制限制不能完全按照市场经济的模式运营；非国有能源企业的发展相对缓慢；能源工业国有大型企业占据主导地位，企业与市场之间的关系还没有理顺。

（2）市场竞争不充分。能源市场发育不完全，市场化水平较低。社会资本很难进入电力、石油、天然气生产领域；国有电力、石油、天然气企业形成了生产垄断；市场进入和退出机制不健全，影响社会资源的有效配置和能源行业的竞争力。我国只有 3 家公司拥有国内石油勘探开发权，其中一家公司独家拥有海上石油开发权，两家拥有陆上石油勘探开发权，陆地不能到海上开采，海上不能到陆地开采，致使中化、中信、北方等一些对石油投资感兴趣的大企业跑到国外进行勘探开发。各省市自治区及民营资本根本无法进入该领域（李占五，2011）。

（3）能源价格未理顺。市场条件下最有效率的信息就是价格信号，准确、灵活的价格信号可以有效调节供需、引导投资、优化资源配置。但是中国能源价格机制尚未理顺，除了煤炭外，其他能源产品都尚未建立起合理透明的能源产品价格形成机制，上网电价、销售电价仍然依靠政府制定，成品油价格、天然气价格虽然实现了与国际接轨，但定价权仍未下放给企业。中国能源价格不能有效反映供求关系、资源稀缺程度和环境的损害程度，无法有效发挥对于消费、投资和资源配置的引导作用（史丹，2013）。

（4）管理欠集中。多年来，中国能源行业处于电监会、发改委、商务部多头监管的状态。这种监管模式容易形成"龙多不治水"的局面。政府对能源行业的管理仍呈分散态势。煤、电、油以及其他可再生能源的管理职能分散在多个部门，造成综合协调能力不强、管理政策不连贯、政策执行不力、监管力量不足、社会性监管不够等问题。能源行业不同部门之间改革目标与步伐的差异演化为体制性摩擦。

9.2.4 低碳能源管理和监管体制改革的思考

中国是一个能源资源大国。随着经济的快速发展，中国已经成为全球第二大能源生产国和能源消费国。相对于能源需求来说，能源短缺将是一个长期的问题。中国需要一项长期的、持续的和全面的低碳能源政策，兼顾到煤油气电和可再生性能源等各个方面，因此需要从国家战略和国家安全的高度来构建一个宏观管理部门，对能源工业实施宏观集中管理，同时建立一个全国统一的能源监管部门，加强对能源行业的市场和消费监管，促进能源工业的健康、低碳和可持续发展。

结合我国能源管理和监管体制现状与国际经验，针对能源行业，重点应做好以下几个方面的改革工作。

9.2.4.1 建立适合我国国情的能源管理机构

中国低级别分散型管理模式已经不适应中国的能源发展。中国是仅次于美国的能源生产和消费大国，其能源发展状况与美国较为相似，又有差别。同时，中国的能源管理也不同于日本这样的一次能源生产小国，其主要靠进口能源来保持能源供需平衡，因此在能源管理上主要以贸易管理为主。从中国的能源市场化改革趋势来看，中国宜采用高级别、集中管理的能源管理体制，这有利于制定国家长期的能源发展战略、目标和政策法规，避免政出多门，可以提高管理效率，也有利于优化能源机构和能源经济结构，有利于现代能源监管体系结构，促进能源市场的健康发展。设立高级别的、权威性的国家宏观能源管理机构，将分散在多个部门中的能源管理权限集中起来，专司全国的能源战略管理工作，强化对能源的综合管理，提高能源宏观调控能力，促进国家能源的可持续发展。

9.2.4.2 实行政监分立的监管体制

实行既相互分离又相互协调的能源监管体制，由能源主管部门主要制订和实施国家能源战略、中长期能源发展规划、年度发展计划及能源政策，统筹协调跨部门的关系和不同能源种类的发展，由专门的监管机构对能源实施市场准入、价格、市场行为、服务质量、环境保护等方面专业性的独立监管，保证国家能源政策的有效实施，有效保障相关各方的合法权益，促进监管的有效性和公正性。因此，我国在设立高级别的国家能源主管部门的同时，应该同时考虑设立高级别的、地位相对独立的能源监管机构，由其对具有垄断特征和安全问题较突出的能源行业和部门依法实行独立监管。整合国家电力监管委员会、煤炭安全监管委员会，成立中国能源监管委员会。中国能源监管委员会要相对独立于行政部门和利益相关部门。同时组建中央、地方两级专业化的能源监管机构，对能源行业实行独立监管、依法监管（李军，2011）。

9.2.4.3　完善能源监管法律体系

能源监管法律法规健全，对能源实行依法监管是国外能源管理的一大特点。在这方面，我国还存在许多问题，相关的法律法规很不完善，能源监管的法律基础十分薄弱，我国还没有一部专门的能源行业监管的法律，使得监管机构设立和依法实施监管无法可依。加强能源监管方面的立法就成为十分紧迫的任务。因此，我们应该加快能源监管的立法工作，逐步建立和完善以能源法为核心，基本法、单行法、行政法规、规章、实施条例、实施细则等相互衔接、相互配套的完备的能源监管法律体系，使能源管理和能源监管有法可依，有章可循。

9.2.4.4　完善能源管理协调机制

国家能源委员会的成立表明我国的能源管理协调机制建设有了一些进步，但是对该机构的内部机制设置、职责权限划分还没有明确的规定，需要进一步明确。将能源委员会作为宏观的协调机制，负责统一协调和领导国家能源局、国土资源部、水利部、商务部等部门的能源管理工作，通过法律赋予其具体协调职能。此外，国家能源委员会也应该负责协调跨区域、跨部门的能源管理工作，使各个部门相互配合、相互支持，共同完成能源管理任务。相关配套法律或规章制度应该对能源管理协调机制作出明确的规定，进一步规范协调的方法、程序和标准（李涛，2010）。

9.2.4.5　建立以市场为基础的能源价格机制

（1）理顺煤电关系，推进电价改革。理顺煤电关系的根本仍在电力体制改革。① 继续完成厂网分开和主辅分离的任务，严格规范电网企业的业务范围，并健全电网企业的成本核算制度；② 探索实施调度与交易独立的改革举措，实现电力调度和电力交易的功能性分离，组建相对独立的调度交易结算中心，确保电力调度交易的公开、公平、公正和电网的公平无歧视接入；③ 改革甚至取消不合理的发电量计划制度；④ 在厘清电网运营成本的基础上，探索输电价格的形成机制，进一步探索上网定价方式，深化用电价格改革方向，同时整顿电价体系，清理各类电价附加，改革征收方式；⑤ 针对电网企业探索新型监管方式，可考虑将成本加成作为过渡期的监管办法，并探索激励性监管措施，作为未来电网监管和考核的办法。

（2）改革成品油价格机制，建立原油期货市场。培养多元化的市场主体，实现成品油价格由企业根据国内外供求关系自主决定是市场化改革的最终目标。从短期来看,石油市场改革应该有计划、分阶段进行。① 从价格机制着手,通过缩短调整周期,减低调整幅度,减低投机套利的空间,建立税收调节机制和补贴机制,并完善成品油价格运行机制,一经确定,严格执行,减低企业决策的不确定性,鼓励民营、外资进入;② 在价格机制不断完善的基础上,逐渐放宽原油进口和成品油进口的限制,允许民营进口原油在国内市场自由流通;③ 随着多元化市场主体逐渐形成,将定价权下放给企业,由企业按照定价公式自主定价,政府则负责对其进行监管和调节;④ 尽早建立原油期货市场,增加我国在原油定价机制上的发言权。

（3）尽早推出天然气价格机制。借鉴发达国家的经验,天然气市场化改革的最终目标是放松天然气出厂价格的管制,实现出厂价格由市场决定,而天然气管道运输价格则由政府按照成本加成法进行核定,并对其加强监管。短期内天然气价格改革的重点是:① 应尽早采用市场净回值定价法逐步代替成本加成定价,建立与可替代燃料价格挂钩、反映市场供求关系和资源稀缺程度的价格动态调整机制;② 调整天然气价格结构,实行合理的分类气价;③ 合理提高天然气价格,理顺天然气与替代燃料关系,缩小与国外天然气价差。

9.2.4.6　完善市场准入制度

中国各能源领域的国企垄断多是依靠政府审批、配额、许可证等制度而形成的行政垄断。因此,要推进能源体制改革,培育多元化市场主体,同时取消有利于国企垄断的政策、法律法规和相关文件,打破市场准入中的所有制歧视,完善鼓励和引导民间投资健康发展的配套措施和实施细则;坚持政企分开,科学区分政府与市场职能,继续深化企业所有制改革,鼓励能源企业上市;清理、减少和规范现有审批事项,建立健全新设行政审批事项审核论证机制,建立公平、规范、透明的核准制度;建立独立和统一的监管机构,加强对垄断企业成本核算和监管,加强社会监管（史丹,2013）。

9.3　低碳能源运行的市场机制

低碳能源运行的市场机制主要有碳排放交易机制、碳税机制以及清洁发展机制,这些市场机制在一些发达国家已经取得了丰富的实践经验,我国应借鉴发达国家的实践经验,在分析比较这些不同市场机制的基础上,在我国有选择性地实行这些市场机制并加以不断完善。

9.3.1　碳排放交易机制

9.3.1.1　碳排放交易机制理论基础

（1）碳排放权交易的概念。碳排放权交易是指各个国家在确定减排目标的情况下，规定碳排放总额度，然后分配给各个企业，企业可以根据自身需要在碳排放权交易市场买入或卖出碳排放权。政府也可以通过在碳排放权市场买入碳排放权，以达到控制碳排放总量的目的。

（2）碳排放交易有关理论。

☞ 可持续发展理论：可持续发展是 21 世纪全世界共同的发展模式和发展战略。可持续发展是指我们既要满足当代人发展的需求而又不能削弱子孙后代满足其需求的能力。可持续发展的基本要求就是在发展经济的同时，保护自然环境。在当今众多的环境问题中，气候变暖是最不容忽视的问题之一。CO_2 又是气候变暖的主要原因，因此 CO_2 减排是可持续发展的必然要求，也是环境改善和协调发展的重要指标。我国必须从具体国情出发，正确处理 CO_2 减排与经济发展的关系（龚睿，2010）。

☞ 稀缺资源论：稀缺资源必须满足两个条件，一是资源是有限的，二是资源具有多种用途，满足这两个条件可被称为稀缺资源。在生产力水平较低、人口较少时，空气、水、阳光、土地等环境要素资源丰富，环境资源的多元价值能够满足人们生活和生产的需要，被认为是取之不尽的。但随着生产力水平的提高，人口日益增多，环境保护的重要性日益明显，环境资源的多元价值之间开始相互抵触，产生矛盾。环境资源很难再容纳人类排放的各种污染物，其稀缺性的特征日益明显。环境的稀缺性使得环境能够成为商品，具有交换价值。环境的这种特征使得碳排放权交易得以实施（李素敏，2012）。

☞ 科斯定理与产权理论：科斯第一定理和第二定理指出，所有权和财产权的失灵是市场失灵的根源之一，资源主体权利和义务的不对称导致了资源配置的外部性，也就是说，产权界定的不明确导致了市场的失灵。只有明确界定其所有权，将外部成本内部化，才能有效地解决外部不经济问题。在明确了产权的界定、交易可自由进行的基础上，若无交易成本，那么，法律关于最初产权归属的判决对资源配置的效率将没有影响，资源配置效用得到最大化。若存在交易成本或费用，资源配置的效率会因为权利界定的不同而改变（黄桂琴，2003）。根据以上定理，只要产权明确并得到保障，就可以通过有关各方的谈判，实现有效的优化管理，将社会成本降为零，而不需要政府的干涉。产权是指人们对自己的财产具有占有、使用、支配、处置等权利，当他们对他们的财产行使权利的时候得到不受他人干扰的保护。产权制度具有资源配置功能，如果环境资源具有产权，那么对环境造成污染就要支付相关的成本，这样就把负的外部性成本内部化了，资源的有效配置就会实现。碳排放交易机制一个重要的理论基础就是产权经济学。

9.3.1.2 欧美碳排放权交易机制实践

（1）欧盟。作为建立世界上第一个跨国碳排放权交易体系的地区，欧盟于 2002 年 4 月通过了批准《京都议定书》的决定。2003 年，为更好地履行《京都议定书》规定的减排义务，欧盟与国际环境委员会达成了《欧盟温室气体排放交易指令》（以下简称《指令》），建立了世界上第一个具有公法拘束力的温室气体总量控制的欧盟排放权交易机制（即 EU ETS）。2004 年，欧盟对《指令》进行了修改，增加了欧盟排放权交易机制与《京都议定书》的灵活机制连接的内容（付璐，2009）。2008 年，欧盟委员会提出了排放权交易机制指令的修改提案，其目的是完善和扩大现有的排放权交易机制。2009 年 4 月颁布了《2009 年交易指令》，确定了排放上限的规则，设计了公开拍卖排放份额的基本分配原则，并将一些新型产业（如铝和氨等）及氧化亚氮和全氟化碳两种气体涵盖在排放权交易体制之内（李义松，2013）。

欧盟碳排放交易机制作为规模最大的国际碳交易机制，覆盖了欧盟成员国和冰岛、列支敦士登、挪威等 30 个国家，交易者涉及大约 1.1 万家工厂[①]。总量控制方面，欧盟遵守"限量与贸易"原则。欧盟各成员国根据欧盟委员会颁布的规则，为本国设置一个排放量的上限，确定纳入排放交易体系的产业或企业，并向这些企业分配一定数量的排放许可权——欧洲排放单位（EUA）。如果企业的实际排放量小于分配的排放许可量，那么剩余的排放权就可在排放市场上转让以获取利润；反之，它就必须到排放市场购买排放权，否则将会受到重罚。欧盟委员会规定，企业在试运行阶段每超额排放 $1\,t\,CO_2$，将被处罚 40 欧元，而到了正式运行阶段，罚款额将提升至每吨 100 欧元，并且还要从次年的企业排放许可权中将该超额排放量扣除（李布，2010）。碳排放配额的分配方面，欧盟碳排放交易机制主要采取免费分配的方式。2005—2007 年，95%以上的配额由政府免费发放给企业，剩余的 5%则是通过拍卖方式进行分配；而 2008—2012 年，欧盟碳排放交易机制的拍卖份额则增加至 10%，剩余的 90%仍是免费分配给企业（姚晓芳等，2011）。

（2）美国。在全球气候问题日益严重的情况下，自 20 世纪 70 年代开始，美

[①] 韩梁：欧盟碳交易机制弊端，http://finance.sina.com.cn/roll/20110127/00039316070.shtml。

国将排污权交易用于大气污染源管理，美国的"酸雨计划"被视为最成功的限量排放与交易案例。酸雨计划根据《1990 年清洁空气法》制定并实施，削减形成酸雨的主要成分二氧化硫等污染物的排放。企业可以通过购买排放权、研发新技术、改变工艺等诸手段实现目标。二氧化硫排放权市场的形成使行政和执行成本大大低于传统的污染控制方式，每年节省成本 10 亿美元（李臻，2010）；同时，到 2007年，SO_2 的排放量比 1980 年减少了 50%（陈斌，2010）。酸雨计划的成功为美国建立碳排放权交易体系奠定了基础。2007 年 4 月，美国联邦最高法院对"马塞诸塞州诉环境保护署"一案做出最终判决，认为 CO_2 等温室气体应受到美国《清洁空气法》的规范，这对于具有判例法传统的美国来说，意义深远。2009 年 12 月，美国环境保护署进一步做出裁定：把包括 CO_2 在内的温室气体纳入《清净空气法》管制，进一步奠定了碳排放权交易制度的法源基础。

　　同时，美国建立了全球第一个也是北美地区唯一的一个由企业发起，以温室气体排放为主的合法交易平台，即美国芝加哥气候交易所。美国芝加哥气候交易所交易的气体包括《京都议定书》所规定的包括 CO_2 在内的 6 种气体。美国芝加哥气候交易所要求所注册的会员自愿做出减排承诺，并通过减排或购买补偿项目的减排量实现减排目标，具体分为两个阶段：第一阶段（2003—2006 年），每年在基准排放水平基础上减少 1% 的排放量；第二阶段（2007—2010 年），所有会员将实现基准排放水平基础上减少 6% 的排放量。会员的排放基准线是基于其过往排放量的平均值等所制定。同时，允许那些已经超额完成减排义务的会员国，将自己多余的减排份额有偿地转让给无法达到减排目标的国家。美国芝加哥气候交易所用市场经济模式推动全球碳减排，对我国探索碳排放权交易市场的建立提供了许多可借鉴的经验（李义松，2013）。

9.3.1.3　碳排放机制在中国的适用性分析

　　（1）中国实施碳排放权交易机制的优势。

☞　有利于气候资源的优化配置：碳排放空间是一种稀缺资源，因为大气圈只能容纳有限的碳排放量。而通过市场途径能使资源配置得到优化。能够以较低成本减少碳排放量的企业可以通过碳排放权交易市场转让或卖出碳排放权，相反，另外一些企业则买进碳排放权。通过这种交易，碳减排的任务最终就会落在减排成本最低的企业或者那些专业做减排处理的企业上，这样就会使碳减排的边际成本趋于最小，而使得全国的气候资源得到优化配置（李素敏，2012）。

☞　有利于我国形成可持续发展战略实施的制度安排：实施碳排放权交易制度，政府机构可通过发放和购买碳排放权来控制污染物排放总量，影响碳排放权交易价格，达到控制环境标准的目的。例如，政府希望降低碳排放，可以买入碳排放权，不再卖出，这样可以减少排放总量，保护大气环境。同时，碳排放权交易使 CO_2 减排有利可图，增强企业自主减排的动力，促进技术革新。因此，中国实施碳排放权交易制度，有利于深入贯彻落实科学发展观，有利于形成可持续发展战略实施的制度安排。

☞ 不易引起贸易纠纷：排放权交易制度把碳排放权作为一种商品进行买卖，丰富了贸易的内容，扩大了贸易的规模，不像碳税那样让人难以接受，同碳税制度相比，排放权交易制度不易引起贸易纠纷。

☞ 污染物排放权（排污权）交易试点已积累一定的经验：21世纪以来，中国在污染物排放权初始分配与有偿使用方面进行了有益的尝试和探索，出台了一系列相关的文件和政策。浙江省环保部门在开展大量调研的基础上，制定了排污权交易框架性文件，初步规范了排污权有偿使用和交易的程序、方法，省级交易平台已开始准备启动。除浙江省外，广东、江苏、山东、山西、河南、上海、天津等省市也开展了总量控制和排污权交易试点工作，为中国的排放权交易积累了一定的经验。

☞ 国家控制碳排放强度的承诺目标和国际社会的舆论为排放权交易机制的建立提供了动力和压力：2009 年 11 月，在哥本哈根气候变化大会召开前夕，我国提出了清晰的节能减排量化目标，作为约束性指标纳入国民经济和社会发展中长期规划。为实现国家的碳排放强度目标，探索建立包括碳排放权交易机制在内的市场机制，成为环保部门关注的重点，为中国排放权交易机制的建立提供了内在动力。同时，国际社会以中国为最大的碳排放总量大国为由，不断对中国施加减排压力，也会为中国探索建立碳排放权交易机制提供外在的压力（肖志明，2011）。

（2）中国实施碳排放交易机制存在的问题。

☞ 没有制定统一的作用于碳排放权交易的法律法规：我国现行有关大气污染的法律法规所主要针对的都是有害气体，对 CO_2 排放却缺乏必要的标准与约束。碳排放权交易规则得不到有效的法律保护，实施时缺乏强制性服从的法律效力，对违反规则的行为也无法追究其法律责任，进行碳排放权交易的双方的合法权益无法得到有效保障。

☞ 交易平台布局不合理，缺乏统一的全国性的交易平台：中国开展碳交易的交易所主要集中在沿海及东部发达城市，这些地区已处在城市化、工业化进程的后期，碳排放增速较缓。而中西部省份由于承接产业转移和城市化、工业化进程加速，碳排放总量增加，增速加快，面临的减排压力渐增，却缺乏相应的市场化平台（王陟昀，2011）。同时，交易平台割据，缺乏统一的全国性交易平台，导致成本高，管理混乱，价格不统一等一系列问题。

☞　技术障碍：企业排放源实际排放量的监测、报告与验证是建立排放权交易机制的重要保障，是碳交易市场成功运作的基本保证。然而我国企业排放源温室气体排放计量的基础相对薄弱，许多地区的行业都不具备排放权交易机制所需要的监测设备和条件，无法准确计量、监测排放源的排放量，致使环保管理部门难以掌握排放单位的真实排放数据，对排放交易情况的跟踪记录和核实难以全面、有效开展，影响排放权交易市场的有效建立（肖志明，2011）。

☞　政府管理与监管不足：碳排放交易是一种自愿的市场交易行为，但交易资格的认证与交易凭据的提供仍需国家环境保护部门的管理和监督，交易市场的扩大也需政府进行积极培育、引导和规范市场发展。在对环境监测标准和监测技术设施的开发利用上，我国存在很多不足，监管制度尚不完善，导致企业碳排放交易市场上存在着很大障碍，难以建立起完善的交易平台。

9.3.1.4　中国碳排放交易机制的探讨

（1）中国碳排放权交易机制概述。

☞　政策支持方面：我国在政策上不断重视碳排放交易的发展，逐渐将其提上工作日程。2007 年，我国发布了第一部针对全球变暖的国家方案——《应对气候变化国家方案》，这是我国第一部应对气候变化的综合政策性文件；同年 12 月发表了《中国的能源状况与政策》白皮书。

2008 年发表了《应对气候变化的政策与行动》白皮书，全面介绍了我国应对气候变化的政策与行动以及我国相关的体制机制建设，成为中国应对气候变化的纲领性文件。此外，国家还对节能减排的企业实施相关税收优惠政策，以促进碳减排发展。

2010 年，我国发布了《"十二五"规划纲要》，明确提出了"建立完善温室气体排放统计核算制度，逐步建立碳排放交易市场"。这是中国政府首次在国家级正式文件中提出建立中国国内碳市场。

2011 年 10 月，国家发展和改革委员会发布了《关于开展碳排放权交易试点工作的通知》，正式批准北京市、上海市等 7 省市为碳排放权交易试点，计划于 2013 年前开展区域碳排放权交易试点，2015 年起在全国范围内开展碳排放交易，建立统一交易市场。

2011 年 12 月，国务院印发了《"十二五"控制温室气体排放工作方案》。方案要求加快建立温室气体排放统计核算体系及探索建立碳排放交易市场。在此基础上，许多省市已在该方案的指导下出台了地方的节能减排方案并开始实施。

2012 年 6 月，国家发改委印发了《温室气体自愿减排交易管理暂行办法》。该办法明确了自愿减排交易的交易产品、交易场所、新方法申请程序以及审定和核证机构资质的认定程序，解决了国内自愿减排市场缺乏信用体系的问题[①]。

随着发达国家在国际气候会议上，向发展中国家尤其是我国所施加的减排压力越来越大。中国对于碳市场发展的重视程度也越来越高，支持力度不断加大。

☞ 碳排放交易实践：我国主要的环境交易所有 3 个，分别是北京环境交易所、上海环境能源交易所和天津排放权交易所（表9-2）。这三大环境交易所的业务多集中在二氧化硫、化学需氧量等污染物的排污权交易。其中上海环境能源交易所已改制为股份有限公司，2011 年 12 月 23 日正式揭牌，是国内首家股份制环境交易所，将探索建立符合中国国情的简单适用的碳交易体系。

表 9-2　中国主要碳交易市场

市场名称	启动时间	交易主体	交易标准	交易流程
北京环境交易所	2008.8.5	个人和企业	碳源—碳汇	核证—注册—交易
上海环境能源交易所	2008.8.5	个人和企业	自愿减排交易机制和交易平台	通过平台来支付购买行程中的碳排放，实行自愿减排
天津排放权交易所	2008.9.25	企业	自愿加入、强制减排	自愿设计规则、自愿确定

☞ 我国碳交易市场已经开始布局：2011 年 11 月 14 日，国家发改委在北京召开了国家碳排放交易试点工作启动会议，北京、广东、上海、天津、重庆、湖北和深圳 7 省市被确定为首批碳排放交易试点省市，2012 年 1 月 13 日，以上省市获准开展碳排放权交易试点工作，各个试点单位着手这项工作，建立了专门的班子，编制了实施方案，有些已经开始就碳交

① 李晨：我国碳排放交易制度及发展动向，http://www.lawyers.org.cn/info/877f68c9fdf3464e8dc2fcdcdfb04c5d。

易建立一些制度，也建立了交易的核查机构、认证机构[①]。碳交易最基本的是要对这个地区确定一个碳的排放总量，然后确定一些额度，把这些额度分配给各个重点的排放企业或者排放单位。有了这些最基础的东西，就可以核算出减排成本。2013 年年初，列入全国首批开展碳排放交易试点城市中的北京、上海率先试水国内地区性自愿减排交易。其中上海方面碳排放交易试点初步方案中首批参与试点交易的企业约 200 家，涉及 16 个行业，包括钢铁、石化、有色、电力等 10 个工业行业以及航空、港口、机场、宾馆等 6 个非工业行业，均为温室气体排放"大户"，初步测算这 200 家企业 CO_2 排放总量约 1.1 亿 t/a。在交易试点期间将实行碳排放初始配额免费发放，然后适时推行有偿拍卖制度。试点期间试点企业碳排放配额不可预借，但可跨年度储存使用[②]。

☞　由以上可知，中国碳交易政策框架体系开始建立，这是中国应对气候变化面临的重要任务之一。未来试点省市乃至全国的碳排放交易市场探索工作将全面展开，这必然需要国家层面的具体政策规划提供有力的指导。

（2）完善我国碳排放交易机制的主要措施。

☞　完善碳排放交易法律体系：我国已初步形成应对气候变化问题和建立温室气体排放交易机制的法律基础。但不能否认的是并没有一个专门的立法来规定排放交易，这方面的相关法律规定分散于各个单行法或法律文件之中。借鉴欧盟和美国的经验，在立法方面，中国建立碳排放交易机制最为重要的行动是通过一部专门性法律，确定管理和监督部门、适用的温室气体种类、排放交易的主体、许可的分配、交易原则以及政府相关职能等方面的内容（龚睿，2010）。

☞　建立碳排放交易管理、协调和监督机构：在中国，碳排放交易仍属于新兴事物。政府应建立和完善相应的国家环境管理部门和地方环境管理部门，对碳排放交易进行管理、监控和协调，健全监督体系，制定一套科学的环境监测标准和监测处罚办法，建立先进的监测队伍，制定和实施一套碳排放交易的具体规则办法。

☞　建立碳排放权交易市场：完善碳交易市场的交易规则，才能激活碳交易市场体系，提高碳容量资源配置的效率。因此，想要碳排放权交易制度真正发挥功效，必须制定相关规定，具体从以下几方面着手：① 建立全

[①] 解振华：中国碳排放交易试点工作进展顺利，http://www.cusdn.org.cn/news_detail.php?id=229690。

[②] 中国城市低碳经济网：京沪明年试水碳排放交易，2015 年国内全面开展，http://www.cusdn.org.cn/news_detail.php?id=231543。

国性的碳排放权交易平台。在发挥现有的排放权交易所、CDM 技术服务中心等机构构建碳排放权信息平台和交易平台作用的基础上，以区域经济发展条件为依据，实现具有权威性、全国性的碳排放交易平台。② 选择建立现货交易为基础、期货交易为主的碳排放权交易体系。由于碳排放量具有信息透明度低、地域分散性强等特点，导致现货价格变动频繁，不能真实有效地反映某一时期的碳排放份额的供求关系。而碳排放权期货交易所特有的规避风险、价格发现功能则有利于弥补中国市场经济体制的不足。因此，中国可在碳排放权现货市场不断发展并初具规模的基础上，建立以碳排放权现货交易为基础、期货交易为主的交易体系。③ 完善与碳排放权交易市场相关的金融服务产业，即《京都议定书》中所提到的"碳金融"。"碳金融"产业的发展不仅可活跃整个碳排放权交易市场，而且可有效减少企业进行碳排放权交易的成本，增加其实际收益（李义松，2013）。

9.3.2 碳税机制

9.3.2.1 碳税的理论基础

（1）碳税的基本概念。碳税，全称是 CO_2 税，是针对 CO_2 排放征收的一种税。据百科全书的记载，产生 CO_2 的途径有很多，如生物的呼吸作用、有机物的腐烂过程、燃料的燃烧（如包括煤、石油、天然气在内的矿质燃料，包括酒精、甲醇在内的有机物燃料，柴、草等在内的草木燃料）。其中，人类活动燃烧化石燃料是最主要的 CO_2 排放途径。气候专家、美国芝加哥地球物理学家教授大卫·阿彻（David Archer）在其《全球碳循环》一书中提到："有 3 500 亿 t 碳是因人类燃烧化石燃料如煤、石油、天然气等而排放到大气中的。"可以说化石燃料的燃烧导致了 CO_2 的急剧增加。因此，各国碳税的征税对象主要针对化石燃料。碳税也通常被定义为以减少 CO_2 排放为目的，对化石燃料（如煤炭、汽油、柴油和天然气等）按其碳含量或碳排放量征收的一种税（苏明等，2009）。

（2）碳税的分类。

☞ 按照调节对象的不同，碳税可以分为国内税、国际税和协调的国家税：国内税是指在一个国家内部实施；国际税指在世界范围内制定统一的税收标准和税收体系；协调的国家税是指在比较宽松统一的税收框架下，各国根据自己的实际情况自主决定的税收体系。

☞ 按照计税依据的不同，碳税可以分为直接计征的碳税和 BTU（British Thermal Unit，即英国热量单位）碳税：直接计征的碳税把 CO_2 的排放量作为计税依据，但对 CO_2 的监测统计还存在着一定的困难。考虑到化石燃料中碳含量与燃烧时释放的 CO_2 量基本成正比关系，实践中通常把化石燃料消耗量作为建立碳税征收标准的最基本依据。BTU 碳税则是以化石燃料燃烧时所释放的能量作为征收标准设计的。

☞　按照实施目的不同，碳税可以分为激励型碳税和财政型碳税：激励型碳税主要包括两方面：① 环境保护、温室气体减排的激励，通过提高燃料或污染物排放的价格，促使温室气体排放的外部成本内部化，进而削减能源及其他来源的温室气体排放；② 节能的激励，即为清洁能源发展或其他目的筹集资金。财政型碳税的主要功能是筹集财政资金，但征收碳税的同时也会对价格产生直接的影响，继而影响到人们的经济行为选择，所以财政型碳税也会产生环境效应（周玄平，2011）。

（3）碳税的经济学原理。碳税是一种"庇古税"，其理论基础是使外部性内在化，从而避免大气层这一公共资源出现"公地悲剧"。福利经济学告诉我们，当某人从事一种影响他人福利而对这种影响既不付报酬又得不到报酬时就产生了外部性。如果这种影响对他人是有利的，则为"正外部性"；如果这种影响对他人是不利的，则为"负外部性"。外部性可能出现在生产领域或消费过程中。生产领域的负外部性会引致社会成本大于生产者的私人成本，生产领域的正外部性会引致社会成本小于生产者的私人成本；消费过程中的负外部性会引致社会价值小于消费者的私人价值，消费过程中的正外部性会引致社会价值大于消费者的私人价值。生产和消费的负外部性最终会导致市场的产销量大于社会希望的量，即边际私人纯产值大于边际社会纯产值；生产和消费的正外部性最终会导致市场的产销量小于社会希望的量，即边际私人纯产值小于边际社会纯产值。为了解决这个问题，经济学家庇古认为，政府可以通过对具有负外部性的物品征税和给予具有正外部性的物品一定补贴来把外部性内在化，由此产生的税就是"庇古税"。无论在生产领域还是消费过程中，当某人向大气排放 CO_2 而导致地球温度上升或生态环境破坏时，就产生了负外部性。在没有约束机制的情形下，生产者与消费者为了追求自身利益或私人价值的最大化，都不会承担因向大气排放 CO_2 而导致社会成本增加或社会价值下降的责任。为了制约此种行为，弥补社会成本与私人成本或私人价值与社会价值之间的差额，如前所提，政府可以将负外部性内在化，即针对向大气排放 CO_2 的行为征收碳税（张晓盈等，2010）。征收碳税会抬高碳产品的市场价格，使这个价格充分体现出因气候变暖、生态破坏及能源利用效率低而增加的社会成本，继而通过价格传导，使消费者主动选择更加节能环保的产品，抑制对高耗能与高污染碳产品的需求，利用市场机制提升可持续消费的内在动力，优化资源配置，最终实现帕累托最优（倪国锋，2012）。

9.3.2.2 碳税机制在国际上的实践

为实现减少 CO_2 排放的目的，20 世纪 90 年代在一些北欧国家首先出现碳税，世界上已有 10 多个国家引入碳税。

（1）芬兰。1990 年，芬兰在全球率先设立了碳税，并将此税的收入用于降低该国所得税与劳务税税率，以促进可再生能源的利用。碳税征收范围为矿物燃料，计税基础是燃料含碳量。开始时，税率较低，后几年随着人们对征收碳税的适应和接受程度的加深，税率逐渐增加。1995 年，CO_2 碳税税率为 38.30 芬兰马克/t。据估计，1990—1998 年，芬兰因为碳税而有效抑制约 7% 的 CO_2 排放量（张克中等，2009）。到 2002 年，芬兰 CO_2 碳税税率达到 1 712 欧元/t，天然气减半征收。

（2）丹麦。丹麦早在 20 世纪 70 年代就开始对能源消费征税。1990 年，丹麦利用能源和 CO_2 碳税刺激能源节约和能源替代。1992 年，丹麦成为第一个对家庭和企业同时征收碳税的国家，征收范围包括除汽油、天然气和生物燃料以外的所有 CO_2 排放，计税依据是燃料燃烧时排放的 CO_2 量，税率是 100 丹麦克朗/t，一部分碳税收入被用于补贴工业企业的节能项目。1996 年，丹麦引入了由 CO_2 税、二氧化硫税和能源税 3 个税种组成的新税（魏云捷等，2011）。评估显示，征收这种新税，企业节省 10% 的能源消耗，到 2005 年，企业将减少 3.8% 的 CO_2 排放量。

（3）瑞典。瑞典在 1991 年整体税制改革中引入碳税，征税范围包括所有燃料油，电力部门被排除在纳税人之外，计税基础是含碳量，燃料油进口商、生产商不仅要纳税，就连燃料油的储存者也要缴纳税款。最初，对私人家庭和工业的 CO_2 税率为 250 瑞典克朗/t。1993 年，税收计划进行了重大调整以保证瑞典工业的 CO_2 国际竞争力，将工业部门的 CO_2 碳税降为 80 瑞典克朗/t，同时私人家庭的 CO_2 税率增加到 320 瑞典克朗/t。2002 年，瑞典提高了碳税税率，同时作为补偿下调了对劳动收入的税率，对工业部门的税收减免力度也进一步加大，从而基本抵消了碳税税率上调增加的税收负担。据统计，1990—2006 年，瑞典实现减排 9%，远远超过《京都议定书》设定的目标。同时，以固定价格计算，其经济总量增长了 44%。

（4）挪威。挪威于 1991 年开始对矿物油、汽油和天然气征收 CO_2 税，征税范围覆盖所有 CO_2 排放的 65%，平均 CO_2 税率为 21 美元/t，汽油的 CO_2 税率为 40.1 美元/t。1992 年，政府把煤和焦炭纳入征收范围，在税收优惠方面，对航空、电力部门（因采用水力发电）和海上运输部门给予免税，造纸等行业的执行税率为法定税率的 50%，同时根据燃料含碳量的不同实行差别税率。

（5）美国。2006 年 11 月，通过民众投票科罗拉多州的大学城圆石市成为美国首个立法实施碳税的城市，其税额依据居民和企业用电量的多少，随同电费按比例缴纳，因该市使用的电力基本来自燃煤电厂，所以该税征税对象实际为发电厂排放的温室气体，而购买风力发电的用户无须缴纳碳税。

（6）加拿大。2008 年 7 月，加拿大开始征收碳税，征税范围包括汽油、柴油、煤、天然气、石油以及家庭暖气用燃料等，不同燃料税率不同，总体税率逐年上升（苏明等，2009）。

（7）法国。2009 年 9 月，法国总统萨科齐正式宣布了法国将从 2010 年 1 月 1 日起在国内征收碳税的决定，CO_2 征税标准初步定为 17 欧元/t，之后还可能根据实际情况上调（朱永彬等，2010）。

（8）澳大利亚。澳大利亚也于 2010 年通过了"碳税法案"，决定 2011 年下半年开始征收碳税。CO_2 碳税征收标准为：2012—2013 年度为 23 澳元/t；2013—2014 年度为 24.15 澳元/t；2014—2015 年度为 24.5 澳元/t（杨超等，2011）。

总之，从欧美国家碳税实践经验来看，碳税的征税范围相对集中，针对性强；不同国家和不同产品在税率上差异较大；各个国家的征税对象各不相同；出于对本国经济国际竞争力的考虑，多数国家对一些行业和企业给予了税收减免政策；大部分国家将碳税的收入用于补贴和开发新技术；各个国家在征收碳税的过程中，都非常注重税收中性原则，尽量减少碳税对社会福利的影响；从实施效果来看，碳税的征收有效抑制了含碳量矿物燃料的使用，降低了 CO_2 的排放水平。

9.3.2.3　碳税机制在中国的适用性分析

（1）中国实施碳税机制的优势。

☞ 促进节能减排：开征碳税使得高耗能产品的成本增加，不管企业是提高产品价格还是降低生产规模，都会导致消费量的减少。消费量的减少使生产该产品的能源消费也随之减少，能源消费直接关系到碳排放量，因此，开征碳税间接地减少了 CO_2 排放，促进碳减排。

☞ 促进产业结构优化调整：短期内，开征碳税会对一些企业造成很大的负面影响，尤其是那些能耗大、碳排放量高的企业，这些企业缺乏减排技术，工艺也比较落后，一时间难以应对征收碳税导致的成本增加等问题，产业的增长会受到抑制。但是，长期来看开征碳税有利于刺激企业研究节能减排的技术，探索新能源，淘汰落后工艺。促进产业结构的调整和优化，为未来经济的良好发展打下基础。

☞ 应对国际碳关税压力：2007 年中国的 CO_2 排放总量超过美国，一跃成为世界第一大 CO_2 排放国，碳排放量的不断增加也导致中国面临的减排压力不断增加。美国、日本、英国、法国等发达国家已纷纷提出对未征收碳税的国家的进口产品征收碳关税。中国作为世界第一大出口国，是发达国家征收碳关税的重要目标。如果对中国的出口产品征收碳关税，那么将会对中国的出口造成极大的影响。我国若开始实施碳税，则可以使外国征收碳关税不合理。

☞ 利于完善我国环境税收制度：与发达国家相比，我国现行的税费制度中缺乏独立的环境税种，虽然也有有利于环保的税收措施，但这些措施都分布在其他的税种中，对环境保护的调控力度不够，治理效果也不理想。碳税作为一种税收，它具有税收强制性特点，可以增强碳减排力度；碳税作为一种环境税，可以配合其他环境税开征，一方面达到保护环境的目的，另一方面也可以加快我国环境税制改革，尽早建立起有利于环境保护的独立的环境税制框架（李素敏，2012）。

（2）中国实施碳税机制存在的问题。碳税还未在我国开始征收，在其他国家的征收时间也不是很长，而且各个国家的征收对象以及税率设置也是各不相同，其对温室气体减排的效果也不尽相同，对经济和能源系统的影响还有待进一步研究。能够达到减排目的的合适税率还不确定，税率太高会导致企业压力过大，对经济造成影响，税率太低又达不到减排的目的。

我国的税负水平已经很高，如果再征收碳税，将会使税收负担加重，很难让纳税人接受。

我国现行的征税制度并不完善，绿色征税制度建立的时间不长，没有专门的环境税种，现存的环境资源收费制度不合理，环境税制也不完善。

9.3.2.4 中国构建碳税机制的探索

（1）中国碳税征收的现状。我国尚未征收碳税，但自 1982 年 7 月 1 日开始在全国实行《排污收费暂行办法》以来，一直沿用的是排污收费制度。2010 年 6 月 1 日我国发布了分析碳税在我国开征的必要性和可行性的《中国碳税税制框架设计》。该调研报告在资源税改革的背景下分析了我国开征碳税的必要性与可行性，提出了在中国开征碳税的基本目标和原则，从税制诸要素角度初步设计了碳税制度的基本内容。

☞ 纳税人：我国碳税的纳税义务人主要为向自然环境中直接排放 CO_2 的单位和个人。其中单位包括行政事业单位、军事单位、社会团体、国有企业、集体企业、私有企业、外商投资企业、外国企业及股份制企业等。但考虑到促进民生的因素，对于个人或家庭生活使用煤炭和天然气而排放的 CO_2，给予免税。

☞ 征税对象: 因为我国能源消费结构仍以石油、煤炭为主。所以,我国现阶段碳税的征税对象相应确定为在生产经营活动中因消耗化石燃料而直接向自然环境排放的 CO_2。计税依据为化石燃料的含碳量。但因受 CO_2 计量技术的限制,碳税的实际征税对象最终还是落到煤炭、天然气、成品油等化石燃料上。

☞ 税率: 由于 CO_2 排放对生态的破坏与其数量直接相关,而与其价值量无关,所以,碳税采取从量计征的方式,税率相应采用定额税率的形式。报告提出,为尽可能减少碳税开征对国民经济造成的负面影响,在征收初期,碳税将实行低税率。

☞ 税收优惠: 基于保护我国产业国际市场竞争力角度考虑,对能源密集型行业及其他受碳税影响较大行业实施税收减免与返还。当然,只有符合一定条件才能享受到税收优惠政策,比如与政府签订了一定标准的 CO_2 减排协议或提高能效的相关协议等(马海涛等,2010)。

(2)中国碳税机制实施的策略研究。

☞ 做好碳税的宣传工作: 碳税在我国是一个新生事物,碳税的开征基本还停留在学术界,公众对其知之甚少。政府应通过报纸、电视等各种媒介,以各种方式向民众广泛宣传征收碳税对节能减排、环境保护、经济发展的积极意义,同时,让国际社会了解中国在节能减耗和应对全球气候变化中所采取的重大举措,营造良好的国际舆论氛围。各国税收实践的成功经验表明,良好的事前沟通、合理的税制设计将有利于提高纳税人的遵从程度,进而提高碳税的可接受程度,不仅在政治上容易获得支持,在具体实施中也容易实现经济效率的提高和征管成本的降低(周玄平,2011)。

☞ 谨慎选择开征时机: 碳税的开征会抬高基础资源和能源产品的价格,导致 CPI 的攀升,在此情况下,纳税人尤其是低收入者必然会反对政府征收碳税,而在我国制度建设更加强调民主与民生的背景下,为了减轻纳税人对缴纳碳税的不遵从程度,降低碳税的征收成本,合理、谨慎选择碳税的征收时机就显得尤为重要。同时考虑到世界经济危机的不利影响还没有完全消除,全球经济的全面复苏尚需时日,如果短期内贸然开征碳税有可能不利于我国经济健康平稳增长。综合考虑,我国可在"十二五"末期,根据情况适时推出碳税。

☞ 坚持税收的中性原则: 为保证适度合理的税负规模,欧美国家大多在开始征收碳税的同时,会降低纳税人所得税、社会保障税等税种的税负,体现出税收中性的原则。我国应借鉴国际经验，结合税制结构的调整，在开征碳税的同时，按照有增有减的改革思路，降低企业所得税、个人所得税等税种的税率，同时给予节能投资和低收入群体一定补贴，最大限度地缓解征收碳税对纳税人的心理压力，降低税制改革成本。

☞ 注重相关政策的协调配套：碳税是事先规定好单位排放的价格，但排放总量不确定；与之相反，碳排放权交易是事先规定了碳排放总量，而排放价格则随供求关系的变化而变动。所以，碳税与碳排放权交易应相互补充和强化，共同发挥减排功效。同时，碳税还应考虑同其他与能源相关的税种密切配合，以及同加快碳减排和碳增汇技术研发与应用、促进可再生能源与替代能源利用、提高能效标准等其他政策措施协调配合，形成合力（倪国锋，2012）。

9.3.3 清洁发展机制

9.3.3.1 清洁发展机制概念

清洁发展机制，简称 CDM（Clean Development Mechanism），是《京都议定书》中引入的灵活履约机制之一。核心内容是允许《联合国气候变化框架公约》附件 1 缔约方（即发达国家）与非附件 1（即发展中国家）进行项目级的减排量抵消额的转让与获得，在发展中国家实施温室气体减排项目。附件 1 发达国家通过向发展中国家提供资金和技术帮助发展中国家实现可持续发展。同时附件 1 发达国家通过从发展中国家购买"可核证的排放削减量（CER）"以履行《京都议定书》规定的减排义务[①]。

9.3.3.2 运行程序

《联合国气候变化框架公约》第七届缔约方会议通过的 CDM 运行程序，为执行 CDM 制定了详细的规则。CDM 是基于项目一级的活动，一个 CDM 项目自提出直到获得 CER，包括 8 个主要阶段（图 9-2）。

（1）确认参与条件和模式。参与 CDM 的主要条件是：① 自愿参加；② 非附件 1 的缔约方是批准了《京都议定书》的缔约方；③ 附件 1 的缔约方是批准了《京都议定书》的缔约方，并承诺《京都议定书》为其规定的减排目标；④参与 CDM 的缔约方应设有一个指定的国家 CDM 主管机构。

实施 CDM 有 3 种主要模式：① 由附件 1 和非附件 1 缔约方共同实施的双边

---

① 百度百科：清洁发展机制，http://baike.baidu.com/link?url=Ze8oI26hMZ9KgI079h3tgok7plL3ORWFu_bwzhG_2a61TIvnaGOilYJI_u4GHVHs。

模式，这是最常见的一种模式；②由非附件 1 缔约方和代表附件 1 缔约方的国际组织或基金共同实施的多边模式；③由非附件 1 缔约方单独实施的单边模式。

（2）编写 CDM 项目设计书。对于一个具体的 CDM 项目，需要按照《联合国气候变化框架公约》CDM 执行理事会批准的方法学和颁布的标准格式，编制一份 CDM 项目设计书，介绍 CDM 项目的具体活动、基准线、额外性、减排量、监测计划等主要内容，是 CDM 后续阶段各项工作的主要依据。

（3）项目审定。CDM 项目设计书编写完后，需要判断该项目是否是一个合格的 CDM 项目。此项工作必须由 CDM 执行理事会批准委任的指定经营实体完成，审定项目的工作是公开透明的，需把被审定项目设计书放在《联合国气候变化框架公约》网站公示 30 天，收集各方的评论和意见。完成这项工作，这个项目才能称为合法的 CDM 项目。

（4）缔约方国家批准。CDM 执行理事会规定一个合格的 CDM 项目，还需在得到项目业主和 CER 购买方所在的缔约方国家 CDM 主管机构正式批准后，方可向执行理事会申请注册。有时为缩短整个 CDM 的申报周期，项目审定和缔约方国家批准的两个程序可以同时进行。

（5）项目注册。CDM 项目业主不能直接向 CDM 执行理事会递交项目设计书和国家批准函进行注册申请，只能委托前一阶段审定项目的指定经营实体代理此项工作。8 周后若 CDM 执行理事会未作出重审的决定，则项目注册成功。如果该项目被 CDM 执行理事会驳回，企业可以修改，修改后重新提出申请。

（6）项目运行和监测。CDM 项目在建成运行后，项目业主在运行中需按提交注册的项目设计文件中的监测计划，测量、计算、记录各个参数以便得出项目在某段时期内所产生的减排量。项目业主须保留好所有记录文档，供后续阶段核查之用。

（7）项目核查和认证。项目核查是由指定经营实体（不同于项目审核的经营实体）负责、对注册的 CDM 项目减排量进行周期性审查和确定的过程。根据核查的监测数据、计算程序和方法，可以计算 CDM 项目的减排量。核证是指由指定的经营实体出具书面报告，证明在一个周期内，项目取得了经核查的减排量，根据核查报告，指定的经营实体出具一份书面的核证报告，并且将结果通知利益相关者。

（8）CER 签发。指定的经营实体提交给 CDM 执行理事会的核证报告，申请 CDM 执行理事会签发与核查减排量相等的 CERS。15 天后若 CDM 执行理事会未作出重审的决定，则 CER 签发成功。至此项目业主拿到被 CDM 执行理事会承认的 CER，可以和购买方进行碳交易（张威，2011）。

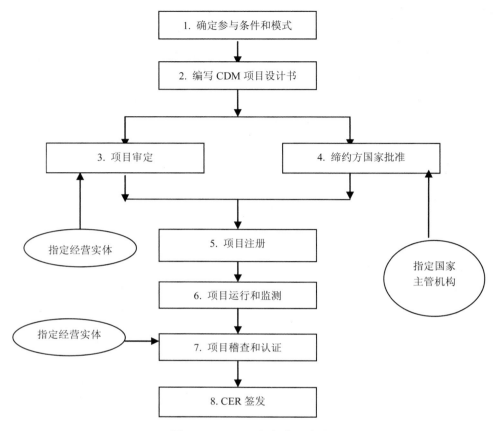

图 9-2　CDM 运行程序示意图

9.3.3.3　中国清洁发展机制管理机构和办法

（1）中国 CDM 管理机构。中国 CDM 管理体制如图 9-3 所示，整个体制由三级机构组成。

第一级是国家气候变化对策协调小组，由 16 个国家部委局组成，负责审议和协调国家 CDM 的重大政策。

第二级是国家清洁发展机制项目审核理事会，由 7 个国家部委局组成，组长单位是国家发改委、科技部，副组长单位是外交部。它的主要职责是审核 CDM 项目、提出和修订国家 CDM 活动的运行规则、程序，解决 CDM 实施过程中的问题并提出相应建议。

第三级是国家清洁发展机制项目管理机构，尚未成立。在建立前，其职能由国家气候变化对策协调小组办公室代为行使。

此外，国家发展和改革委员会是中国政府开展 CDM 项目活动的主管机构，主要负责审批国内申报的 CDM 项目、出具国家批准函、监督管理国内 CDM 项目的实施、处理涉外相关事务等工作。

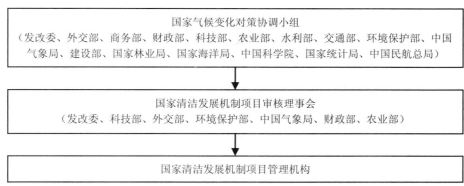

图 9-3　中国 CDM 管理体制

（2）中国 CDM 管理办法。国家发改委、科技部、外交部、财政部联合发布了《清洁发展机制项目运行管理办法》，此办法于 2005 年 10 月 12 日起生效。该管理办法包括 26 个条款，全面规定了国内开展 CDM 项目的许可条件、管理和实施机构、实施程序以及其他一些相关事项。其中主要内容包括：① 中国开展 CDM 项目的重点领域；② 项目申请及审批程序；③ 项目的实施和监督程序；④ 中国境内 CDM 项目的实施机构是中资和中资控股企业，他们负责项目的工程建设，保证项目的温室气体减排量是真实的、可测量的、长期的；⑤ 鉴于温室气体减排量资源归中国政府所有，而由具体 CDM 项目产生的温室气体减排量归开发企业所有，因此，CDM 项目因转让温室气体减排量所获得的收益归中国政府和实施项目的企业所有。

根据管理办法的规定，在我国实施的清洁发展机制项目必须满足如下要求：① 开展清洁发展机制项目应符合中国的法律法规和可持续发展战略、政策以及国民经济和社会发展规划的总体要求；② 发达国家缔约方用于清洁发展机制项目的资金，应额外于现有的官方发展援助资金和其在公约下承担的资金义务；③ 清洁发展机制项目活动应促进有益于环境的技术转让。

9.3.3.4　中国清洁发展机制现状、问题与对策

（1）中国清洁发展机制现状。

☞　清洁发展机制项目数量位居全球首位：截至 2012 年 11 月 9 日，全球范围内共有 4 989 个 CDM 项目注册，已注册项目的年平均预期核实减排量

（以 CO_2 当量计）为 6.88 亿 t，已签发核实减排量 10.58 亿 t，成为发达国家和发展中国家携手共同应对全球气候变化的重要手段之一。其中，中国在联合国注册的 CDM 项目共有 2 569 项，占全球注册项目的51.49%，比位列第二的印度（939 项，占 18.82%）多出了 1 630 项，是全球在联合国注册 CDM 项目最多的国家，数量远高于其他发展中国家；已注册项目的年平均预期核实减排量（以 CO_2 当量计）4.48 亿 t，占全球预期核实减排量的 65.12%；已签发核实减排量（以 CO_2 当量计）6.40亿 t，占全球已签发核实减排量的 60.46%。无论是从 CDM 项目注册数量，还是从已注册项目的年平均预期核实减排量或已签发核实减排量来讲，中国已成为全球 CDM 市场的最大供给国（刘航等，2013）。

☞ 清洁发展机制规定不断完善：我国于 2005 年 10 月 12 日正式实施《清洁发展机制项目运行管理办法》。2011 年 8 月 3 日，经修订的《清洁发展机制项目运行管理办法》正式实施，原《清洁发展机制项目运行管理办法》同时废止。新办法对清洁发展机制项目的管理体制、申请和实施程序、法律责任等内容做了详细规定，对促进和规范清洁发展机制项目的有效有序运行起到了重要作用。

（2）中国清洁发展机制存在的问题。中国虽然已成为国际市场上最大的 CDM 项目碳排放权供应国之一，但是中国清洁发展机制在运行过程中，由于受到各种因素的影响，仍然存在着不少问题，表现为：对清洁发展机制的认识不足。清洁发展机制是随着国际碳交易市场的兴起而进入中国的，因而在中国的传播时间短，导致中国国内许多企业和金融机构尚未充分认识到其中蕴藏的巨大商机，对 CDM项目的开发、碳排放权交易规则、碳资产的价值、操作模式等尚不熟悉。在中国，关注 CDM 项目碳排放权交易的机构除了少数商业银行以外，其他金融机构和投资者几乎尚未涉及（蓝虹，2012）。

☞ 项目区域分布不平衡：CDM 项目从地域来看，分布不均衡，呈现西多东少；欠发达地区多、发达地区少的局面。如表 9-3 所示，云南、四川、内蒙古占据我国 CDM 市场份额的 27.24%，而江苏、浙江和上海仅占我国 CDM 市场份额的 5.60%。其中，项目数量最多的云南省所占比例是项目数量最少的上海的 18.88 倍。项目数前三位的云南、四川和内蒙古水能和风能都比较丰富，经济相对落后，属于我国经济发展水平较低的西部地区。而项目数较少的江苏、上海和浙江处于经济发达地区，对于能源的需求量较大，拥有高层次技术人才优势，具有较高的技术优势，属于我国经济发展水平较高的东部地区，对于 CDM 项目的需求和先进技术的吸收能力要强于西部地区。CDM 项目西多东少的区域分布，不利于我国的发展需求，限制了技术借鉴和吸收的层次。

表 9-3　国家发改委已审批各省区市 CDM 项目数

省（区市）	项目数/个	所占比重/%	排名	省（区市）	项目数/个	所占比重/%	排名	省（区市）	项目数/个	所占比重/%	排名
云南	453	9.97	1	新疆	147	3.24	11	安徽	82	1.81	21
四川	429	9.43	2	吉林	141	3.11	12	江西	78	1.72	22
内蒙古	356	7.84	3	贵州	140	3.08	13	重庆	72	1.59	23
山东	246	5.42	4	黑龙江	138	3.04	14	青海	61	1.34	24
甘肃	242	5.33	5	湖北	122	2.69	15	海南	26	0.57	25
河北	233	5.13	6	陕西	119	2.62	16	上海	24	0.53	26
湖南	189	4.16	7	江苏	117	2.58	17	北京	19	0.42	27
山西	169	3.72	8	广东	116	2.56	18	天津	16	0.35	28
河南	155	3.41	9	福建	115	2.53	19	西藏	9	0.2	29
宁夏	154	3.39	10	浙江	113	2.49	20	合计	4 540	100	
辽宁	147	3.24	11	广西	113	2.49	21				

资料来源：根据中国清洁能源机制网 http://cdm.ccchina.gov.cn 数据统计整理，截至 2012 年 9 月 28 日。

☞ 项目结构不合理：截至 2012 年 9 月 28 日，中国共有 4 540 个 CDM 项目获得国家发改委批准。其中新能源和可再生能源、节能和提高能效、甲烷回收利用项目占批准项目总数的比重分别为 75.53%、13.11% 和 7.18%（表 9-4），三者合计为 95.82%，共有 2 364 个 CDM 项目成功注册；三者占成功注册总数的比重分别为 83.16%、7.06%、6.13%（表 9-5），三者合计为 96.35%，共有 915 个 CDM 项目的减排量获得签发；三者占签发项目总数的比重分别为 80.77%、8.33%、4.92%（表 9-6），三者合计为 94.02%。但是减排潜力巨大的农业、林业、建筑业和交通运输业领域的项目数量仍然偏少，发展速度也不太理想（刘航等，2013），其中造林和再造林没有一个项目获得签发。据上述统计数据和分析结果显示，我国项目类型集中，相应的技术引进类型也相对集中，这样不利于核心技术的引进和产业的升级发展（杨锦琦，2012）。

表 9-4　我国 CDM 批准项目数按减排类型分布情况

减排类型	估计年减排量（CO_2 当量）/t	占年总减排量百分比/%	项目数/个	占项目总数百分比/%
新能源和可再生能源	418 246 428.12	57.49	3 429	75.53
节能和提高能效	94 472 018.64	12.99	595	13.11
甲烷回收利用	77 552 631.2	10.66	326	7.18
垃圾焚烧发电	4 026 674	0.55	23	0.51
N_2O 分解消除	27 964 729	3.84	42	0.93
HFC-23 分解	66 798 446	9.18	11	0.24
燃料替代	27 878 095.68	3.83	50	1.1
造林和再造林	117 396	0.02	4	0.09
其他	10 417 088	1.43	60	1.32
合计	727 473 506.64	100	4 540	10

资料来源：根据中国清洁能源机制网 http：//cdm.ccchina.gov.cn 数据统计整理，截至 2012 年 9 月 28 日。

表 9-5　我国 CDM 注册项目数按减排类型分布情况

减排类型	估计年减排量（CO_2 当量）/t	占年总减排量百分比/%	项目数/个	占项目总数百分比/%
新能源和可再生能源	246 157 129.563	55.65	1 966	83.16
节能和提高能效	39 281 700	8.88	167	7.06
甲烷回收利用	39 398 145.2	8.91	145	6.13
垃圾焚烧发电	1 513 861	0.34	7	0.3
N_2O 分解消除	25 307 809	5.72	28	1.18
HFC-23 分解	66 798 446	15.1	11	0.47
燃料替代	21 074 303	4.76	26	1.1
造林和再造林	116 272	0.03	3	0.13
其他	2 711 339	0.61	11	0.47
合计	442 359 004.763	100	2 364	100

资料来源：根据中国清洁能源机制网 http：//cdm.ccchina.gov.cn 数据统计整理，截至 2012 年 9 月 28 日。

表 9-6　我国 CDM 签发项目数按减排类型分布情况

减排类型	估计年减排量 （CO_2 当量）/t	占年总减排量 百分比/%	项目数/ 个	占项目总数 百分比/%
新能源和可再生能源	105 988 407.3	40.81	739	80.77
节能和提高能效	21 755 404	8.38	76	8.31
甲烷回收利用	21 121 444	8.13	45	4.92
垃圾焚烧发电	958 226	0.37	3	0.33
N_2O 分解消除	23 302 732	8.97	18	1.97
HFC-23 分解	66 798 446	25.72	11	1.2
燃料替代	18 157 236	6.99	18	1.97
造林和再造林	0	0	0	0
其他	1 650 770	0.64	5	0.55
合计	259 732 665.3	100	915	100

资料来源：根据中国清洁能源机制网 http: //cdm.ccchina.gov.cn 数据统计整理，截至 2012 年 9 月 28 日。

（3）中国清洁发展机制完善的对策建议。

☞　积极引导和鼓励有利于实现可持续发展的 CDM 项目：中国新能源和可再生能源、节能和提高能效、甲烷回收利用项目在批准、注册、签发方面都占据很大比例，但减排潜力巨大的农业、林业、建筑业和交通运输业领域的项目数量仍然偏少，发展速度不太理想。因此，我国政府应加大对 CDM 项目的宣传力度，增强深度和广度，充分利用我国的清洁发展机制基金，大力鼓励生物质能发电、能效提高项目、动物废弃物回收、垃圾填埋等对实现我国可持续发展目标具有重大意义的 CDM 项目。加大政策扶持力度，特别是税收优惠力度等政策，积极引导金融机构、社会资本向上述 CDM 项目提供资金，增强其市场化融资能力。努力寻求经济效益、社会效益和环境效益间的平衡，促进项目类型和参与方的多样化（刘航等，2013）。

☞　推动 CDM 项目的实施与区域特点相结合：区域经济、资源和排放状况是组织 CDM 项目的基础，实施对区域产业、资源和污染物排放状况的普查，结合当地经济和社会发展以及产业特点的实践情况，调查并估算各主要领域的排放特点、减排潜力和减排技术及成本，分类别、分阶段、有组织地开展 CDM 项目。这样可以使得各地区建立 CDM 项目的潜力及其影响得到充分的发挥。此外，各级地方政府要因地制宜，结合本地区经济发展规划和区域运行特点，把 CDM 项目的实施与区域内的结构调整和优化相结合。结合本地区的能源结构优化、先进节能技术产业化、可再生能源规模化利用和废弃物资源化等区域产业结构调整工作，有计划地组织和实施 CDM 项目，充分发挥区域 CDM 潜力及其对可持续发展的促进作用（杨锦琦，2012）。

☞ 建立有效促进 CDM 项目发展的激励机制：中国发展 CDM 项目是个十分复杂的系统工程，需要各级政府和各有关部门依据可持续发展原则制定一系列规则与标准，配套出台相关的金融、财政、税收等扶持政策，激励金融机构等利益相关者积极参与 CDM 项目的实施，特别是采取相关的扶持政策，有针对性地解决影响我国 CDM 项目良好发展的迫切问题，如 CDM 项目的议价能力弱、结构有待优化等问题，以引导 CDM 项目实现良性发展。

☞ 建立健全促进 CDM 项目和市场规范发展的政策法规：随着中国 CDM 项目的深度发展，迫切需要政府加强管理，健全 CDM 项目的管理机构、政策法规，引导、培育和规范 CDM 市场。① 建立健全 CDM 项目资质系统，明确项目参与方、咨询等中介机构的资质标准，以有效维护 CDM 项目利益相关方的利益，促进 CDM 市场的规范运作。② 加快制定对 CDM 项目开发人员的考核机制、标准，建立促进 CDM 项目人才成长的机制体制，确保从事 CDM 项目开发的人员具有较高的素质。③ 加强对 CDM 项目国际合作的引导和监管，维护中国参与 CDM 项目各方的利益，增强中国 CDM 项目的国际竞争力（蓝虹，2012）。

9.4 低碳能源发展的政策建议

9.4.1 中国低碳能源政策现状

2007 年 6 月中国政府发布《应对气候变化国家方案》，提出了到 2010 年中国应对气候变化的基本目标，实现单位国内生产总值能源消耗比 2005 年降低 20% 左右，相应减缓 CO_2 排放；力争使可再生能源开发利用总量（包括水电）在一次能源消费结构中的比重提高到 10% 左右，煤层气抽采量达到 100 亿 m^3；森林覆盖率达到 20%，实现年"碳汇"数量比 2005 年增加约 0.5 亿 t CO_2 等。中国为推动低碳经济发展，在调整经济结构，转变发展方式，大力节约能源，提高能源利用效率，优化能源结构，植树造林等方面采取了一系列政策措施，取得了显著成效。

至 2011 年，我国水电、风电和核电的比重由 1980 年的 4% 提高到 19%，其中水电装机容量达到 1.45 亿 kW，年发电量 4 829 亿 kW·h，电力装机和发电量均居世界第一位；风电装机容量超过 600 万 kW，居世界第五位；太阳能热水器集热面积达到 1.1 亿 m²，多年位居世界第一；生物质能发电装机容量约为 300 万 kW，生物燃料乙醇年生产能力超过 120 万 t；核电装机容量为 906 万 kW。尽管如此，我国没有明确承诺碳减排目标，也没有系统的、专门的低碳经济政策，现有政策主要体现在"节能减排"措施之中，且以行政手段为主，与发达国家以市场为主的政策工具有较大的区别。

（1）以"命令—控制"类的行政手段为主。我国的低碳政策工具主要以"命令—控制"类的行政手段为主。主要方式：① 目标责任制。由中央和地方、各部委（地方政府）、重点企业层层分解落实节能减排指标，实行目标责任制考核；配套出台了《节能减排统计、监测与考核实施办法》《单位 GDP 能耗监测、统计和考核办法》以及《主要污染物总量减排统计、监测与考核办法》等文件，通过自上而下的"目标—任务分解—考评"方式来推动。② 提高环评标准，尤其是通过信贷、土地"两个闸门"控制，对电力、钢铁、建材、有色金属、化工等重点行业新上项目严格实行审批制，遏制高耗能产业过快增长。③ 强制淘汰落后产能。2006—2012 年，我国共淘汰了 8 383 万 kW 能耗高、污染重的各种小火电机组。

（2）财政税收工具力度加大。从 2007 年中央财政安排 235 亿元开始，到 2013 年中央节能环保预算支出为 2 101.27 亿元用于支持节能减排，同时在增值税、消费税、企业所得税、资源税和出口退税方面进一步明确助推节能减排的具体措施。

（3）尚未建立国内的碳排放交易市场。在碳排放交易方面，我国还没有建立国内的碳排放交易市场。现有的排污权交易是以二氧化硫为主，如山东、山西、浙江和江苏等省以及华能等重点行业的企业开展了排污权交易的试点。我国在参与国际碳排放交易方面，取得了较好的进展。截至 2011 年 9 月 15 日，我国在联合国清洁发展机制（CDM）执行理事会成功注册项目数量增加为 1 574 个，约占东道国注册项目总量的 45.70%；签发量约为 419 457 044 t CO_2 当量，占全球总签发量的 57.91%，累计收入超过 30 亿美元。

（4）标签计划与第三方融资。在标签计划、第三方融资工具方面，我国推出了《能源效率标识管理办法》和中国终端能效项目（EUEEP），支持节能服务公司的发展等措施，极大地鼓励了地方政府和企业节能减排的积极性。

（5）循环经济和生态工业园规划独具特色。国家级循环经济试点单位已达 172 家，各省（市、区）也都相继开展了两批循环经济试点工作，有效推进了循环经济、生态工业的理念普及，试点单位的示范效应逐渐显现出来。

9.4.2 中国低碳能源政策的不足

我国低碳政策工具与西方发达国家显著不同，尽管以"目标责任制"为主线、以"命令—控制"为主体的政策工具是最有效、最直接的工具，但是也带来了一些问题：政策执行效率较低、政策执行难以全面推行、财税政策与行政政策不够灵活、市场机制作用尚未发挥。

9.4.2.1 政策执行效率较低

目标责任制考核指标的确立和分解，缺乏科学依据，中央—地方—企业存在严重的信息不对称，带来极为高昂的政策执行成本和监督成本，甚至使政策变成一纸空文，或者是收获一些"假数据"，执行效率低，成效不明显。

9.4.2.2 政策执行难以全面推行

国有大中型企业、规模以上企业是政策执行的重点，现有的能源环境统计数据也主要来自这些企业，而对大量的低小散企业，尽管淘汰落后的措施对其具有一定的抑制作用，但是也由于监管成本高，导致其在体制外运行，对规模以上企业形成"鞭打快牛"，增大了政策执行难度。

9.4.2.3 财税政策与行政政策不够灵活

现有财税政策不够灵活，对节能减排技术研发与扩散支持力度不够；对固定资产投资激励较多，而对项目建成后的运营成本关注不够，存在大量"买得起，用不起""平时不运转，检查来了才运转"的现象。另外，现有的审批项目、监督检查、行政执法体制比较僵化，亟待改善。

9.4.2.4 市场机制作用尚未发挥

碳排放交易市场尚未建立，市场类政策工具应用不够。我国排污权交易进展太慢，没有发挥市场机制的作用。同时，由于市场经济体系不健全，诚信、企业家责任与企业社会责任、社会形象约束力较薄弱，自愿协议、能源合同管理等新型的市场类政策工具效果不理想（宋德勇等，2009）。

9.4.3 国外低碳能源发展的政策工具

政策工具又称政府工具、治理工具、政策手段，是公共政策执行主体将其解决社会问题的实质目标转化为具体行动的手段、方法、路径和机制，是政策执行的技术，是政策目标与政策结果之间的桥梁。低碳经济的政策工具指在实施减少以 CO_2 为衡量标准的温室气体排放和化石能源消费中，政府行政部门在制定和运用低碳政策中所采取的各种手段、方法、路径和机制。国外发展低碳经济的政策工具选择主要有 3 个方面：命令与控制类型政策工具、市场化类型政策工具和自主化类型政策工具。

9.4.3.1　命令与控制类型政策工具

发展低碳经济的命令与控制政策工具指政府通过对经济活动行为进行监督检查，以强力的行政管制来约束相应主体的经济行为，通过对企业生产的技术管制、企业污染物排放量的监管来实现低碳发展的管制目标。其中运用比较充分的有：

（1）制定低碳经济标准。许多国家制定与低碳经济发展相关的标准，强制要求相关经济主体进行遵守。如针对汽车的碳排放量问题，美国加利福尼亚州于 2002 年出台了全美第一个对汽车尾气排放进行严格限制的法案。德国为减少交通工具的 CO_2 排放，于 2005 年开始在联邦高速公路和几条重要的联邦公路上对 12 t 以上的卡车征收载重汽车费。

（2）经济发展低碳化研究与评价相结合。对经济行为是否合乎低碳化进行评价，将之与批准制度结合在一起，通过对"高碳经济行为"的预防和避免活动，使经济发展在行政管制的强势作用下符合低碳化要求。这种评估与批准相结合的方式，为能源和环境问题研究提供了新视角，逐渐成为各国能源环境和发展政策的重要参考，其中德国和日本是典型代表（宋德勇等，2009）。

9.4.3.2　市场化类型政策工具

市场化政策工具指将低碳产业作为公共物品进行产业化和市场化运作，达到弥补行政化政策不足和提高低碳经济运营效率相应的制度和安排。具体可分为利用市场激励低碳发展、创建市场促进低碳发展两方面。

（1）利用市场激励低碳发展。利用市场政策工具主要有对削减碳排放进行补贴、碳排放税费、押金—退款制度等。例如，为提高工业领域蕴藏的巨大节能潜力，德国政府计划在 2013 年之前规定企业享受的税收优惠与企业的节能管理挂钩。

（2）创建市场促进低碳发展。通过创建碳排放市场的方式促进低碳经济的发展。国际非营利组织气候集团发布的报告《盈余：低碳经济的成长》指出：2006 年全球碳交易项目总金额已达 300 亿美元。美国《加利福尼亚气候变暖解决法案》将于 2012 年开始执行，要求工业生产中限制温室气体排放，并对不履行者进行处罚。

9.4.3.3　自主化类型政策工具

自主化类型政策工具指强调依靠不同经济主体互相作用，达成共识性规范，然后根据个体内部的特定协调方式来共同完成低碳经济发展的政策工具。这种制度的强化与发展往往离不开政府的支持和引导。

（1）单向减排承诺。即经济个体（包括企业和公民）为实施碳排放减低计划，自行提出碳减排的目标及遵循的条款。如日本富士、施乐宣布温室气体减排计划，到 2020 财年，富士、施乐将实现在整个产品生命周期阶段较 2005 财年减少 30%的 CO_2 排放量。

（2）自愿碳减排协议。指由同行业企业之间、不同行业企业之间或者公民之间签订的对于碳减排共同实施的协议。例如，日本经济团体联合会自愿共同签署 CO_2 减排协议；德国工业联盟也向德国政府承诺，其成员自愿承诺减少 CO_2 排放或采用清洁生产技术，以减少政府管制。

（3）开放性碳减排体系。指参与企业赞同环境机构所提出的环境绩效、生产技术或环境管理标准，企业自愿遵循相应的标准并实现该目标。例如，意大利实施的"白色证书"制度，是一个为减少能源消耗而出台的鼓励措施。企业可以自愿加入该认证制度；对达到节能目标的企业，意大利相关部门将给予经济奖励；节能效果超过规定目标时，企业可以出售其富余的"白色证书"（傅学良等，2010）。

9.4.4　发展低碳能源的政策建议

政府对促进低碳能源发展的政策手段和路径是多方面的，中国在低碳经济背景下，更好更快地发展低碳能源，促进可再生能源的开发利用，可以采取如下具体措施。

9.4.4.1　支持发展低碳能源技术，构建政府绿色采购制度

（1）加大低碳技术的研究开发。① 成立专门的国家级低碳经济研究机构，制订低碳技术开发计划，为从事低碳经济的相关机构和企业提供技术指导，从国家层面上统一组织协调低碳技术研发和产业化推进工作。② 以政策调节手段增强能源有效利用的技术创新，提高企业技术自主创新能力，鼓励企业研制开发低碳技术和低碳产品，限制高碳排放，走节能、降耗、清洁生产的发展道路。理顺企业风险投融资体制，支持企业开发低碳先进技术，对积极发展低碳经济的企业分别从资金匹配、税收减免等方面给予优惠。③ 加强国际企业间技术交流与合作，促进发达国家对我国的低碳技术转让，并整合国内市场现有的低碳技术，多途径地迅速推广和应用，以不断增强我国碳减排的技术支撑能力。借鉴日本的做法，每年投入巨资发展低碳技术，加大资助发展清洁煤技术、收集并存储碳分子技术等研究项目，以大幅度减少碳排放。

（2）公共财政政策推动低碳技术创新。公共财政推动企业强化低碳技术集成创新。理论界普遍认为低碳技术创新是实现低碳经济的关键所在和动力源泉，获取低碳技术的途径包括国外引进和自主创新，走低碳技术国外引进之路，将面临着先进技术持有国的技术转让壁垒，而且有效的低碳技术转让机制缺失致使中国难以引进处于国际领先地位的低碳技术，其最终结果是国内企业对外技术依赖，

中国低碳经济发展严重受制于发达国家，甚至沦为未来世界低碳产业价值链的低端。从长远角度来看，应该通过自主创新获得低碳技术。长期以来，中国企业在技术创新问题上具有短视性，存在着"搭便车"的现象，这同样存在于低碳技术创新活动中。并且低碳技术创新所需资金巨大使得企业往往面临着资金短缺的瓶颈，低碳技术创新活动的回报呈非线性和不确定性，投资风险高，资本逐利行为导致低碳技术创新领域资本市场介入空白。低碳技术创新活动具有外溢效应，如果完全由私人部门承担，将出现市场失灵，因此，公共财政应该成为企业低碳技术创新的主要资金来源。要设置低碳技术创新专项资金，弥补公共财政缺位，重点资助企业低碳技术的集成创新，提高公共财政投入比例。对于关键性、共性技术，公共财政直接投资的同时吸引金融机构、企业、外资等多元渠道的资金。建立相应资金保障机制，降低创新风险，对经国家批准的低碳技术改造传统产业项目提供贷款担保和财政贴息，出台税收优惠政策，减轻企业负担，激励企业创新低碳技术。纵观整个产业价值链，缺乏研发低碳技术的专门机构和中介服务机构，要将公共财政资金用于创办研发机构，并使成果在链内市场化。

（3）实行绿色政府采购机制。政府采购是一个巨大市场，2002 年我国政府采购规模为 1 009.6 亿元，2013 年我国政府采购规模达到 1.6 万亿元，占全年 GDP 的 2.9%，年增长率保持在 20% 左右。因此，政府采购规模优势对企业生产具有导向作用，对引导绿色消费具有示范效应。由于缺乏"绿色产品"认定标准，使得政府绿色采购推行受阻，应尽快确定节能、环保产品标准，增强可操作性。将经过科学化、精细化认证的低碳产品列入采购清单中，采取动态调整机制和公示制度优先采购和强力采购等一系列政策措施，加强相关部门协调配合，驱使企业在生产、投资和销售活动中注入低碳理念，渗入整个产业价值链，推进低碳经济发展。对于低碳新技术产品，在缺乏市场的情况下，政府通过首购制度的推动可以引导消费，激励企业进一步创新。政府采购的示范效应还可以在一定程度上引导普通消费者的低碳消费。低碳消费实质是以低碳为导向的一种共生型消费，引导和实现低碳消费是关系低碳经济能否可持续的重大课题。

9.4.4.2　加快发展低碳能源产业，促进可再生能源开发

（1）建立低碳经济发展的政策体系。结合"十二五"规划，把发展低碳经济列入城市和农村发展规划和产业发展规划。研究出台低碳经济模式下的财政、税收、产业、技术政策体系。借鉴发达国家经验，引导重工业降碳。择机推出碳税、排放贸易机制和税收优惠等经济政策。对有利于低碳经济发展的生产者或经济行为给予补贴，是极大降低 CO_2 排放、增加工业能效以及竞争力、促进低碳经济发展的一项重要经济手段；完善促进低碳经济发展的税收激励政策，从如下方面制

定激励型的税收政策：制定节约能源的税收激励政策，在增值税、所得税、资源税、车辆购置税等各个税种上都可体现该政策。制定清洁生产的税收激励政策，采取积极措施，引导鼓励企业生产清洁产品，清洁生产。配合国家相关部门关于CO_2减排的协议，给予符合协议要求的特定企业较低税率，实行减税。制定低碳技术创新的税收激励政策和构建环境贸易的税收激励政策。制定总的减税额度，给予电力、石油、天然气、煤气在采取了环保节能措施时以奖励。制定税收优惠政策鼓励个人低碳消费，低碳生活，如私人住所更新节能设备，公交出行、自行车出行的居民给予其购买相关产品时的税收优惠。此外，要积极推行清洁生产机制，加强财政和金融的政策支持力度，支持建立低碳经济政策体系。

（2）建立可再生能源的主导产业地位。从世界各国的实践经验看，主导产业的实现可以通过市场自发调节或政府积极干预两种形式。越来越多的国家开始重视第二种形式。西方发达国家采取政府积极干预的形式促进主导产业（如信息产业）的发展。发展中国家由于市场经济不发达，对主导产业采取倾斜政策显得尤为重要。主导产业的形成必须具备如下条件：① 足够的资本积累和投资，一国对主导产业的净投资（投资额在国民生产总值中的比重）从 5%左右提高到 10%，同时要和鼓励储蓄、限制消费和引进外资结合起来；② 充足的市场需求，主导产业的形成要有充足的市场需求。这样，该产业才有可能不断扩大；③ 创新，创新包括技术创新和制度创新。只有创新，才能使本产业和其他产业不断节约成本，提高劳动生产率，提高产出，满足潜在的市场需求。因此，政府应当从上述主导产业的含义和形成条件入手，采取对应的产业政策和措施逐步建立可再生能源的主导产业地位。笔者认为，可以重点采取如下措施：① 对新能源与可再生资源产业出台有足够吸引力的税收、投资和产出补贴政策，引导资本向该产业部门流动。中国改革开放 30 年积累了大量的民间闲散资本，由于缺乏引导，这些资本或者闲置，或者流向市场已经饱和甚至过剩的产业部门，造成资本浪费。如果措施得当，将这些闲置的民间资本引向可再生能源产业，将有效解决主导产业建立所需的资本积累和投资问题。② 通过宣传和消费补贴对消费者进行有效的消费引导，逐渐培育可再生能源的需求市场。中国市场之大是任何其他国家无法比拟的，我们需要让尽可能多的中国人，尤其是占能源消费比例较大的城市居民充分了解可再生能源的开发和利用对国家经济建设的重要性和对改善人类生存环境的好处，同时通过消费补贴使其在选择可再生能源时不至于承受比传统的化石能源更高的成本和代价。③ 尽快建立各级可再生能源研发基金，支持企业进行可再生能源开发利用技术创新。《可再生能源法修正案（草案）》规定国家设立政府基金性质的可再生能源发展基金，来源包括国家财政年度安排专项资金和征收的可再生能源电价附加等。这一规定为新能源与可再生资源研发基金的建立提供了法律依据，但要落到实处还需要中央和各级政府出台具体的基金管理办法和设立相应的管理和工作机构。

（3）建立区域性的可再生能源的产业集群。产业集群的崛起是产业发展适应经济全球化和竞争日益激烈的新趋势，是为创造竞争优势而形成的一种产业空间组织形式。它具有的群体竞争优势和集聚发展的规模效益是其他形式难以相比的。我国各地可再生能源资源丰富，但也有地域差别，要有重点地根据各地资源条件因地制宜开发可再生能源。比如，我国的西部地区，太阳能、风能和地热能非常丰富，作为开发重点；而在浙江和福建等东部沿海地区，可以加强潮汐能等海洋可再生能源的开发。通过在上述地区建立可再生能源产业基地、开发区和工业园区等产业集群形式，实现区内企业专业人才、市场、技术和信息等生产要素的共享，降低企业的生产和交易成本，并通过集群内企业间竞争压力构成企业的创新动力，促使产业升级的加快。我国需要高度重视以下 6 个相关产业，加大支持力度，为产业集群的形成创造良好的环境和条件。

☞ 新能源行业：新能源是发展低碳经济的主力军。从技术发展水平和各国政策的侧重程度上看，风能、太阳能、核能和生物质能是最具发展潜力的可再生能源。

☞ 智能电网行业：智能电网将在低碳经济的发展中起到至关重要的作用，一方面它可以改善现有电网的负载能力和传输效率，另一方面它也可以实现新能源发电及电动汽车的大规模接入和使用。中国将要建设的是以特高压为骨干网的坚强智能电网，特高压、数字化变电站及智能电表等许多与智能电网相关的电气设备将会迎来长达十余年的高速发展机遇。

☞ 新能源汽车行业：以电动汽车为代表的新能源汽车，将为中国汽车产业开辟"弯道超车"之路。根据《汽车产业调整振兴规划》，到 2011 年，中国将年产 50 万辆新能源汽车。"中国可能成为未来电动汽车的中心"已基本成为主流观点，以比亚迪、奇瑞等为代表的民营汽车制造商在这一风潮中表现尤其抢眼。

☞ 清洁煤及碳捕捉技术：中国煤炭储量巨大，2008 年中国一次能源消费中煤炭占比 69%。预计未来 50 年煤炭仍将在中国能源使用中占据重要位置，因此其低排放的使用方式将尤为重要。清洁煤及碳捕捉技术可以大量减少煤炭使用中产生和排放的温室气体，预计在技术成熟后将会在煤炭及相关行业得到大规模应用。

☞ 节能技术：中国的产业发展多数以"三高"为特点，对传统产业的升级改造是实现其节能减排的重要途径，在此过程中各种节能技术如无功补偿技术、变频技术、余热发电技术、半导体照明技术等将会在未来各行业中得到广泛应用。

☞ 环保产业：进入低碳经济时代，人们对环境质量的要求将更加严格。环保投资的重点领域主要包括水环境、大气环境、固体废物、生态环境、核安全及辐射环境保护建设以及环境能力建设。

（4）加强国际交流与合作，学习国外先进管理经验与技术。与中国相比较，英国、美国、荷兰等西方发达国家在新能源与可再生资源开发利用方面有较为成熟的管理经验和先进技术。加强与这些发达国家的交流与合作，获取它们的支持和帮助无疑能够使我们少走许多弯路，加大我国在可再生能源开发利用方面的发展速度。我国于 2007 年 11 月启动了"可再生能源与新能源国际科技合作计划"。该计划主要包括 5 个优先领域和 6 项重点内容。优先领域是太阳能发电与太阳能建筑一体化、生物质燃料与生物质发电、风力发电、氢能及燃料电池、天然气水合物开发等。重点内容分别是开展基础研究，建立产业化示范，面向规模应用，实施"走出去"战略，促进国际交流和对话，培养高层次人才等。21 世纪以来，我国积极开展可再生能源和新能源的国际合作，已与美国、欧洲等十几个国家建立了研发、技术转让和示范等多种形式的合作关系，如与美国、德国、意大利、法国等国家在太阳能、氢能和燃料电池等方面的合作。在风能发电方面，和北欧进行积极合作。此外，还参加了许多新的能源合作计划，如核聚变国际合作计划等。今后，我们需要进一步深化在可再生能源方面的国际交流与合作，以互利共赢为立足点，更多地调动全球资源，缩小我国在开发和产业化方面的差距。

参考文献

[1] 阿茹罕. 国内外生物质能发展对比及启示[J]. 内蒙古科技与经济，2014（5）：50-51.

[2] 鲍健强，苗阳，陈锋. 低碳经济：人类经济发展方式的新变革[J]. 中国工业经济：2008
（4）：156-162.

[3] 蔡炽柳. 氢能及其应用前景分析[J]. 能源与环境，2008（5）：39-41.

[4] 曹青，冀兆良. 我国水能资源的开发和利用[J]. 节能，2007（6）：58-59.

[5] 曹稳根，段红. 我国生物质能资源及其利用技术现状[J]. 安徽农业科学，2008（14）：
6001-6003.

[6] 陈昊，王纲. 太阳能发电潜力及前景分析[J]. WTO 经济导刊，2012（21）：48-51.

[7] 陈斌. 碳税对中国区域经济协调发展的影响与效应[J]. 税务研究，2010（7）：45-47.

[8] 陈华，李志红，沈彤. 我国生物质能利用的现状及发展对策[J]. 农机化研究，2006（1）：
25-27.

[9] 陈冠益，邓娜，吕学斌，等. 中国低碳能源与环境污染控制研究现状[J]. 中国能源，2010
（4）：9-11.

[10] 陈柳钦. 中国低碳能源发展方向[J]. 当代经济管理，2011（6）：6-13

[11] 程超，孙可，王永. 太阳能开发和应用的现状[J]. 科技信息，2009（36）：150-151.

[12] 崔民选. 能源蓝皮书：中国能源发展报告 2012[M]. 北京：社会科学文献出版社，2012.

[13] 崔秀春，于东昕. 论我国居民低碳生活方式的建立途径[J]. 现代经济信息，2013（7）：14.

[14] 储呈阳. 谈谈我国海洋能利用的现状和前景[J]. 中小企业管理与科技（上旬刊），2012（8）：
187-188.

[15] 崔玉超. 谈我国水能开发及其对策[J]. 淮北职业技术学院学报，2010（5）：70-72.

[16] 邓晓. 基于 LMDI 方法的碳排放的因素分解模型及实证研究——以湖北省为例[D].武汉：
华中科技大学，2009.

[17] 邓莹，英美. 促进低碳经济的经验与我国的制度建设[J]. 求索，2011（1）：47-48.

[18] 丁丁，周冏. 我国低碳经济发展模式的实现途径和政策建议[J]. 环境保护与循环经济，
2008，28（3）：4-5.

[19] 董会平. 中国能源结构的调整及优化[J]. 陇东学院学报，2011，22（4）：37-40.

[20]　龚睿. 欧盟碳排放交易机制分析以及中国的启示[D]. 大连：东北财经大学，2010.

[21]　董福品. 可再生能源概论[M]. 北京：中国环境出版社，2013.

[22]　范万新，苏志. 国内外风能开发利用的现状和发展趋势[J]. 大众科技，2009（6）：131-133.

[23]　冯晨辉，沈力成. 中国生物质能产业的现状及其未来发展前景[J]. 能源研究与管理，2011（4）：9-12.

[24]　付璐. 欧盟排放权交易机制之立法解析[J]. 地域研究与开发，2009（1）：23-24.

[25]　傅学良，刘淑华，王晓田. 国外发展低碳经济的政策工具选择及启示[J]. 科技导报，2010（19）：120-121.

[26]　付允，马永欢，刘怡君，等. 低碳经济的发展模式研究[J]. 中国人口资源与环境，2008，18（3）：14-19.

[27]　顾朝林，谭纵波，刘宛. 低碳城市规划：寻求低碳化发展[J]. 建设科技，2009（9）：41.

[28]　郭艳杰，李飞. 浅谈低碳建筑设计[J]. 经营管理者，2012（7）：300.

[29]　国家发展和改革委员会能源研究课题组. 中国 2050 年低碳发展之路：能源需求暨碳排放情景分析[M]. 北京：科学出版社，2009.

[30]　宫春博. 我国可再生能源发展战略与政策研究[D]. 济南：山东大学，2009.

[31]　何建坤. 发展低碳经济，关键在于低碳技术创新[J]. 绿叶，2009（1）：46-50.

[32]　洪大剑，张德华. CO_2 减排途径[J]. 电力环境保护，2006（6）：5-8.

[33]　侯文亮，梁留科，司冬哥. 低碳旅游基本概念体系研究[J]. 安阳师范学院学报，2010（2）：86-89.

[34]　胡云岩，张瑞英，王军. 中国太阳能光伏发电的发展现状及前景[J]. 河北科技大学学报，2014（1）：69-72.

[35]　黄栋. 低碳技术创新与政策支持[J]. 中国科技论坛，2010（2）：37-40.

[36]　黄斌，刘练波，许世森. 燃煤电站 CO_2 捕集与处理技术的现状与发展[J]. 电力设备，2008（5）：3-6.

[37]　黄桂琴. 论排污权交易制度[J]. 河北学刊，2003（3）：32-35.

[38]　黄玖菊，李永玲. 我国绿色交通研究综述[J]. 福建建筑，2012（9）：56-60.

[39]　黄钦源. 水能的开发应用前景[J]. 农村电气化，2008（3）：49.

[40]　黄素逸，高伟. 能源概论[M]. 北京：高等教育出版社，2013.

[41]　黄素逸，王晓墨. 能源与节能技术[M]. 北京：中国电力出版社，2008.

[42]　贺德馨. 中国风能发展战略研究[J]. 中国工程科学，2011（6）：95-100.

[43]　贾同国，王银山，李志伟. 氢能源发展研究现状[J]. 节能技术，2011（3）：264-267.

[44]　贾纪磊. 我国低碳经济发展路径探索[J]. 山东省农业管理干部学院学报，2010（4）：61-63.

[45]　蒋秋飚，鲍献文，韩雪霜. 我国海洋能研究与开发述评[J]. 海洋开发与管理，2008（12）：

22-29.

[46] 蓝虹. 中国清洁发展机制的发展面临问题及解决对策[J]. 经济问题探索，2012(4)：13-18.

[47] 李布. 借鉴欧盟碳排放交易经验构建中国碳排放交易体系[J]. 中国发展观察，2010（1）：55-56.

[48] 李瑾. 关于地热能开发利用的现状及前景分析[J]. 才智，2012（13）：37.

[49] 李景明，薛梅. 中国生物质能利用现状与发展前景[J]. 农业科技管理，2010（2）：1-4.

[50] 李军. 我国能源管理现状及思考[J]. 技术与创新管理，2011（6）：634-637.

[51] 李柯，何凡能，席建超. 中国陆地风能资源开发潜力区域分析[J]. 资源科学，2010（9）：1672-1678.

[52] 李苗洪. 住宅建筑太阳能应用于研究[J]. 宁波节能，2009（3）：19-26.

[53] 李庆钊，赵长遂. 燃煤电站 CO_2 控制技术研究[J]. 锅炉技术，2007（6）：65-69.

[54] 李全林. 新能源与可再生能源[M]. 南京：东南大学出版社，2008.

[55] 李世祥，张菲菲，王来峰. 促进煤炭清洁化技术的政策研究[J]. 中国矿业，2011（11）：46-48.

[56] 李素敏. 碳税与碳排放权交易的比较研究——中国所适用的减排机制探析[D]. 昆明：云南财经大学，2012.

[57] 李涛. 我国能源法律体系现状分析[J]. 中国矿业，2010（3）：4-6.

[58] 李婷，王超，张纪海. 我国能源管理体制改革探讨[J]. 天然气技术与经济，2011（5）：8-11.

[59] 李秀娟. 我国新能源技术产业发展现状与对策探讨[J]. 黑龙江科技信息，2008（30）：59.

[60] 李旸. 我国低碳经济发展路径选择和政策建议[J]. 城市发展研究，2010（2）：56-60.

[61] 李晔，包瑙，王显璞. 低碳交通体系的内涵、构建战略及路径[J]. 建筑科技，2011（17）：29-33.

[62] 李义松. 低碳经济背景下的碳排放权交易制度框架研究[J]. 商业时代，2013(5)：103-105.

[63] 李占比. "十二五"时期我国能源管理体制改革任务及着力点[J]. 中国能源，2011（6）：5-8.

[64] 李臻. 碳税的理论分析及其在我国的适用性[J]. 商业文化，2010（11）：354-355.

[65] 林伯强. 节能和碳排放约束下的中国结构战略调整[J]. 中国社会科学，2010（1）：58-71.

[66] 廖红英. 发达国家低碳政策对我国经济发展的启示[J]. 生态经济，2011（5）：72-76.

[67] 林伯强. 中国低碳转型[M]. 北京：科学出版社，2011.

[68] 林才顺，魏浩杰. 氢能利用与制氢储氢技术研究现状[J]. 节能与环保，2010（2）：42-43.

[69] 林雪娥. 可再生能源与低碳经济发展的关系[J]. 能源与环境，2010（4）：28-30.

[70] 刘爱兵，刘星剑. 生物质能的利用现状及展望[J]. 江西林业科技，2006（4）：37-40.

[71] 刘博. 我国新能源技术发展问题及对策[J]. 辽宁工业大学学报：社会科学版，2009（2）：

30-33.

[72] 刘传庚，谭玲玲，丛薇，等. 中国能源低碳之路[M]. 北京：中国经济出版社，2010.

[73] 刘灿伟. 我国低碳能源发展战略研究[D]. 济南：山东大学，2010.

[74] 刘航，杨树旺，唐诗. 中国清洁发展机制：主体、阶段、问题及对策[J]. 理论与改革，2013（3）：78-82.

[75] 刘富铀，赵世明，张智慧，等. 我国海洋能研究与开发现状分析[J]. 海洋技术，2007（3）：118-120.

[76] 刘金侠，王燕霞. 推进我国地热能利用大发展[J]. 中国石化，2012（12）：30-32.

[77] 刘梅娟. 中国风能利用现状、制约因素及未来发展[J]. 资源开发与市场，2013（8）：855-858.

[78] 刘琳，钱建华. 新能源[M]. 沈阳：东北大学出版社，2009.

[79] 刘清志，王臻. 低碳背景下中国能源结构调整思考[J]. 中国石油大学学报：社会科学版，2012（1）：13-16.

[80] 刘细良，张超群. 城市低碳交通政策的国际比较研究[J]. 湖南社会科学，2013（2）：160-164.

[81] 刘旭，王岱，蔺雪芹. 中国生物质能产业发展制约因素解析[J]. 资源与产业，2014（2）：20-26.

[82] 刘旭光，吴文祥，张绪教，等. 屋顶可用太阳能资源评估研究——以 2000 年江苏省数据为例[J]. 长江流域资源与环境，2010（11）：1242-1248.

[83] 陆大道，姚士谋. 中国城镇化进程的科学思辨[J]. 人文地理，2007（4）：5-8.

[84] 陆礼. 我国发展低碳交通的技术路线研究[J]. 政策论坛，2012（6）：28-32.

[85] 罗承先. 太阳能发电的普及与前景[J]. 中外能源，2010（11）：33-39.

[86] 罗振涛，霍志臣，谢光明. 中国太阳能热利用产业发展研究报告暨产业二十年进展（2011—2012）（上）[J]. 太阳能，2013（1）：7-10.

[87] 栾贺平. 我国能源利用效率影响因素的实证分析[D]. 长沙：湖南大学，2009.

[88] 龙健梅. 低碳经济背景下我国能源法律制度研究[D]. 昆明：昆明理工大学，2011.

[89] 马海涛，白彦锋. 我国征收碳税的政策效应与税制设计[J]. 地方财政研究，2010（9）：19-24.

[90] 马立新，田舍. 我国地热能开发利用现状与发展[J]. 中国国土资源经济，2006（9）：19-21.

[91] 马倩倩，孙秀雅，孟波，等. CO_2 减排技术的研究进展[J]. 辽宁化工，2009（3）：176-179.

[92] 莫神星. 论低碳经济与低碳能源发展[J]. 社会科学，2012（9）：47-49.

[93] 穆献中，刘炳义，等. 新能源和可再生能源发展与产业化研究[M]. 北京：石油工业出版社，2009.

[94] 倪国锋. 中国碳税制度安排与实施策略研究[J]. 中国管理信息化, 2012（2）：20-22.

[95] 庞忠和，胡圣标，汪集旸. 中国地热能发展路线图[J]. 科技导报, 2012（32）：18-24.

[96] 濮洪九. 关于推进我国煤炭清洁生产与利用的相关思考[J]. 中国能源, 2010（3）：5-8.

[97] 卜艳春. 低碳交通发展的四点启示[J]. 交通世界, 2011（18）：143.

[98] 卜增文，刘俊跃. 基于 LEED 标准的绿色建筑设计[J]. 深圳职业技术学院学报, 2004（1）：16-20.

[99] 戚雪峰. 低碳建筑设计[J]. 江西建材, 2012（4）：48-49.

[100] 任力. 低碳经济与中国经济可持续发展[J]. 社会科学家, 2009（2）：49-51.

[101] 任乃鑫，蒋文杰，许佳. 低碳建筑设计理念与技术[J]. 华中建筑, 2010（9）：18-21.

[102] 申宽育. 中国的风能资源与风力发电[J]. 西北水电, 2010（1）：76-81.

[103] 申瑞娟，赵冰，冀海霞. 构建我国低碳经济法律体系的立法思考[J]. 合作经济与科技, 2012（20）：122-124.

[104] 沈金菊. 低碳经济背景下低碳生活方式的引导[J]. 企业导报, 2010（11）：285-286.

[105] 沈满洪，苏小龙. 能源低碳化研究文献评述[J]. 低碳经济, 2013（2）：52-55.

[106] 史丹，刘佳骏. 我国海洋能源开发现状与政策建议[J]. 中国能源, 2013（9）：6-11.

[107] 史丹，冯永晟，李雪慧. 深化中国能源管理体制改革——问题、目标、思路与改革重点[J]. 中国能源, 2013（1）：6-11.

[108] 石京. 低碳经济与低碳交通发展[J]. 建筑科技, 2010（17）：22-25.

[109] 石福臣. 应对气候变暖发展低碳经济的生产与生活策略[J]. 低碳经济, 2013（2）：1-5.

[110] 宋德勇，卢忠宝. 我国发展低碳经济的政策工具创新[J]. 华中科技大学学报：社会科学版, 2009（3）：85-91.

[111] 宋勇，屈宁，任重海. 低碳建筑设计探讨[J]. 内蒙古石油化工, 2010（21）：58-59.

[112] 宋昭峥. 可再生能源的利用与发展[J]. 当代化工, 2009（6）：635-638.

[113] 苏明等. 碳税的国际经验与借鉴[J]. 经济研究参考, 2009（72）：17-23.

[114] 苏明等. 我国开征碳税问题研究[J]. 经济研究参考, 2009（72）：2-16.

[115] 苏小龙. 能源结构调整促进 CO_2 减排的机制分析[J]. 鄱阳湖学刊, 2012（1）：13-23.

[116] 苏小龙. 中国高碳能源向低碳能源转型问题研究[D]. 杭州：浙江理工大学, 2013.

[117] 孙秀梅. 资源型城市低碳转型机理与调控对策研究[D]. 北京：中国矿业大学, 2011.

[118] 孙迎鑫，刘小勇. 浅谈中国低碳经济的发展路径[J]. 科技资讯, 2010（32）：222-223.

[119] 孙智萍，牟志云. 低碳经济呼唤低碳生活方式[J]. 低碳经济与社会, 2010（8）：28-30.

[120] 孙智平，牟志云. 低碳经济呼唤低碳生活方式[J]. 理论学习, 2010（8）：28-30.

[121] 陶曼，王友良. 试论低碳生活方式的实现路径[J]. 南华大学学报：社会科学版, 2011（2）：22-25.

[122] 田甜. 论地热能开发与利用[J]. 现代装饰：理论，2012（10）：34.

[123] 万宇艳. 我国工业结构低碳化初探[D]. 武汉：华中科技大学，2011.

[124] 王宝森，徐春红，陈华. 世界海洋可再生能源的开发利用对我国的启示[J]. 海洋开发与管理，2014（6）：60-63.

[125] 王崇杰，薛一冰. 节能减排与低碳建筑[J]. 工程力学，2010（12）：42-47.

[126] 王传崑. 国内外海洋能技术发展与展望[A]//中国可再生能源学会. 中国可再生能源学会第八次全国代表大会暨可再生能源发展战略论坛论文集[C]. 中国可再生能源学会，2008：20.

[127] 王发明，毛荐其. 低碳技术：低碳经济发展的动力与核心[J]. 山东工商学院学报，2011（2）：29-32.

[128] 王久臣，戴林，田宜水，等. 中国生物质能产业发展现状及趋势分析[J]. 农业工程学报，2007（9）：276-282.

[129] 王可达. 建设低碳城市路径研究[J]. 开放导报，2010（2）：34.

[130] 王磊. 基于低碳理念的建筑设计分析[J]. 黑龙江科技信息，2012（11）：243.

[131] 王利. 低碳经济：未来中国可持续发展之基础——兼谈中国相关法律与政策的完善[J]. 池州学院学报，2009（23）：17-21.

[132] 王莉群. 倡导低碳生活方式，推进向低碳经济转型[J]. 山西社会主义学院学报，2011（3）：60-62.

[133] 王庆一. 中国的能源与环境：问题及对策[J]. 能源与环境，2005（3）：4-11.

[134] 王婷. 能源技术创新对煤炭资源型经济转型作用机理研究[D]. 太原：中北大学，2012.

[135] 王卫兵. 氢能的开发现状及应用前景[J]. 运城学院学报，2006（2）：47-48.

[136] 王小毅，李汉明. 地热能的利用与发展前景[J]. 能源研究与利用，2013（3）：44-48.

[137] 王雪飞，张苒. 浅议现阶段低碳消费生活方式的引导[J]. 全国商情：经济理论研究，2010（15）：115-116.

[138] 王祥修. 发展低碳经济的法律体系及其构建[J]. 重庆社会科学，2012（（11）：43-48.

[139] 王瑢. 我国低碳建筑的发展现状与对策[J]. 产业经济，2010（5）：162-163.

[140] 王燕霞. 地热能开发中存在的问题及对策[J]. 中国石化，2012（12）：39-41.

[141] 王艳君. 对低碳节能建筑设计理念的几点思考[J]. 现代装饰：理论，2013（1）：12.

[142] 王云珠. 山西生物质能开发利用现状及发展对策[J]. 科技创新与生产力，2013（2）：39-44.

[143] 王颖. 关于清洁发展机制下中国碳交易市场价格决定的思考[J]. 可持续发展，2012（2）：48-53.

[144] 王峥，任毅. 我国太阳能资源的利用现状与产业发展[J]. 资源与产业，2010（2）：89-92.

[145] 王陟昀. 碳排放权交易模式比较研究与中国碳排放权市场设计[D]. 广州：中南大学，

2011.

[146] 王忠，王传崑. 我国海洋能开发利用情况分析[J]. 海洋环境科学，2006（4）：78-80.

[147] 汪集旸. 我国发展地热能面临问题的分析及建议[J]. 地热能，2011（1）：14-17.

[148] 汪建文. 可再生能源[M]. 北京：机械工业出版社，2011.

[149] 魏青山. 推进我国海洋能健康发展[J]. 中国电力企业管理，2010（21）：37-39.

[150] 魏楚，沈满红. 能源效率研究发展及趋势：一个综述[J]. 浙江大学学报：人文社会科学版，
2009（39）：58-62.

[151] 魏云捷. 碳税的国际经验及启示[J]. 中国证券期货，2011（5）：87-88.

[152] 韦亮，马丽慧. 太阳能建筑的适应性设计[J]. 工业建筑，2008（8）：35-39.

[153] 吴贵辉. 中国能源绿色低碳发展成就与展望[J]. 能源技术与管理，2012（4）：5-6

[154] 吴红山. 太阳能的应用现状及发展前景[J]. 科技信息：学术研究，2008（7）：72-74.

[155] 吴辉. 低碳经济环境下的新能源技术发展研究[D]. 合肥：合肥工业大学，2012.

[156] 吴雪梅. 我国低碳经济法律保障的研究[D]. 赣州：江西理工大学，2012.

[157] 吴宗鑫. 各种新能源技术开发和应用[J]. 瞭望周刊，1991（25）：40-41.

[158] 喜文华等. 节能减排与可再生能源知识手册[M]. 北京：科学出版社，2012.

[159] 肖亮，宋国华. 生物质能发展现状及前景分析[J]. 中国环境管理干部学院学报，2008（4）：
35-39.

[160] 肖志明. 碳排放权交易机制研究——欧盟经验和中国抉择[D]. 福州：福建师范大学，
2011.

[161] 谢和平. 发展低碳技术，推进绿色经济[J]. 中国能源，2010（9）：5-10.

[162] 谢庆. 合同能源管理在低碳建筑中的应用研究[D]. 重庆：重庆大学. 2011.

[163] 谢园方. 旅游业碳排放测度与碳减排机制研究[D]. 南京：南京师范大学. 2012.

[164] 谢园方，赵媛. 国内外低碳旅游研究进展及启示[J]. 人文地理，2010（5）：27-31.

[165] 辛华龙. 中国海上风能开发研究展望[J]. 中国海洋大学学报：自然科学版，2010（6）：
147-152.

[166] 邢继俊. 发展低碳经济的公共政策研究[D]. 武汉：华中科技大学，2009.

[167] 邢继俊，黄栋，赵刚. 低碳经济发展报告[M]. 北京：电子工业出版社，2010.

[168] 徐大丰. 低碳技术选择的国际经验对我国低碳技术路线的启示[J]. 科技与经济，2010（2）：
73-75.

[169] 徐丹. 浅谈低碳交通[J]. 内蒙古民族大学学报，2011（5）：115-116.

[170] 徐子苹，刘少瑜. 英国建筑研究所环境评估法 BREEAM 引介[J]. 新建筑. 2002（1）：35-38.

[171] 严陆光. 发展大规模非水能可再生能源，积极构建我国能源可持续发展体系[J]. 中国软科
学，2008（2）：1-5.

[172] 杨冰梅. 践行低碳生活的内容与途径探讨[J]. 绿色科技，2012，8（8）：186-187.

[173] 杨超，王锋，门明. 征收碳税对 CO_2 减排及宏观经济的影响分析[J]. 统计研究，2011，28（7）：45-54.

[174] 杨光，温波. 我国能源低碳化发展途径分析与政策建议[J]. 中国经贸导刊，2011（5）：56.

[175] 杨锦琦. 我国 CDM 发展现状、存在的问题及对策研究[J]. 科技广场，2012（8）：139-146.

[176] 杨明. 低碳经济与煤的清洁高效利用[J]. 洁净煤技术，2011，2：1-2.

[177] 杨如辉，邹声华，刘彩霞. 浅层地热能的开发利用[J]. 徐州工程学院学报：自然科学版，2011（2）：69-72.

[178] 杨天华. 新能源概论[M]. 北京：化学工业出版社，2013.

[179] 杨圣云，刘亚敏，吴丹. 烟气中 CO_2 捕集技术研究进展[J]. 江西化工，2013（2）：23-27.

[180] 杨文培，严向军，丁祖荣. 能源—经济—环境系统的可持续发展研究——基于浙江的实证分析[M]. 杭州：浙江大学出版社，2007.

[181] 杨志梁. 我国能源、经济和环境（3E）系统协调发展机制研究——基于能源生态系统视角：博士学位论文[D]. 北京：北京交通大学，2010.

[182] 姚德利. 基于生态城市理念的低碳建筑管理体系研究[D]. 天津：天津大学，2012.

[183] 姚晓芳，陈菁. 欧美碳排放交易市场发展对我国的启示与借鉴[J]. 经济问题探索，2011（4）：36.

[184] 易超，董军. 热电厂排放的 CO_2 回收技术[J]. 制冷空调与电力机械，2004（2）：63-65.

[185] 尹小健. 低碳能源：世界能源革命新战略[J]. 江西社会科学，2009（7）：247-256.

[186] 殷保合. 低碳经济时代加快水能资源开发之路[J]. 中国水利，2011（10）：52-55.

[187] 尤艳馨. 潜力巨大、前景看好的清洁能源：海洋能[J]. 环境保护，2007（20）：18-20.

[188] 于李娜. 国际碳金融交易的现状、趋势与对策研究[J]. 上海金融，2010（12）：84-87.

[189] 于立宏. 能源资源替代战略研究[M]. 北京：中国时代经济出版社，2008.

[190] 袁振宏，罗文，吕鹏梅，等. 生物质能产业现状及发展前景[J]. 化工进展，2009（10）：1687-1692.

[191] 岳婷. 低碳生活方式的哲学思考[D]. 锦州：渤海大学，2012.

[192] 张国宝. 中国的能源管理和能源结构调整[J]. 中国发展观察，2008（4）：26-28.

[193] 张彩旗. 清洁生产[J]. 同煤科技，2004（3）：47-48.

[194] 张尔俊. 我国碳排放现状与碳排放影响因素研究[J]. 今日中国论坛，2012（12）：192-193.

[195] 张光辉. 浅析氢能的开发与应用前景[J]. 价值工程，2012（18）：32-33.

[196] 张国伟，龚光彩，吴治. 风能利用的现状及展望[J]. 节能技术，2007（1）：71-76.

[197] 张剑波. 低碳经济法律制度研究[D]. 重庆：重庆大学，2012.

[198] 张杰才. 发达国家低碳经济发展经验与启示[J]. 西南石油大学学报，2010（6）：14-18.

[199] 张俊华. 基于低碳理念的现代服装产业发展模式研究[J]. 低碳经济，2012（10）：10-13.

[200] 张克中，杨福来. 碳税的国际实践与启示[J]. 税务研究，2009（4）：88-90.

[201] 张理. 我国海洋能开发利用思路的初步探索[A]//中国造船工程学会近海工程学术委员会. 2012年度海洋工程学术会议论文集[C]. 中国造船工程学会近海工程学术委员会，2012：6.

[202] 张良，郑大勇. 借鉴国际低碳交通经验，良性发展我国低碳交通[J]. 汽车工业研究，2007（1）：26-29.

[203] 张敏芳. 低碳经济与人们的生活方式[J]. 黑龙江科技信息，2010（32）：118.

[204] 张庆杰. 水能——可再生能源的开发应用前景[J]. 石河子科技，2009（2）：5-6.

[205] 张泉，叶兴平，陈国伟. 低碳城市规划——一个新的视野[J]. 城市规划，2010（2）：14.

[206] 张鹏. 低碳经济视角下内蒙古能源结构调整研究[J]. 内蒙古煤炭经济，2011（1）：57-59.

[207] 张澎涛. 我国发展低碳技术的制约因素分析及对策研究[D]. 武汉：武汉科技大学，2012.

[208] 张小全，武曙红，何英，等. 森林、林业活动与温室气体的减排增汇[J]. 林业科学，2005（6）：150-152.

[209] 张威. 清洁发展机制（CDM）在我国的发展现状及前景分析[D]. 兰州：西北师范大学，2011.

[210] 张卫凤，俞光明，方梦祥. 温室气体 CO_2 的回收技术[J]. 能源与环境，2006（3）：26-28.

[211] 张晓盈，钟锦文. 环境税收体系下的中国碳税设计构想[J]. 武汉大学学报：哲学社会科学版，2010（6）：852-858.

[212] 张学华，邬爱其. 产业集群演进阶段的定量判定方法研究[J]. 工业技术经济，2006（4）：116-118.

[213] 张玉卓. 从高碳能源到低碳能源——煤炭清洁转化的前景[J]. 中国能源，2008（4）：20-22.

[214] 张争，夏勇. 太阳能光热发电的发展现状及前景分析[J]. 长江工程职业技术学院学报，2013（1）：24-26.

[215] 张宗兰，刘辉利，朱义年. 我国生物质能利用现状与展望[J]. 中外能源，2009（4）：27-32.

[216] 赵芳. 基于3E协调的能源发展政策研究[D]. 青岛：山东中国海洋大学，2008.

[217] 赵锐. 中国海上风电产业发展主要问题及创新思路[J]. 生态经济，2013（3）：97-101.

[218] 赵胜，田源. 中小河流水能资源开发探讨[J]. 中国水能及电气化，2013（8）：45-47.

[219] 赵世明，刘富铀，张俊海，等. 我国海洋能开发利用发展战略研究的基本思路[J]. 海洋技术，2008（3）：80-83.

[220] 赵振宇，侯丽颖. 中国如何应对碳减排——挑战，承诺与行动[J]. 低碳经济，2013（2）：30-37.

[221] 赵宗慈. 模拟温室效应对我国气候变化的影响[J]. 气象，2010（3）：10.

[222] 翟秀静，刘奎仁，韩庆. 新能源技术[M]. 北京：化学工业出版社，2010.

[223] 郑瑛，池保华，王保文. 燃煤 CO_2 减排技术[J]. 中国电力，2006（10）：91-94.

[224] 中国人民银行哈尔滨中心支行青年课题组. 发达国家低碳能源发展的借鉴与启示[J]. 黑龙江金融, 2010 (10): 20-22.

[225] 周伯丞, 江哲铭, 郭怡君. 国际永续建筑评估工具 GBTOOL 与 CASBEE 的比较分析[J]. 树德科技大学学报, 2005 (1): 55-68.

[226] 周宏春. 低碳经济学: 低碳经济理论与发展路径[M]. 北京: 机械工业出版社, 2012.

[227] 周五七, 聂鸣. 中国碳排放强度影响因素的动态计量检验[J]. 管理科学, 2012 (2): 25-27.

[228] 周玄平. 在中国实施碳税的制度构想[D]. 成都: 西南财经大学, 2011.

[229] 周中平. 清洁生产工艺及应用实例[M]. 北京: 化学工业出版社, 2002.

[230] 周中仁, 吴文良. 生物质能研究现状及展望[J]. 农业工程学报, 2005 (12): 12-15.

[231] 朱来成. 发展氢能源的技术问题探讨[J]. 计算机与应用化学, 2011 (8): 1079-1081.

[232] 朱向军. 对我国低碳交通发展的探究[J]. 现代商业, 2012 (29): 47-48.

[233] 朱永彬, 刘晓, 王铮. 碳税政策的减排效果及其对我国经济的影响分析[J]. 中国软科学, 2010 (4): 1-9.

[234] 朱永芃. 新能源: 中国能源产业的发展方向[J]. 求是杂志, 2009 (24): 45-47.

[235] 朱则刚. 开发地源热泵新能源发展, 发展冷热交换新科技[J]. 电力电子, 2013 (1): 50-56.

[236] 庄贵阳. 中国低碳经济发展的途径与潜力分析[J]. 国际技术经济研究, 2005 (3): 12-16.

[237] 庄逸峰, 贾正源. 我国太阳能开发利用现状及建议[J]. 科技和产业, 2008 (9): 5-6.

[238] 左然, 施明恒, 王希麟. 可再生能源概论[M]. 北京: 机械工业出版社, 2007.

[239] Birol F, Keppler J H. Prices, technology development and the rebound effect. Energy Policy, 2000, 28: 457-469.

[240] Cho W, Nam K, Pagan J. A. Economic growth and interfactor/interfuel substitution in Korea [J]. Energy Economics, 2004 (26): 31-50.

[241] Cornillie J, Fankhauser S. The energy intensity of transition countries. Energy Economics, 2004 (26): 283-295.

[242] Fisher-Vanden K, Jefferson G H, Liu H, et al. What is driving China's decline in energy intensity. Resource and Energy Economics, 2004 (26): 77-97.

[243] 罗伯特·海夫纳三世. 能源大转型——气体能源的崛起与下一波经济大发展[M]. 马圆春, 李博抒, 译. 北京: 中信出版社, 2013: 20.

[244] 一般社团法人能源·资源学会. 走向低碳社会——由资源·能源·社会系统开创未来[M]. 宁亚东, 宋永臣, 王秀云, 译. 北京: 科学出版社, 2011.